《创新生态视角下的科学普及》研究课题组

研究组长： 张士运　汤　健　龙华东

综合协调： 曹爱红　张　熙

研究组成员（按姓氏音序排名）：

曹爱红　常　越　江光华　刘润达

刘　伟　王　伟　游　可　张　熙

祖宏迪

序

新一轮科技革命和产业变革正在重构全球创新版图、重塑全球经济结构，科学技术从来没有像今天这样深刻影响着国家的前途命运和人民的生活福祉。习近平总书记在2018年5月召开的两院院士大会上强调指出，现在，我们迎来了世界新一轮科技革命和产业变革同我国转变发展方式的历史性交汇期，既面临着千载难逢的历史机遇，又面临着差距拉大的严峻挑战[①]。为顺应世界科技发展新形势，我国提出了实施创新驱动战略，建设世界科技强国的战略目标。

建设世界科技强国的关键要靠科技创新，基础在于科学普及。2016年5月30日，习近平总书记在“科技三会”上指出，科技创新、科学普及是实现创新发展的两翼，要把科学普及放在与科技创新同等重要的位置[②]。可见，加强科学普及，是我国推进以科技创新为核心的全面创新的重要任务之一。

科学普及与科技创新之间有着密切的联系。科学普及与科技创新是创新发展的重要组成部分，两者相互促进，密不可分。科学技术只有为公众所理解、掌握和运用，才能发挥出第一生产力的巨大威力；科学普及只有广泛开展并惠及公众，才能形成崇尚科学、乐于创新、鼓励创造的社会氛围，从而为科技创新提供雄厚的基础和适宜的环境，进而推动科学技术持续创新发展。忽视科学普及，大众创业、万众创新的基础将难以牢靠，新知识、新技术、新产品将难以很快惠及社会公众，建设创新型国家和世界科技强国也将失去肥沃的土壤和牢固的根基。为建设创新型国家和世界科技强国，需要进一步优化我国的创

---

① 习近平. 在中国科学院第十九次院士大会、中国工程院第十四次院士大会上的讲话.(2018-05-28)[2018-09-28]. http://www.xinhuanet.com/politics/2018-05/28/c_1122901308.htm.

② 习近平.习近平“科技三会”讲话全文公布：为建设世界科技强国而奋斗.（2016-06-01）[2018-08-29]. https://www.guancha.cn/politics/2016_06_01_362433_1.shtml.

新生态系统，真正将科学普及放在与科技创新同等重要的位置，使科学普及工作强起来，从而实现科技创新与科学普及双翼齐飞。

《创新生态视角下的科学普及》主要阐述科技创新与科学普及二者之间的相互关系，提出科技创新为科学普及明确方向并丰富其内容，科学普及则是科技创新的前提和基础。本书从科普与知识创新系统、科普与技术创新系统、科普与创新创业及科普与创新环境建设四个方面，阐明了在整个创新生态体系中，科学普及与科技创新之间的内在关系：科学普及不仅催发了新知识的产生、丰富完善了创新网络、塑造培养了创新人才，而且还引导了发明创造、促进了产学研合作、夯实了众创空间的社会基础、促进了创新要素的互动交流，同时，科学普及培育了创新文化，优化了服务体系，助推创新生态环境的形成。科技创新成果支撑了科学普及的发展、促进了科学普及的转型升级，而且创新创业也丰富了科学普及的内容，创新环境优化也助推科学普及的进一步提升。该书是对科学普及与创新生态相互促进关系的思考与研究的结晶。

未来，科学技术更加日新月异。建设世界科技强国，实现中华民族伟大复兴的中国梦，必须加强科研与科普之间的结合。只有通过全社会的共同努力，普及科学知识、弘扬科学精神、传播科学思想、倡导科学方法，让爱科学、讲科学、学科学、用科学在社会蔚然成风，大幅提升公众的科技意识和科学素养，形成支持创新、鼓励创新、参与创新的良好文化氛围，使蕴藏在亿万人民中的创新智慧充分释放、创新力量充分涌流，才能为全面建成小康社会、建设创新型国家提供强有力的社会支撑。补强科学普及这只“翅膀”，让科技创新和科学普及“两翼”协同，创新发展的“鲲鹏”必将飞得更好、更高、更远。

郑成彬

2018年12月26日

前　言

2010 年 9 月，习近平在参加全国科普日活动时提出，科学研究和科学普及好比鸟之双翼、车之双轮，不可或缺、不可偏废[①]。2016 年 5 月 30 日，习近平总书记在“科技三会”上的讲话中指出：“科技创新、科学普及是实现创新发展的两翼，要把科学普及放在与科技创新同等重要的位置。”[②]这是习近平总书记对创新发展理念的新的认识和新的论述，把科普工作提高到了前所未有的战略高度，对科学普及工作提出了新的方向和新的要求，具有十分重要的发展战略意义。可以说，新知识、新技术、新产品的推广应用亟须科学普及，科学普及不到位，科技创新便会难。没有全民科学素质的普遍提高，就难以建立起庞大的高素质创新大军，难以实现科技成果的快速转化。在党的十九大上，习近平同志在谈及教育与文化的时候，特别强调要弘扬科学精神、普及科学知识[③]。作为世界上人口最多的国家的政党领袖，郑重地对全国科普工作者提及这个重大的问题，是对科学普及工作重要性的充分肯定，极大地鼓舞了广大科普工作者的工作热情。

2016 年第十八届中国科协年会上，中国人民政治协商会议全国委员会副主席、中国科学技术协会主席、科学技术部部长万钢在致辞中表示，科学普及是创新生态的重要组成，大众化的科技创新与社会化的科学普及之间是相互协调的、相互促进的关系。”[④]当今科技迅猛发

---

① 习近平等中央领导同志参加全国科普日活动.(2010-09-20) [2012-09-20]. http://scitech.people.com.cn/GB/12774091.html.

② 习近平：为建设世界科技强国而奋斗.(2016-05-30) [2018-08-29].http://politics.people.com.cn/n1/2016/0531/c1001-28399962.html.

③ 习近平：决胜全面建成小康社会 夺取新时代中国特色社会主义伟大胜利——在中国共产党第十九次全国代表大会上的报告.(2017-10-27) [2018-03-13]. http://www.xinhuanet.com/politics/19cpcnc/2017-10/27/c_1121867529.htm.

④ 万钢：科学普及是创新生态的重要组成.(2016-09-24) [2017-11-24]. http://scitech.people.com.cn/n1/2016/0924/c59405-28737690.html.

展，科技创新离不开科学普及，科学普及是“双创”(大众创业、万众创新)的重要社会基础，是创新生态的重要组成部分，同时“双创”本身也是非常有效的科学普及的途径。如果没有社会崇尚科学、乐于创新、鼓励创造的良好氛围，缺乏科学家与公众沟通交流的有效渠道，大众创业、万众创新的基础就不会牢靠，新知识、新技术、新产品也难以惠及人民大众。而创新创业会也让人们更加切身感受到知识和科技创新的价值所在，增强人们求知、求新、求变的愿望、动力和实际行动力。

在建设科技强国的新的历史起点上推动我国科学普及事业的发展，意义十分重大。中共中央、国务院在《关于深化科技体制改革加快国家创新体系建设的意见》中明确提出，到2020年，创新环境更加优化，创新效益大幅提高，创新人才竞相涌现，全民科学素质普遍提高，科技支撑引领经济社会发展的能力大幅提升，进入创新型国家行列。在2012年全国科普日活动中，习近平同志指出，坚持把抓科普工作放在与抓科技创新同等重要的位置，支持科协、科研、教育等机构广泛开展科普宣传和教育活动，不断提高我国公民科学素质。

在新形势下开展科普工作，是实施创新驱动发展战略的社会基础，是全社会理解科技创新、支持科技创新的必然需要，是改变政府职能，加大科技公共服务的主要手段，是公众了解和理解科技问题、热点和焦点问题的重要渠道。科技创新和科学普及相辅相成、相得益彰。科技创新是科学普及的前提和来源，科技创新改变了科普的理念，丰富了科技普及的内容，完善和提升了科技普及的方式方法；科学普及是激励科技创新、建设创新型国家的内在要求，也是营造创新环境、培养创新人才、培育创新文化的重要手段，必须将其作为国家战略的长期任务和全社会的共同责任切实抓紧抓好，为科技进步和创新打下最深厚、最持久的基础。

本书是对科学普及与创新生态的有机关系的探索和思考的结晶，全书共分为五篇：第一篇为科普与创新生态的基础理论，第二篇为科普与知识创新系统，第三篇为科普与技术创新系统，第四篇为科普与创新创业，第五篇为科普与创新环境建设。具体研究内容如下：一是阐明科普面临的形势和机遇，即“建设世界科技强国”对科普工作提出的新要求、建设科技创新中心对科普工作提出的高要求和全面建成小康社会对科普工作提出的战略要求，阐述科学普及是创新生态的重要组成，提出大众化的科技创新与社会化的科学普及之间是协调促进的关系；梳理科普的本质和功能、创新生态的本质和功能。二是研究科普与知识创新系统的内在关系。提出科普是新知识产生的土壤和传播新知识的途径，阐明科普丰富与完善创新网络，提出创新网络是时代发展之需，而科普助推创新网络的形成；阐述科普有利于激发创新热情，并且促进人才创新；提出知识创新有利于引领科普前沿发展，阐明知识创新壮大科普队伍和丰富科普的内容。三是分析科普与技术创新系统的有机关系。提出科普引导发明创造和提升发明创造实力，从而促进发明创造；阐述科普可以有效促进产学研合作，同时，提出科普是产学研合作的重要手段；提出科普提高公众对科技成果的认可度、降低科技成果转化中的沟通成本、扩大科技成果应用领域，从而推动科技成果转化；阐述技术创新促进科普转型升级，技术创新增加科普的内容、拓展科普渠道、提升科普传播效率、促进科普产业发展。四是阐述科普与创新创业的关系。剖析科普能够夯实众创空间的社会基础，提出科普场馆是创客教育的重要场所，认为科普能够提升众创空间服务品质，进而促进众创空间的持续发展；科普是创新要素互动交流的纽带，也是“双创”活动的重要内容，认为科普是培养创新创业人才必不可少的手段；指出科普可以通过优化创新链、延伸产业链和提升价值链的途径完善创新创业服务链条；提出创新创业可丰富科普内容和形式、催生科普新形式、聚合科普资源，从而使众创空间成为科学普及的重要阵地。五是分析了科普与创新环境建设的关系，提出科普本质上根植创新文化，认为科普可以培育创新文化、传播创新文化和促进文化创新；分析科普可通过科普宣传促进创新政策传播和提升制度的科学性，进而助推创新制度环境形成；科普可以通过提高政府服务效能、提升社会服务能力和整合各类服务资源，达到优化创新服务体系的目的；提出创新文化提升科普文化层次，创新制度是科普发展的保障，利用创新资源可以营造科普氛围，提出创新环境可以有效促进科普跃上新台阶。

本书是在北京市科技项目案（Z1100003217056 案）和北京科学学研究中心改革与发展经费的资助下完成。框架设计由张士运、汤健、龙华东等完成，第 1 章至第 8 章由刘伟、张士运撰写，第 9 章至第 12 章由曹爱红、龙华东撰写，第 13 章至第 18 章由江光华、汤健撰写，第 19 章至第 20 章由刘伟撰写，结论与展望由江光华撰写；张熙、刘润达、常越、王伟、游可、祖宏迪参与数据的搜集和处理工作，书稿统稿、校对和组织协调由曹爱红、张熙负责；最后由张士运、汤健、龙华东等审稿、定稿。北京市科学技术研究院赵杰老师为书稿的修改提供很多有益的建议。在撰写过程中得到北京市科学技术委员会、北京科学学研究中心和华北科技学院等单位的大力支持和有关专家的倾力帮助，在此一并感谢。

希望本书能为科学普及和“双创”工作者、实践者、研究者提供一些思考与启示，为深化社会经济改革，加快推进建立创新型国家做出贡献。未来，人们对于科普的认识还会深化，科学普及与知识创新、创新人才、技术创新和创新创业的关系会越加密切。当然，科学普及的不断发展演化，科普的形态、组织和模式都会发生变化，需要我们进一步探索研究和认真总结。我们的研究也仅仅是一种探索，还存在很多不足之处，恳请读者批评指正。

作　者

2018 年 12 月 20 日

目　　录

第二篇　科普与知识创新系统

第四篇　科普与创新创业

第五篇　科普与创新环境建设

第一篇　科普与创新生态的基础理论

科普是以提高公民整体科学文化素质，实现人与社会、人与自然和谐发展为目的的全民终身科学教育。科普的主要内容是基本的科学知识与基本的科学概念的普及，实用技术的推广，科学方法、科学思想与科学精神的传播。它的主要功能是提高公众的科学素质，使公众了解基本的科学知识，具有运用科学态度和方法判断及处理各种事务的能力，并具备求真唯实的科学世界观。

创新生态是借助生态学理论，强调主体与所在环境的相互关系，是一个地区通过科技创新实现高质量、高效益、可持续发展能力的综合体现。创新生态以企业为核心，以市场价值为导向，以政府战略规划为引导，以创新友好的社会环境为依托，以“科技—经济—科技”有效循环为演化动力。在一定区域范围内，各种有形的、无形的、市场的、政府的资源最终都要为企业实现经济价值服务。

当前，我国的科学普及与科技创新前所未有地紧密联系在一起。创新生态体系是企业创新活动的重要发展平台。围绕着创新主体企业和其创新生态中的主角地位，创新生态体系应包含以下主要创新子系统：知识创新系统、技术创新系统、创新创业系统和创新环境要素。按照创新生态理念，创新的全过程是不可能被完全设计出来的，但良好的创新生态能够大大提高创新成功的可能性。每个企业、每个创新创业项目都是一粒种子，只有生态环境好了，创新才能茁壮生长。近年来，我国在推动创新驱动发展方面取得了明显成效，其诸多成功因素中，核心经验就在于多年积累形成的完整、良好的创新生态环境。

第1章　形势与机遇

党和政府历来高度重视科学技术普及和创新生态建设工作，把科技创新和科学普及视为实现创新持续发展的两翼。长期以来，党和政府通过科普工作协调机制发挥积极作用，鼓励社会广泛参与、广泛开展科普活动，不断深入推进创新生态建设。我国科普事业和创新生态建设取得了显著成效。

1.1　“建设世界科技强国”对科普工作提出的新要求

在知识经济时代，国家核心竞争力的塑造有赖于创新型国家的建设，要不断完善国家创新体系必然有赖于人力资本的创造、积累与应用，也正是如此，公民科学素质的重要性越发凸显，推动科学普及已然成为各国致力于提升国家创新能力的基础性科教事业。目前，世界范围内的新一轮科技革命和产业变革正在悄然兴起，信息技术、生物技术、新材料技术、新能源技术等广泛渗透，带动了以绿色、智能、泛在为特征的群体性技术突破，重大颠覆性创新时有发生，一些重要科学问题和关键核心技术已呈现出革命性突破的先兆，带动关键技术交叉融合、群体跃进式发展，变革突破的能量正在不断积累。科技加速发展，知识呈现爆炸式增长，学科相互交叉融合，科技与经济、教育、文化、社会等的联系和相互影响日益紧密，科技创新作为社会经济发展的驱动力的功能日益凸显。而世界正处于经济复苏乏力、局部冲突和动荡频发、全球性问题加剧的大环境之中，科技创新对国际政治、经济、军事和安全等产生的深刻影响，已成为重塑世界经济结构和竞争格局的关键。为此，世界各国纷纷加强创新部署，美国国家创新战略、日本新成长战略、德国工业4.0战略等相继应运而生。我国必须抢抓科技革命于萌发之时，洞察创新潮流于青萍之末，迎难而上，开拓进取，加快实施创新驱动发展战略、科教兴国战略，提高全民科学文化素养，加强创新能力建设，强化民族文化自信，提升我国的发展质量和效益，牢牢掌握未来科技发展的主动权。建设世界科技强国是科普发展的新机遇，也给科普工作提出了新要求、新挑战。

1.1.1 科技创新成果不断涌现，科普任务更加繁重

党的十八大报告提出，科技创新是提高社会生产力和综合国力的战略支撑，必须摆在国家发展全局的核心位置[①]。党的十八大以来，习近平总书记把创新摆在国家发展全局的核心位置，高度重视科技创新，提出了一系列关于科技创新的新思想、新论断、新要求。他提出："科技兴则民族兴，科技强则国家强。"[②]"即将出现的新一轮科技革命和产业变革与我国加快转变经济发展方式形成历史性交汇，为我们实施创新驱动发展战略提供了难得的重大机遇。"[②]

"与发达国家相比，我国科技创新的基础还不牢固，创新水平还存在明显差距，在一些领域差距非但没有缩小，反而有扩大趋势。"[③]"我们要推动新型工业化、信息化、城镇化、农业现代化同步发展，必须及早转入创新驱动发展轨道，把科技创新潜力更好释放出来，充分发挥科技进步和创新的作用。"[②]全党全社会都要充分认识科技创新的巨大作用，把创新驱动发展作为面向未来的一项重大战略实施好[②]。

"科技创新是提高社会生产力和综合国力的战略支撑，必须把科技创新摆在国家发展全局的核心位置。"[④]

2016 年两会期间，习近平总书记在参加第十二届全国人大第四次

---

① 胡锦涛. 坚定不移沿着中国特色社会主义道路前进 为全面建成小康社会而奋斗. (2012-11-08) [2012-11-18]. http://politics.people.com.cn/n/ 2012/1118/c1001-19612670.html.

② 习近平. 习近平主持中央政治局第九次集体学习. (2013-10-01) [2014-01-07]. http://politics.people.com.cn/n/2013/1001/c1024-23094554.html.

③ 中共中央文献研究室. 习近平关于科技创新论述摘编. 北京：中央文献出版社，2016.

④ 习近平. 习近平会见嫦娥三号任务参研参试人员代表.(2014-01-07) [2014-01-07]. http://cpc.people.com.cn/n/2014/0107/c64094-24041466.html.

会议上海代表团审议时强调“创新发展理念首要的是创新”，要“保持锐意创新的勇气”，并指出“要抓住时机，瞄准世界科技前沿，全面提升自主创新能力”，希望上海能够“着力加快具有全球影响力的科技创新中心建设步伐”，“当好全国改革开放排头兵、创新发展先行者”。[①]习近平总书记提出科技强国要在标志性技术上下功夫。他说，科技是国家强盛之基，创新是民族进步之魂。他指出，到本世纪中叶建成社会主义现代化国家，科技强国是应有之义，但科技强国不是一句口号，得有内容，得有标志性技术[①]。

目前，我国已经初步基本具备发展新兴产业、高科技产业、高端产业甚至前沿产业的基础和条件。近几年来，我国科技研发投入规模和专利数量、论文发表量等指标均居世界前列；高铁、核电装备、通信设备等产业，已达到世界先进水平，处于并行的地位；量子通信等新兴技术领先于世界，处于“领跑者”的地位。同时，高等教育的发展和科普培养了大批科学及工程技术人才，使我国的科技创新相对于发达国家具有明显的人力成本优势。此外，新兴产业技术标准的形成依赖于用户规模，一项技术的用户数量越多，则越容易成为行业默认的共同标准。巨大的人口规模和产业规模，十分有利于促进中国主导的新产业技术标准的形成。

当前，新经济正处于 S 形曲线加速发展的阶段，这是中国产业实现全面赶超发达国家的机会窗口。由于新科技成熟度不高且处于快速变化之中，这需要科普工作的跟进，创新性行业主导设计和技术标准尚未完全形成，发达国家与中国一样需要面对技术发展的巨大的不确定性，没有特别明显的领先优势。未来，中国完全有可能依靠低成本的创新优势、完善的产业基础、巨大的市场规模，率先实现新科技的突破和新产业市场的形成，从世界科技的“跟跑者”变为“同行者”，甚至是“领跑者”，增强对新标准、新产业的话语权，甚至掌握主导权。在这

① 习近平. 习近平论科技创新：科技强国要在标志性技术上下功夫.(2016-03-18)[2016-03-19]. http://cpc.people.com.cn/xuexi/n1/2016/0318/c385475-28209512.html.

个过程中，都需要科普工作及时提高这些新科技的普及程度，并将其及时转化为广大公众的知识和能力，进而提升广大公众的科技素质。

目前，科技成果转化为现实生产力的周期越来越短，技术更新速度也日益加快。在19世纪，电的发明到应用时隔近300年，电磁波通信从发明到应用时隔近30年；到了20世纪，集成电路仅仅用了7年的时间便得到应用，而激光器仅仅用了1年。30年来，人类所取得的科技成果，比过去两千年的总和还要多。以此推算，人类在2020年所拥有的知识当中，有90%还没有创造出来。人们用指数函数来描绘当前人类知识增长的趋势，也就是媒体经常提到的知识爆炸现象。伴随着知识爆炸现象的出现，科学技术研究的规模也呈指数函数增长。全世界用于科学研究的经费已经达到每年5000亿美元以上，人数已经达到5000万人。预计在今后一百年，从事科研工作的人数，将占世界总人口的20%，创造性的科学工作将会成为21世纪末人类的主要活动[①]。这充分说明，当前科学与技术的界限日益模糊，技术和产品更新换代的速度不断加快，科普内容、形式的更新也在加快，科普的任务也更加繁重。

1.1.2 科学技术主导地位凸显，成为发展主要动力

习近平指出，当今世界，科技创新已经成为提高综合国力的关键支撑，成为社会生产方式和生活方式变革进步的强大引领，谁牵住了科技创新这个牛鼻子，谁走好了科技创新这步先手棋，谁就能占领先机、赢得优势[②]。科技是国家强盛之基，创新是民族进步之魂[③]。

今天，人类面临的许多问题都具有综合性质，如温室效应、臭氧层破坏和资源问题等，其既是科技问题，也是经济、社会问题。这些问题的解决超出了自然科学技术能力的范围，必须综合运用各门自然

① 徐冠华. 当代科技发展趋势和我国的对策.中国软科学, 2002,（5）: 2-13.

② 习近平：上海要继续当好全国改革开放排头兵.（2014-05-24）[2014-05-24]. http://news.sohu.com/20140524/n399991001.shtml.

③ 习近平：科技是国家强盛之基，创新是民族进步之魂.（2014-06-09）[2017-12-20]. http://opinion.people.com.cn/n/2014/0610/c1003-25128050.html.

科学、各种技术手段和人文与社会科学的知识去研究解决。当今科技创新和进步的深刻影响，广泛表现在经济社会的各个领域和层面上，突出表现在对国家竞争力的决定性作用上。

第一，科学技术特别是高新技术已经成为经济和社会发展的主导力量。时至当代，往往科学理论不仅走在技术和生产的前面，而且为技术生产的发展开辟了各种可能的途径。例如，先有了量子理论，而后促进了集成电路和电子计算机的发展，进而引起了信息革命，极大地促进了世界经济结构的变革。现代科学技术这种特点，决定了它在经济发展中必然成为主导力量。

第二，科技全球化和社会知识化进程加快，将对社会生产方式和生活方式产生深刻的影响。新一代网络通信技术进一步加快经济全球化进程，科技全球化正在成为经济全球化的重要表现形式；产业的知识含量日益增加，知识经济的社会形态正在成为现实，以科技创新为主的知识创新活动将成为人类的主导性社会活动。

第三，国际竞争日益激烈，自主创新能力成为国家核心竞争力的决定性因素。美国经济学家在 20 世纪末就提出了“胜者全得”的理论，即一个企业在高技术领域领先一步，哪怕是一小步，就有可能占领绝大多数市场份额，其他竞争者将很难生存。这使发达国家与发展中国家的知识鸿沟呈现不断拉大的趋势，成为人类社会进步和发展中一个无可回避的挑战。

1.1.3　学科交叉融合呈常态化，科普作用日益凸显

500 年前的欧洲文艺复兴在比以前更坚实的基础上重建了科学，此后技术进步不断加速。几个世纪以后，复兴的整体性已经被专门化和智力分裂取代，使得科学技术领域不断细分。最近几十年里，科学技术的发展又向人们展示了自然组织更深层次的根本性统一，特别是科学交叉融合正在开创科技复兴的新时代。

第一，科学和技术之间的联系更加密切，是当代科学技术发展的一个基本特征。科学和技术的结合和相互作用、相互转化更加迅速，逐步形成了统一的科学技术体系。在这个统一体中，一方面，基础科学的作用日益增强，不断为技术的进步开辟新的方向，并且以更快的速度向应用开发和产业化转移；另一方面，技术发展又为科学发展提供了有效手段，许多大科学项目越来越依赖于技术装备的突破。

第二，数学和定量化方法的广泛应用是当代科学技术发展的又一个基本特征，它标志着人类对自然的认识已从定性阶段全面进入定量阶段。量子力学的突破使量子化学、量子生物学应运而生，使化学、生物学进入了定量化阶段，深化了人类对于化学、生物学基本原理的认识。数学和统计力学的发展，结合大规模计算和仿真技术的应用，深化了人类对于复杂系统的认识，促进了地学、环境科学等学科向定量化演进。

第三，自然科学和人文社会科学的相互渗透，极大地改变着人类的生活方式。历史经验告诉我们，任何一个技术创新活跃的时代，无不伴随着人文创新的导引。18 世纪以来，世界科学中心和工业重心从英国转到德国、再到美国，其中无不包含着深厚的文化根由。今天，科学不仅在物质生活层面上支持和促进人类和文化的发展，而且在精神生活层面上关注和推动人类和文化的发展，从而给人的生存和发展注入了更加完整和深刻的内涵。可以说，未来人类的前途虽然取决于诸多因素的交互作用，但是科学与人文的结合无疑是其中一个重要的决定性因素，经济社会的发展也必将建立在科技与人文两个“车轮”之上。

1.1.4 科普、科创双翼相辅相成，相互促进作用增强

习近平总书记说：“历史的机遇往往稍纵即逝，我们正面对着推进科技创新的重要历史机遇，机不可失，时不再来，必须紧紧抓住”。[①]“我们有改革开放 30 多年来积累的坚实物质基础，有持续创新形成的系列

---

① 习近平. 在中国科学院第十七次院士大会、中国工程院第十二次院士大会上的讲话. (2014-06-09) [2014-06-09]. http://www.xinhuanet.com//politics/2014-06/09/c_1111056694.htm.

成果，实施创新驱动发展战略具备良好条件。”[①]从创新水平看，在部分科技领域，中国正由“跟跑者”变为“同行者”，甚至是“领跑者”。有识之士指出，当今世界，中国经济要在全球竞争，不可能靠钢铁水泥业，植根于互联网应用的智能制造、人工智能才是未来决胜关键。这就需要极大的创新力[②]。

当前我国科技创新进入新的发展阶段，准确把握科技创新的中国特色、世界科技发展的新特点和我国发展的阶段性特征，对于实施创新驱动发展战略、建设世界科技强国至关重要[③]。2014 年 1 月，中共中央宣传部、科学技术部、中国科学院、中国科学技术协会(简称中国科协)联合发布《关于加强科普宣传工作的意见》；2015 年 3 月，中国科学院和科学技术部联合发布《关于加强中国科学院科普工作的若干意见》；2016 年 2 月，国务院办公厅发布《全民科学素质行动计划纲要实施方案(2016—2020 年)》；2017 年 1 月，中共中央宣传部、科学技术部、国家卫生健康委员会、中国科学院、中国科协联合发布《关于丰富和完善科普宣传载体进一步加强科普宣传工作的通知》；2017 年 5 月，科学技术部、中共中央宣传部联合印发《“十三五”国家科普与创新文化建设规划》。这一系列文件反映出政府对科普工作的高度重视。我国科技创新面临的新形势有以下三个方面。

第一，我国科技发展已经取得巨大成就，形成全方位系统化的科研布局。经过多年努力，我国科技事业取得举世瞩目的巨大成就，形成了“五大优势”：一是基础能力优势。科技发展实现了由原来的“全面跟跑”向“跟跑”“并跑”甚至在一些领域“领跑”的重大转变，形成了基础研究、前沿技术、应用开发、重大科研基础设施、重点创新基地等全方位、系统化的科研布局。二是人才规模优势。我国是世界

① 习近平. 在中国科学院第十七次院士大会、中国工程院第十二次院士大会上的讲话. (2014-06-09) [2014-06-09]. http://www.xinhuanet.com//politics/2014-06/09/c_1111056694.htm.

② 李兴彩, 温婷. 中国创新领先世界案例: 复兴号成世界最快列车群. (2017-09-05) [2017-09-05]. http://finance.ifeng.com/ a/20170905/15649317_0. shtml.

③ 刘延东. 实施创新驱动发展战略 为建设世界科技强国而努力奋斗. 求是, 2017,(2): 13.

公认的人力资源大国，我国科技人力资源超过 8000 万人；全时研发人员总量为 380 万人/年，居世界首位；工程师数量占全世界的 1/4，每年培养的工程师相当于美国、欧洲、日本和印度的总和。这是我国举世难得的战略资源。三是市场空间优势。我国的市场潜力巨大，仅移动互联网用户就达 10.3 亿，任何一个细分市场都能支撑成千上万个企业的发展，即使相对小众的市场也可以提供大量的创新创业(简称“双创”)机会和需求。四是产业体系优势。我国是世界上唯一具有联合国产业分类中所有工业门类的国家，任何创新活动都可以在中国找到用武之地。我国制造业长期积累的技术基础，为互联网时代制造业的智能化、数字化发展提供了巨大空间。五是体制动员优势。过去我们搞“两弹一星”，靠的是制度优势。现在仍然要更好发挥我们的制度优势，积极探索社会主义市场经济条件下的新型举国体制，把各方力量充分调动起来。

第二，我国科技创新能力已站在新的历史起点上，部分优势领域创新水平向“并跑”“领跑”跨越。我国新一轮的科技革命和产业变革正在兴起，科技创新能力也在持续提升，战略高技术不断突破，基础研究国际影响力大幅增强。先后取得了载人航天和探月工程、载人深潜、深地钻探、超级计算、量子反常霍尔效应、量子通信、中微子振荡、诱导多功能干细胞等重大创新成果。高速铁路、水电装备、特高压输变电、杂交水稻、第四代移动通信(4G)、对地观测卫星、北斗导航、电动汽车等重大装备和战略产品取得重大突破，部分产品和技术开始走向世界。2015 年 10 月 5 日，屠呦呦女士凭借她 40 多年前找到的青蒿素提取方法，成为中国第一位获得诺贝尔生理学或医学奖的科学家，也因为该奖项，中国的青蒿素研究更引人注目。她和“523”项目组的研究工作，使千千万万被疟疾威胁的生命得到拯救。她的科研成果得到世界范围的认可，其背后漫长艰辛的科研之路同样让公众认识到科学的伟大价值和科学精神的不朽内涵。屠呦呦女士获得诺贝尔奖，极大地激励了国人在科技创新中勇攀高峰的信心，激发了公众了解和支持中国科研发展的热情。

第三，我国科普事业建设成效显著，公民科学素质有了很大提升。一是公众科学素质和创新意识不断提升。《中国公民科学素质建设报告（2018）》显示，2018年，我国公民具备科学素质比例达到8.47%，这一数据比2015年的6.2%提升了2.27个百分点。提升速度明显加快，年平均增长由2005～2010年的0.33个百分点、2010～2015年的0.59个百分点提升到2015～2018年的0.76个百分点，逐步缩小了与主要发达国家的差距。二是科普人才队伍持续增长。2016年全国科普专职人员22.35万人，比2015年增加0.2万人，科普专职人员作用凸显。其中专职科普讲解人员2.89万人，比2015年增加0.39万人，占科普专职人员的12.93%。专职科普创作人员1.41万人，比2015年增加0.08万人，占科普专职人员的6.31%。专职科普创作人员和科普讲解人员已经成为科普工作的重要力量。三是科普经费投入稳定提高，科普经费来源渠道仍以政府为主。2016年全国科普经费筹集额151.98亿元，比2015年增加7.63%。科普经费政府拨款115.75亿元，占全部经费筹集额的76.16%，比2015年增加0.63%。四是科普场馆建设力度加强。2016年全国共有科普场馆1393个，比2015年增加了135个，增长10.73%。其中科技馆473个，科学技术类博物馆920个，分别比2015年增加了29个和106个，平均每99.26万人拥有一个科普场馆。科技馆共有5646.41万参观人次，比2015年增长20.26%。科学技术类博物馆共有1.10亿参观人次，比2015年增长4.80%。五是科普传播形式日趋多样。在互联网日益普及的情况下，纸质传媒和出版物普遍受到较大冲击和影响，2016年全国科普图书出版总册数1.35亿册，依然保持了增长势头，科普图书册数略有增长。六是群众性科技活动成效显著。2016年全国科研机构和大学向社会开放，开展科普活动的数量达到8080个，比2015年增加839个，参观人次达到863.37万。越来越多的科研机构和大学向社会开放，开展科普活动，成为我国科普资源的重要补充。七是创新文化环境正在形成。营造鼓励创新、宽容失败、开放包容的创新文化成为社会共识，关注创新、服务创新、支持创新、参与创新的良好社会风尚初步树立，大众创新创业“双创”渐成潮流。

历史表明，建立世界科技强国，实质上是使科技的竞争占优势地位，即使其在能力的竞争和文化、体系的对抗中获得更多优势。我国科技创新正在从量的增长向质的提升、从点的突破向群体迸发转变。必须推动分散式的创新向成系统的创新转变，从创新主体、创新能力和创新机制等方面整合资源，优化配置，提高创新体系的整体效能。这需要全民族具有高的科技意识和科学素质，拥有开放创新的民族文化。世界科技强国，其公民的科技意识和科学素质也非常高，两者呈高度正相关，正是后者为其成为创新型国家，乃至科技强国奠定了坚实的社会和文化基础。例如，我国经济最发达的城市，如北京、上海、广州、深圳，恰恰也是国内最重视科学普及的城市，是人均年科普专项经费投入最高的城市，也是国内拥有科普场馆最多和科普工作最深入的城市。

综合判断，我国科普事业正处于可以大有作为的重要战略机遇期，也面临着与科学普及强国的差距进一步拉大的风险。必须牢牢把握机遇，树立创新自信，增强忧患意识，勇于攻坚克难，主动顺应和引领时代潮流，要把科学普及放在与科技创新同等重要的位置，普及科学知识、弘扬科学精神、传播科学思想、倡导科学方法，在全社会推动形成讲科学、爱科学、学科学、用科学的良好氛围，使蕴藏在亿万人民中间的创新智慧充分释放、创新力量充分涌流。让创新成为国家意志和全社会的共同行动，在新的历史起点上开创国家创新发展新局面，开启建设世界科技强国新征程。

目前，我国科普工作仍然存在一些突出问题和不足。科技创新与科学普及“一体两翼”不平衡、不协调，各级政府对科普工作重视依然不够，重科研、轻科普，科普与科研脱节现象仍然存在。相比发达国家，我国公民的科学素质总体水平较低，城乡和区域差别较大，难以适应经济社会快速发展的需要。科普产品研发能力较弱，科普作品创作水平不高，基础设施建设不均衡，科普服务能力不强，科普展陈和传播内容同质化、单一化现象较为突出，科普供给侧未能满足公众快速增长的多元化、差异化需求，特别是面向劳动者和老年人的实用科普成效不高。对公众关注的热点科学问题、伪科学问题和前沿科学技术最新进展快速响应不足，权威发声不够，应急科普机制不健全。运用市场化手段广泛调动社会力量参与科普的机制亟待完善，社会化、市场化、常态化、泛在化和网络化的科普工作局面尚未形成。全社会的创新文化氛围尚不浓厚，崇尚创新的价值取向仍未牢固树立，质疑探究、勇于创新的风气尚未全面形成，鼓励创新、宽容失败的体制机制保障尚未到位，评价激励制度滞后于创新发展的要求，科技人才创新创业活力亟待充分激发，企业科技创新、产品创新和管理创新的内在动力不足。

1.2　“科技创新在国家发展全局的核心位置”对科普工作提出的新要求

习近平总书记指出，当前，科技创新的重大突破和加快应用极有可能重塑全球经济结构，使产业和经济竞争的赛场发生转换[①]。在新一轮科技革命和产业变革大势中，科技创新作为提高社会生产力、提升国际竞争力、增强综合国力、保障国家安全的战略支撑，必须摆在国家发展全局的核心位置[②]。国务院 2016 年 9 月印发《北京加强全国科技创新中心建设总体方案》后，全国科技创新中心建设上升为国家战略。

当前，新一轮科技革命和产业变革正在世界范围内孕育兴起，重大颠覆性创新时有发生，科技创新成为重塑世界经济结构和竞争格局的关键。在我国新的发展历史起点上，建设世界科技强国和具有全球影响力的科技创新中心，需要把科技创新摆在更加重要的位置。党的十八大明确提出，科技创新是提高社会生产力和综合国力的战略支撑，

① 习近平. 在中国科学院第十七次院士大会、中国工程院第十二次院士大会上的讲话.(2014-06-09)[2014-06-09]. http://www.xinhuanet.com//politics/2014-06/09/c_1111056694.htm.

② 科技创新是提高社会生产力和综合国力的战略支撑.(2016-02-27)[2016-02-27]. http://www.xinhuanet.com/politics/2016-02/27/c_128754760.htm

必须摆在国家发展全局的核心位置。科技是国之利器，国家赖之以强，企业赖之以赢，人民生活赖之以好。党的十九大报告提出，中国特色社会主义进入新时代，我国社会主要矛盾已经转化为人民日益增长的美好生活需要和不平衡不充分的发展之间的矛盾。中国要强，中国人民生活要好，必须要有强大的科技。只有提高创新能力和全民族的科学素质才能从根本上解决我国社会的主要矛盾，也是努力实现更高质量、更有效率、更加公平、更可持续发展的必然要求。新时期、新形势、新任务，要求我们在科技创新方面要有新理念、新设计、新战略。科技兴则民族兴，科技强则国家强。实现“两个一百年”奋斗目标，实现中华民族伟大复兴的中国梦，面向世界科技前沿、经济主战场、国家重大需求，必须坚持走中国特色自主创新道路，加快各领域科技创新，掌握全球科技竞争先机。这是我们提出建设世界科技强国和具有全球影响力的科技创新中心的出发点。

2016 年 7 月，国务院发布了《“十三五”国家科技创新规划》，明确提出到 2020 年，要大幅提升国家科技实力和创新能力，迈进创新型国家行列。2016 年 11 月，北京市人民政府发布了《北京市“十三五”时期加强全国科技创新中心建设规划》，提出要引领创新方向，抢占国际竞争制高点，打造全球创新网络关键枢纽。坚持和强化北京全国科技创新中心定位，必须站在世界科技创新前沿，坚持全球视野，坚持创新自信，积极融入全球创新网络，全面增强自主创新能力，实现从“跟跑”“并跑”向“领跑”转变。在这个需要以全球视野推动国际科技合作的创新时代，北京、上海将继续整合资源、推动开放创新，全力建设具有全球影响力的科技创新中心，努力打造全球原始创新的策源地，引领支撑中国进入创新型国家行列。

习近平总书记在上海建立具有全球影响力的科技创新中心的问题上提出了三个“牢牢把握”，即要牢牢把握科技进步大方向，瞄准世界科技前沿领域和顶尖水平，力争在基础科技领域有大的创新，在关键核心技术领域取得大的突破。要牢牢把握产业革命大趋势，围绕产业链部署创新链，把科技创新真正落到产业发展上。要牢牢把握集聚人才大举措，加强科研院所和高等院校创新条件建设，完善知识产权运用和保护机制，让各类人才的创新智慧竞相迸发[①]。

“十三五”期间是全面建成小康社会的决胜阶段，也是进入创新型国家行列的冲刺阶段，对科普工作和创新文化建设提出了新的更高要求。实施创新驱动发展战略，适应和引领经济发展新常态，实现经济发展动力转换、结构优化、速度变化，不仅需要提升科技创新能力，还需要强化创新文化氛围，推进大众创业、万众创新，将科技创新成果和知识为全社会所掌握、所应用；普遍提高人民生活水平和质量，实现贫困人口全面脱贫，提升社会文明程度，改善生态环境质量，需要进一步在全社会弘扬科学精神、普及科学知识，大幅度提升公民的科技意识和科学素质，提高公民解决实际问题和参与公共事务的能力。

面对新形势、新需求，“十三五”科普和创新文化建设工作要与时俱进、开拓创新，努力实现以下转变：在科普工作对象上，由重点面向青少年群体向面向包含劳动者、老年人和贫困落后地区群众的全体公众转变；在科普产品供给上，由增加数量规模向更加注重结构优化、质量提升转变；在科普内容上，由“低幼化”的一般科学技术知识向更加注重弘扬科学精神、掌握科学方法、传承中华优秀传统文化、普及新技术新成果转变；在传播方式上，由以传统媒体传播、场馆展示为主向传统媒体和新媒体融合和互动转变；在科普工作方式上，由政府主导抓重大科普示范活动向政府引导、全社会参与的常态化、经常性科普转变；在科普工作发展上，由重点开展公益性事业科普向统筹做好公益性科普事业与经营性科普产业转变；在创新文化建设上，由重点优化科研环境为主向营造全社会的创新创业环境和建立健全创新激励政策体系转变[②]。

---

① 习近平：上海要继续当好全国改革开放排头兵.(2014-05-24)[2014-05-24]. http://news.sohu.com/20140524/n399991001.shtml.

② 科学技术部, 中央宣传部. 科技部—中央宣传部关于印发《“十三五”国家科普与创新文化建设规划》的通知(国科发政〔2017〕136 号). (2017-05-08)[2017-05-08]. http://www.most.gov.cn/mostinfo/xinxifenlei/fgzc/gfxwj/gfxwj2017/201705/t20170525_133003.htm.

要解决上述问题，或者说，通过学校的教科书或者单一的课堂教育方式获得的知识并不能满足人们对日益变化的现实世界的认知需求。人们获取一些对学习、工作和生活有实际作用的科学技术知识，更多的是通过平时实践中的自我科普获得的，因而做好科普工作对于提升普通民众的科学文化知识意义重大。当前全社会正在深入实施创新驱动发展战略，关键靠科技创新，基础在于科普工作。科学普及与科技创新是创新发展的重要组成部分，两者相互促进，密不可分。科学技术只有为广大人民群众所理解、掌握和运用，才能发挥出第一生产力的巨大威力作用；科学普及只有广泛开展并惠及群众，才能为科技创新提供雄厚的基础和适宜的环境。因此，围绕创新驱动发展战略需求，大力开展科学普及，帮助社会公众理解、掌握和运用科学技术，激发公众的科技兴趣和创新热情，紧密团结和依靠社会公众，特别是科技工作者广泛开展创新创业，无疑将是科技工作的重要内容和重点任务。

1.3 “推进科技创新的重要历史机遇”对科普工作提出的战略要求

2014 年 8 月 18 日，习近平总书记在中央财经领导小组第七次会议上的讲话中提出，我们必须认识到，从发展上看，主导国家命运的决定性因素是社会生产力发展和劳动生产率提高，只有不断推进科技创新，不断解放和发展社会生产力，不断提高劳动生产率，才能实现经济社会持续健康发展避免陷入“中等收入陷阱”。从某种意义上来说，我们能不能实现“两个一百年”奋斗目标、能不能实现中华民族伟大复兴的中国梦，要看我们能不能有效实施创新驱动发展战略。到本世纪中叶建成社会主义现代化国家，科技强国是应有之义，但科技强国不是一句口号，得有内容，得有标志性技术①。十九大报告提出，不忘

① 习近平. 科技创新是提高社会生产力和综合国力的战略支撑.(2016-02-27)[2016-02-27]. http://www.xinhuanet.com/politics/2016-02/27/c_128754760.htm.

初心，牢记使命，高举中国特色社会主义伟大旗帜，决胜全面建成小康社会，夺取新时代中国特色社会主义伟大胜利，为实现中华民族伟大复兴的中国梦不懈奋斗①。全面建成小康社会必然要求提高民族的整体科学素质、要求提升科普传播能力和完成科学普及重任。

1.3.1　要求提高民族科学素质

走中国特色的自主创新道路，建设创新型国家，是党中央作出的重大战略决策。思维创新是科技创新的先导，提高全民科学素养，在全民大众中普及科学知识，为自主创新创造良好的氛围具有十分重要的作用。通过科普工作，弘扬科学精神，能够进一步提高人们的科学文化素质，帮助人们民树立正确的世界观、人生观和价值观，掌握现代科学技术，激发自主创新的热情，使个人得到全面充分的发展。因此必须把弘扬科学精神、普及科学知识作为首要任务，通过扎实有效的工作，使科学精神在全社会得到发扬光大，渗透到生产、工作和社会生活的各个方面，融入广大人民群众的头脑中去。这对于实现“两个一百年”奋斗目标和中华民族伟大复兴的中国梦，具有十分重要的意义。

现代科普理念及科普运作方式的变化，要求人人都是科普对象，人人都需要科普知识。第一，提高国际竞争力需要科普。要提高国际竞争力，就必须提高全体国民的科学素质，而提高全体国民的科学素质，就必须大力进行科普。因为懂得科学的人更容易学会现代机器和现代管理，更容易适应现代社会的生活生产作息和快节奏的生活，更容易适应现代社会的价值观和行为准则。第二，丰富人类的文化生活和精神世界需要科普。科学可以丰富人类的文化生活和精神世界，科学向我们展现了一个全新的世界，唯有带着谨慎的好奇心去感觉和体验它，才有可能使其成为我们文化的一个有机组成

---

① 十九大报告全文.(2018-03-13)[2018-03-13]. http://sh.people.com.cn/n2/2018/0313/c134768-31338145.html.

部分。第三，社会分工要求人人都需要科普。现代科学分工越来越细，社会中的每一个人，甚至专家、科学家都需要科普。这是因为科学家之间需要相互了解和理解，某领域的科学家需要了解其他学科的发展前沿和最新成就。因此，即使是科学家也需要科普。第四，科技发展重要的地位功能要求科普。历史经验表明，科技革命总是能够深刻改变世界发展格局。科技创新是提高社会生产力、提升国际竞争力、增强综合国力的战略支撑。必须把推进科技创新作为治国理政的重要方略，使科技创新成为经济社会发展和维护国家安全最重要的战略资源，成为政策制定和制度安排的核心要素，成为衡量区域、行业、企业发展绩效的关键标准，成为参与全球竞争合作的重要内容。科技发展重要的地位和功能要求人人具有一定的科学知识，这就需要广泛的科普工作。第五，现代科技发展特点需要科普。现代科学进入大科学、大发展的时代，科学家要花国人纳税的钱来从事自己的研究工作，那么他就有义务和责任向公众解释，为什么他的工作是有意义的，是值得资助的。因此，科学普及的受众不再单纯是无知无识者，或者在科学知识的拥有方面的弱势者，而是全体公民，包括那些没有知识的文盲、科盲，还包括普通民众和科技专家，科学家在理解科学方面也许并不比普通人强到哪里去，在他们熟知的专业领域之外，他们同样需要启蒙和科普。

21 世纪，科学分科化趋势加大加剧，各分支学科之间的交流和理解也成为必要，否则科学家们就都成了专门家和眼界狭窄的匠人，他们之间也需要相互学习相互了解。科学不仅非常有用，而且还非常有趣，这正是科普不同于传授一般科学知识的地方。科普是学校之外的课程，它虽不是成年人必修的一种知识传授或职业训练，但是它从一开始就将受众者和科学之间的关系规定成了一种自由的关系，而自由恰恰正是科学精神的本质所在。

1.3.2　要求提升科普传播能力

随着时代发展和社会进步，人们对科普宣传方式的要求也在发生变化，过去那种走上街头摆摊设点搞科普的陈旧做法已经越来越不能满足公众的科普需求，科普工作要不断地创新方式，与时俱进。一是科普宣传要实现便利化。利用市区、三县主要街道和遍布城乡的广告宣传栏、电子大屏以及公交车载视频集中宣传、发布、播放科普知识和科普动漫，将科普知识送到老百姓的身边。深入推进科普示范社区创建，发挥社区科普馆和科普益民服务站的科普功能，实现科普宣传方式的便利化。二是科普宣传要实现信息化。利用报纸、电视台和互联网等传统媒体和新媒体平台，做好科普信息、科普动态、科技资讯的宣传和推送发布工作。创新信息科普的方式，打造人人科普网专业科普宣传平台，提升质量和效果，实现科普宣传方式的信息化。三是科普宣传要实现社会化。大力开展科普志愿者登记招募工作，发挥社会各界参与科普、支持科普、享受科普的积极性、能动性和实效性，动员青少年科技创新协会等社会力量参与各种形式的科普宣传。发挥全科组牵头作用，调动成员单位积极性，构建全民参与科普工作新格局，实现科普宣传方式的社会化①。四是科普要实现网络化。互联网技术的飞速发展，推动着当今社会各方面的巨大变革，改变了公众的生产方式、生活习惯和交往方式。“互联网+”战略的提出和普及应用，促使当前和未来科普工作务必创新思维、与时俱进。考察“互联网+科普”产生的背景，分析网站、微信公众号、APP 客户端、数字科技馆等“互联网+科普”的形式，有利于人们认识把握“互联网+科普”的机遇和挑战，并对今后的科普工作进行深度思考②。

在新形势下开展科普工作，是实施创新驱动发展战略的社会基础，是全社会深刻理解科技创新、支持科技创新的必然需要，是改

① 新常态下提升科协服务能力思考.（2014-11-05）[2014-11-10]. http：//www.jskx.org.cn/art/2014/11/5/art_76_731828.html.

② 马亚韬. 对“互联网+”背景下科普工作的思考. 科协论坛，2015，(12)：27-29.

变政府职能、加大科技公共服务的主要手段，也是公众了解科技问题、热点和焦点问题的重要渠道和关键途径，也是知识经济时代发展赋予科普的机遇。只有坚持政府引导、社会参与、市场运作，以提升公民科学素质、加强科普能力和创新文化建设为重点，大力推动科普工作的多元化投入、常态化发展，切实提升科普产品、科普服务精准、有效的供给能力和信息化水平，进一步完善科普政策法规体系，着力培育创新文化生态环境，才能充分激发全社会创新创业的活力，为全面建成小康社会、建设创新型国家和世界科技强国奠定坚实的社会基础。

1.3.3 要求实现科学普及目标

《中华人民共和国科学技术进步法》在第四章科学技术研究开发机构第四十四条提出，利用财政性资金设立的科学技术研究开发机构开展科学技术研究开发活动，应当为国家日标和社会公共利益服务；有条件的，应当向公众开放普及科学技术的场馆或设施，开展科学技术普及活动。2016 年，国务院办公厅印发了《全民科学素质行动计划纲要实施方案(2016—2020 年)》，提出要在“十三五”期间推动科技教育、传播与普及，扎实推进全民科学素质工作，激发大众创新创业的热情和潜力，为创新驱动发展、夺取全面建成小康社会决胜阶段伟大胜利筑牢公民科学素质基础，为实现中华民族伟大复兴的中国梦作出应有贡献。可以说，科学普及工作在提高全民科学素质中获得了国家的全面认可[①]。《全民科学素质行动计划纲要(2006-2010-2020 年)》提出，公民科学素质建设是坚持走中国特色的自主创新道路，建设创新型国家的一项基础性社会工程，是政府引导实施、全民广泛参与的社会行动。调动科技工作者科普创作的积极性，把科普作品纳入业绩考核范围；建立将科学技术研究开发的新成果及时转化为科学教育、传播与普及资源的机制。有条件的科研院所、高等院校、自然科学和社

① 安守军. 由科普活动与公众的关系探讨科普权利. 科技传播, 2017, 9(4): 75-76.

会科学类团体向公众开放实验室、陈列室和其他场地设施；鼓励高新技术企业对公众开放研发机构和生产车间。《“十三五”国家科普与创新文化建设规划》中提出了科普的发展目标，即到 2020 年，科学精神进一步弘扬，创新创业文化氛围更加浓厚，以青少年、农民、城镇劳动者、领导干部和公务员、部队官兵等为重点人群，按照中国公民科学素质基准，以到 2020 年我国公民具备科学素质比例超过 10%为目标，广泛开展科技教育、传播与普及，提升全民科学素质整体水平。国家科普研发、创作能力和科学传播水平显著提高，科普基础设施体系基本形成，科普基地布局更加合理，科普体制机制进一步优化，公益性科普事业和经营性科普产业统筹协调发展，关注创新、服务创新、支持创新、参与创新的良好社会氛围基本形成。具体目标为：①公民具备科学素质的比例超过 10%，力争比“十二五”提高 5 个百分点。②科普投入显著提高。完善多元化投入机制，企业、社会团体、个人等成为科普投入的重要组成。③科普作品的原创能力、传播水平和科普展教品研发能力达到中等发达国家水平。④形成门类齐全、布局合理、特色鲜明的科普基础设施体系，力争达到每 60 万人拥有一个科普场馆。建设一批国家科普示范基地，国家特色科普基地形成体系。⑤创新文化氛围基本形成。公众创新意识明显增强，面向公众传播科学精神和培育创新文化的机制基本建成，在全社会形成科学、理性、求实、创新的价值导向。

为实现上述目标，当前要加强以下几个方面的工作。

一要加快转变发展观念。要实现创新式发展，必须转变发展观念，要均衡科技创新工作和科普工作，要理性看待科学普及和科技创新的内在关系。科学普及是科技创新的基石，只有夯实科学普及的基石，科技创新才能如同金字塔般坚固矗立和雄伟；如果没有科学普及的大力支撑，仅将科技创新变成少数人的事，如同中国古塔式直立，是很难坚固高耸的。各地各部门应结合区域特点和自身职能，紧跟现代科学技术发展步伐，精心组织好群众性科技活动。科技工作者也应把科学普及和传播作为义不容辞的社会责任，努力传播科学知识。广大青少年要树立创新意识，培养创新思维[①]。

二要大力弘扬科学精神。科学精神是创新文化的精髓和核心所在。要弘扬求真务实、勇于创新的科学精神，坚持学术民主、鼓励探索、宽容失败，营造有利于创新创造的文化氛围。

三要加大科技资源开放。科研机构、大学向社会开放，开展科学普及要成为常态，各类科研设施、国家实验室、大科学装置要向公众开放，丰富科普展教资源，让公众分享创新的喜悦。

四要加强科普能力建设。促进科技与教育、文化等有机结合，为广大人民群众提供优质便捷的科普服务。要贴近百姓生活需求，积极开展低碳生活、节能环保、食品健康、应急避险等科普活动，提高人民生活质量，促进广大公众形成科学文明的生活方式。

五要创新科学传播方式。借助互联网技术普及科技知识，及时、准确、全面、生动、有趣地传播科学技术，再现科研活动的精彩瞬间，展现区域、国家重大科学装备装置的魅力成就，扩大科普的覆盖面、深度和影响力，激发公众特别是青少年对科技的兴趣，提高公众科技意识，培育公众科技精神，促进公众理解[②]科学、支持科技创新。科学传播包含三个层面的意思：一是科学界内部的传播；二是科学与其他文化之间的传播；三是科学与公众之间的传播。要用“多元、平等、开放、互动”的传播观念来理解科普、对待科普工作。

目前，我国科普工作的现状是：第一，科普事业过度依靠政府投入，社会化统筹、市场化投入不足，产业化促进机制尚不完善。第二，科普产业的价值增值链和产业发展生态的自然成长仍然需要一个缓慢的渐进过程。第三，北京市科学技术委员会等通过社会征集的形式有效探索了科普工作的社会化机制，并逐步做出了很好的尝试。这种现状与当前国家赋予科普的重任极不相称。只有将科学普及和科技创新

① 邱成利. 科技创新不是少数人的事，科普要跟上.(2016-06-03)[2016-06-03]. http://opinion.people.com.cn/n1/2016/0602/c1003-28407281.html.

② 理解，从道理上了解、认识，说理分析，见解，顺着脉理或条理进行剖析等。

放到同等重要的地位，通过全社会各界的共同努力，大力普及科学知识、弘扬科学精神、传播科学思想、倡导科学方法，让全国各族人民爱科学、讲科学、学科学、用科学在社会蔚然成风，大幅提升公众的科技意识、科技精神和科学素养，形成支持创新、鼓励创新、参与创新的良好文化氛围，使蕴藏在亿万人民中的创新智慧充分释放、创新力量充分涌流，才能为全面建成小康社会、建设创新型国家提供强有力的社会支撑。

1.4　中国科普发展的历史回顾

中国科普发展的历程也就是科普紧随科技创新发展的历程，随着我国科学技术的发展，科普在内容、形式、主题和模式等方面都不断地演进与发展。我国的科普发展历程可以分为 4 个阶段。

1.4.1　第一阶段：早期科普萌芽阶段

第一阶段是 19 世纪下半叶至 20 世纪上半叶，是我国近代科普发展时期，代表性标志事件是 1876 年《格致汇编》的创刊，以及 1915 年科学社的成立，属于早期的科普萌芽阶段。可以说，中国近代科学的兴起和发展与西方科学知识的输入和传播是紧密联系在一起的。20 世纪初，随着中国社会对西方科学的认识和理解的逐步深入，一些有识之士认识到向大众普及科学、重塑国民科学素质对于国家富强、民族振兴具有非常重要的意义。新文化运动将“科学”大张旗鼓地请进了中国，很快在中国社会上掀起了一场传播和普及科学的浪潮，并使科学取得了“无上尊严的地位”，对于我国社会的发展进步有着积极的深远影响。许多爱国志士深知科学对于中国社会发展的重要性，著名教育家蔡元培指出：“欲救中国于萎靡不振中，惟有力倡科学化。”科学家顾毓琇曾撰文提倡以科学的方法整理中国固有的文化，以科学的知识充实中国现在的社会，以科学的精神光大中国未来的生命。科学的宣传和普及始终是近代中国社会及有识之士关注的一个重要方面。

《科学》杂志自1915年创刊至1950年共发行32卷，成为当时传播最广、影响最大、读者最多的一本综合性科技期刊。1934年，陈望道主编的《太白》杂志上首次出现了以小品文形式传播科学知识的科普文章，科学小品文以其短小、生动、活泼的文风深受广大读者的喜爱。同期的《科学大众》《科学的中国》《科学画报》《通信 自然 科学》等均是向广大社会公众普及科学知识的阵地。中国新文化运动的主将鲁迅也翻译撰写了大量的科普作品，以促进国人认识科学，达到“改造精神”的目的。著名教育家陶行知在20世纪30年代初提倡科学“下嫁”运动，即把科学“下嫁”给工农大众，并在《申报》总经理史量才的资助下创立了向儿童系统普及科学知识的机构——自然科学园。在这一时期，董纯才、贾祖璋、温济泽、顾均正、竺可桢、高士其等均创作了大量的科普作品，在他们的影响和带动下中国各阶层的知识分子及学术组织、社会团体都纷纷加入了向人民大众普及科学的行列。可以说，20世纪上半叶中国的科学普及事业已经有了一个良好的开端。

1.4.2 第二阶段：科普组建发展时期

第二阶段是1949中华人民共和国成立至1978改革开放前。这一时期是我国科普组织建设和建制化发展时期。中华人民共和国成立后，我国政府将科普工作视为一项国家事业给予较高的重视。主要标志性事件有：1949年成立文化部科学普及局，1950年8月成立中华全国自然科学专门学会联合会(简称全国科联)和中华全国科学技术普及协会(简称全国科普协会)，1951年文化部科学普及局撤并，负责领导和管理全国的科普工作；1958年，中国科协成立，并颁布了相应的章程和制度，从此，科普有了专门的组织和明确的任务。在科普的6项具体任务中，把学术交流和科技普及作为两项基本任务。这一阶段属于传统科普模型阶段。第二阶段主要包括3个子阶段：组织建设子时期(1949～1958年)、广泛实施子时期(1958～1966年)和衰落停滞子时期(1966～1976年)。

1. 组织建设子时期(1949～1958 年)

1949 年 9 月，中国人民政治协商会议第一届全体会议通过了具有临时国家宪法作用的《中国人民政治协商会议共同纲领》(简称《共同纲领》)。《共同纲领》第四十三条规定，努力发展自然科学，以服务于工业、农业和国防建设，奖励科学的发现和发明，普及科学知识。之后，中央人民政府文化部设立了科学普及局，中国化学史专家袁翰青教授任局长。该局负责领导和管理全国的科普工作，提出了科学普及工作也必须做到明确而深入地为当前的生产建设服务的要求。在国家根本大法中写入向广大劳动人民普及科学知识的条文，并在中央政府部门设立科普机构，这在中国历史上是史无前例的。

1950 年 8 月 18～24 日，中华全国自然科学工作者代表会议(简称科代会)在清华大学礼堂召开。吴玉章在开幕词中指出，中国革命的伟大胜利为中国科学开辟了一个新时代。在这个新时代中，科学工作者义不容辞地要努力参加巩固胜利和建设新国家的工作。在人民民主专政的国家里，科学工作不再依靠私人的提倡或所谓“慈善”性援助，而是明确地成了国家的事务。当人民自己掌握政权以后，进入和平建设的时候，要紧的便是怎样做好科学的深入研究和广泛普及的工作。科代会明确了发展科学技术必须实行理论联系实际和普及与提高相结合的方针，在处理普及和提高的关系上，应当遵循毛泽东在延安文艺座谈会上提出的“在普及的基础上提高，在提高的指导下普及”[①]的原则。科代会决定成立全国科联和全国科普协会两个组织。前者以团结号召全国自然科学工作者从事自然科学研究以促进新民主主义的经济建设与文化建设为宗旨；后者以宣传普及自然科学知识，提高广大人民群众的科学技术水平为宗旨。1951 年 10 月进行机构改革，原中央文化部科学普及局的建制转入中央社会文化事业管理局。此后，全

① 仲呈祥：艺术要像阳光一样哺育年轻人.(2016-08-16)[2016-08-16]. http://edu.youth.cn/zthd/myjylt/09/201608/t20160816_8555841.htm.

国科普协会成了我国科普工作的实际推动者和组织管理者。

全国科普协会的宗旨是普及自然科学知识，提高人民科学技术水平，其任务是组织会员通过讲演、展览、出版及其他方法，进行自然科学的宣传，以期达到下列目的：①使劳动人民确实掌握科学的生产技术，促使生产方法科学化，在新民主主义的经济建设中发挥力量。②以正确的观点解释自然现象与科学技术的成就，肃清迷信思想。③宣扬我国劳动人民对于科学技术的发明创造，借此在人民中培养新爱国主义精神。④普及医药卫生知识，以保卫人民的健康。可见，全国科普协会一方面重视为经济建设服务，使我国劳动人民掌握科学的生产技术，促使生产方法科学化，在新民主主义的经济建设中发挥积极作用；另一方面也强调用科学的观点解释自然现象与科学技术成就，肃清封建迷信思想，宣扬我国劳动人民对于科学技术的发明创造，培养科学的世界观和爱国主义精神。

全国科普协会成立后，协会提出一面筹建组织，一面开展宣传工作的方针，先在全国各省(自治区、直辖市)普遍建立分会筹备机构，同时结合全国性运动开展科学技术的普及宣传活动。至 1955 年底，全国科普协会会员已有 3.8 万多人，会员工作组有 874 个，并在 110 个县、市建立了支会。与此同时，中华人民共和国进入社会主义建设时期，国民经济得到迅速恢复和发展，并开始了大规模的经济建设。随着经济建设高潮的到来，出现了文化建设的高潮。1956 年，我国经济文化建设空前高涨，中共中央向全国发出了“向科学进军”的号召，全国科普协会的组织建设工作也加快了步伐。同年，除了西藏和台湾外，全国各省(自治区、直辖市)均建立了全国科普协会的组织机构。到 1958 年，各省(自治区、直辖市)成立省一级科普协会组织 27 个，市、县建立科普协会组织近 2000 个，许多地区在厂矿和农村建立了科普协会的基层组织。根据 1958 年 6 月我国 11 个省(自治区、直辖市)的统计，共建立基层组织 4.6 万多个，会员和宣传员 102.7 万多人，初步形成了一支庞大的科普大军。全国科普协会配合当时国家的中心任务，展开广泛的、形式多样的科普宣传活动。全国科普协会从 1950 年 8 月成立到 1958 年 9 月，8 年间在全国范围内共开展科学技术普及讲演 7200 万次，举办大小型科普展览 17 万次，放映电影、幻灯片 13 万次，参加人数总计达到 10 亿 8 千万人次。

在这一时期，科普基础设施建设迈出了实质性的步伐。1950 年 4 月中央文化部科学普及局决定在北京建立一所以广大工农兵为对象、配合国家建设事业开展科普工作的新的人民科学馆(国家自然博物馆前身)，并将其作为全国示范点，以指导全国各地人民科学馆事业的发展。建馆筹备处成立后，当年就先后筹办了“大众机械”“动物进化”“可爱祖国”等展览。科学普及局撤销后，几经变迁最终成为北京自然博物馆。1957 年 9 月中国诞生了第一座天文馆——北京天文馆。作为中华人民共和国成立后最早修建的一座大型科普活动专用场所，北京天文馆对普及天文知识和宣传我国在天文学上的成就发挥了巨大的作用。

在这一时期，中华人民共和国开始兴办科普出版事业。最初是编辑出版中央科学讲座稿并印成科普小册子。1954 年原由上海民本出版公司创办，后由商务印书馆出版的《科学大众》杂志移交全国科普协会接管，至此全国科普协会有了自己的科普刊物。1956 年夏，全国科普协会建立了科学普及出版社，许多地方科普协会也纷纷建立了编辑出版机构。截至 1958 年 6 月底，共有 6 种发行量较大的全国性科普期刊出版，即《科学大众》《科学画报》《学科学》《科学普及资料汇编》《知识就是力量》《天文爱好者》，另有地方性通俗科学报刊 32 种。全国各类科普协会共出版了文字资料 29.9 万种，发行 6300 多万份，并编制了大量形象资料，如科普箱、挂图、幻灯片等。

在中华人民共和国成立的前几年，党和政府对科学技术普及工作给予了高度重视，中国的科普事业已经初具规模，科学技术在中国大地上得到了空前广泛的传播。这一时期科普工作的主要特点如下：一是围绕国家经济文化建设，并强调为政治和对敌斗争服务，以配合党在各个时期的中心工作，如在1952年的爱国卫生运动中，全国科普协会会员在3个月当中就组织了6000多次演讲；二是呈现出全民办科普的局面，科普组织遍地开花，蓬勃发展，为以后的深入发展打下了较好的基础；三是科普工作的重点是在我国大中城市，以工人和干部为主要普及对象。总之，作为起始阶段的中国科普工作以科普宣传、组织建设为主，更深入广泛地科普实践活动还有待于具体实施。

2. 广泛实施子时期（1958～1966年）

1958年9月18～25日，全国科普协会与全国科联联合召开了全国代表大会，并宣布全国科普协会与全国科联合并，更名为中国科学技术协会。这一时期的主要标志就是中国科协的成立，从此我国科普工作归入了中国科协。

1958年2月，全国科联向中国科学院党组及国务院科学规划委员会提交了《关于召开科联第二次全国代表大会的请示报告》。之后，全国科普协会提交了《科普党组关于召开会员代表大会给中宣部的请示报告》，提出根据各地跃进形势，总会必须采取积极措施总结经验和加强领导。提出有必要召开一次全国会员代表大会，动员广大会员迎接即将到来的技术革命的新任务，健全协会的领导机构，制定协会会章和五年工作发展纲要，推动协会工作的大跃进，使协会更有效地为社会主义建设服务。国务院科学规划委员会同意全国科联、全国科普协会召开代表大会，时任国务院科学规划委员会主任聂荣臻向中共中央作了《关于科联、科普召开全国代表大会的请示报告》。在会议准备工作过程中，全国科联和全国科普协会都意识到在当时的发展形势下，各地也普遍要求把两个团体合并，两个组织的干部和科技工作者及著名科学家竺可桢、茅以升等也提出把全国科联、全国科普协会进行合并，共同组织一个统一的科学技术团体，以适应当时的技术革命的需要。时任全国科联主席李四光、全国科普协会主席梁希分别表示同意这种意见。在会议召开前夕，中共全国科联党组和全国科普协会党组联合向中共中央提出了《关于建议科联、科普合并的报告》。经中央批准后，1958 年 9 月 18～25 日，全国科联和全国科普协会在中国人民政治协商会议礼堂举行了联合全国代表大会。9 月 23 日，大会通过了《关于建立“中华人民共和国科学技术协会”的决议》，正式宣布全国科联和全国科普协会两个团体进行合并，成立一个全国性的、统一的科学技术团体，并命名为“中华人民共和国科学技术协会”。该决议规定，中国科协的基本任务是在中国共产党的领导下，密切结合生产积极开展群众性的技术革命运动。中国科协的具体任务有 6 项，即：①积极协助有关单位开展科学技术研究和技术改革的工作；②总结交流和推广科学技术的发明创造和先进经验；③大力普及科学技术知识；④采取各种业余教育的方法，积极培养科学技术人才；⑤经常开展学术讨论和学术批判，出版学术刊物，继续进行知识分子的团结和改造工作；⑥加强与国际科学技术界的联系，促进国际学术交流和国际科学界保卫和平的斗争。新时期，中国科协工作的总精神是：坚决依靠党的领导，密切结合生产，放手发动群众，迅速壮大科学队伍，把技术革命的群众运动不断推向新的高潮。我国科普工作从此由原来的全国科普协会转入中国科协。

中国科协的成立，将科学家所进行的大量科普工作同原全国科普协会的专职科普队伍及广大群众的科学普及和试验活动更加协调一致地结合了起来。《1959 年全国科协工作规划要点(草案)》指出，中国科协的工作应当围绕党的中心任务，紧密结合工农业生产，以解决生产中的关键性科学技术问题、总结交流并推广生产中具有普遍意义的重大发明创造和先进经验为中心，要求各学会配合有关部门为技术革命群众运动贡献力量。中国科协的工作因而带有科研攻关的内容，更多的则是技术推广工作。在“大跃进”时代背景下，1959 年初一些省(自治区、直辖市)科学技术协会通过学会协同科研、生产、教学部门的科学技术人员开展了送技术到工厂、农村的技术上门活动。从内容上看，技术上门活动大致分为三类：一是总结群众生产中的先进技术和先进经验，如农作物技术管理，机械制造、使用与维修等；二是组织先进技术推广队、服务队、讲师团等，推广新技术、新工艺和先进生产经验，如农作物丰产经验、畜牧业机械化、自动车床等；三是组织攻坚队、医疗队、突击队等进行技术会诊以解决生产中的技术关键问题。技术上门活动规模有大有小，活动时间可长可短。形式多样、方式灵活的技术上门活动对解决当地生产技术问题，促进生产和科学技术的实际运用都起到了重要作用，很受广大群众的欢迎，因而很快在许多地区广泛开展起来。据河北省、江苏省等九省(自治区、直辖市)不完全统计，截至1960年4月，省(自治区、直辖市)科学技术协会及部分专、市、县科学技术协会共组织进行技术上门活动11800次。

1958年以后，广大农村群众性的试验研究活动也蓬勃开展起来，农村科学实验活动的广泛开展成为这一时期科学技术普及的主要形式。1961年4月，在全国科协工作会议上通过了《关于为农业生产服务的几点意见(草案)》，要求科协组织一方面要大力加强在农村人民公社的基层工作，特别是加强各种群众性科学技术研究小组和专业组的工作，把广大农村的科学技术积极分子组织起来，充分发挥他们的作用，并加以培养提高，在农业生产第一线逐步形成一支有力的群众性的科学技术队伍；另一方面要通过各种专门学会，与各业务部门配合，把各行各业的科学技术力量适当调动起来，开展各种服务农业的学术活动。在这一时期，农村科学实验活动发展很快，各级科学技术协会开展了大量活动。据不完全统计，农村科学实验小组1964年全国发展到40多万个，1965年增加到100多万个，参加人数约有700万人。仅上海市科学技术协会在郊县就成立群众性实验小组6200个，有4.6万多人参加活动。

在科普读物出版方面，1961年少儿出版社出版了《十万个为什么》(共8册)，收录科学小品1000多篇，至1964年印了580万册，“文化大革命”后仍有再版，其成为中国科普出版史上一套具有深远影响的科普丛书。科教电影创作与发行工作在这一时期也取得了很大成绩。

有“科学家之家”称号实际使用面积 6 万多平方米的北京科学会堂于 1964 年元旦正式对外开放。

1958～1966 年，尽管中间经历了各种波折，但我国科普事业还是得到了很大的发展。科普工作重点从大中城市转向了广大农村，与生产实践相结合的技术上门活动、群众性科学实验运动得到了广泛、深入地开展，成为这一时期我国科普工作的主要形式。

3. 衰落停滞时期(1966～1976 年)

1966～1976 年，我国科普工作遭到破坏、衰落和停滞。为了适应华南地区航海事业发展需要，1973 年广州航海学会恢复了组织，围绕急需解决航海技术问题，编写了各种科技资料近 30 万份。1973～1977 年，该学会共举办了 200 多次报告会、讨论会，参加活动人数达 10 万人次，还编写拍摄了《船舶避碰》《船舶救生》等科教影片和幻灯片，编绘了关于帆船防御台风的科学知识连环画册，并组织宣传队前往全省沿海和沿江各港口，向广大船员、渔民进行宣传普及。河南省著名玉米育种专家吴绍揆教授在商丘劳动期间，帮助农民办起了科学试验站，向农民传授先进的农业科学技术知识，培养了一大批农民技术员，使贫穷落后的五里扬大队变成了一个高产稳产的先进生产队，1979 年该试验站被国务院命名为先进单位。著名科普作家高士其在 1975 年第四届全国人民代表大会第一次会议上向周恩来总理倡议：工农兵群众迫切要求科学知识的武装，请对科学普及工作给予关心和支持。

1966～1976 年，我国科普事业遭受到了严重破坏，各类科普活动基本上停滞下来。科普类出版社被撤销，人员被遣散，大批科普刊物被迫停刊停办。1970 年，全国共出版了《科学实验》和《科学普及资料》等两三种科普杂志。各地科学小报亦被迫统统停办，使科技报刊事业遭受严重摧残。1972 年之后，情况才稍有好转，有少数地区由当地科学技术局主持复刊，并改名为“某地科技报”。

1.4.3 第三阶段：科普恢复发展时期

第三阶段为 1977 年改革开放至 1990 年。该阶段是科普恢复发展时期。1978 年 3 月 18 日，全国科学大会在北京召开。邓小平同志在开幕式上作了重要讲话，提出了“科学技术是生产力”“我国知识分子已成为工人阶级的一部分”这两个重要论断。1977 年 8 月 25～27 日，中国科协举办了“科学家、劳动模范同首都青少年科学爱好者大型谈话会”活动，由此拉开了中国新一轮科学普及高潮的序幕。活动期间，黄子卿、杨乐、张广厚等众多著名科学家和劳动模范参加了座谈会，鼓励广大中学生学好科学知识，打好数理化基础。这是一次推动青少年科普的大型活动。谈话会在全国引起了很大反响，中国科协、新华社、中央人民广播电台和参加谈话会的科学家们相继收到了来自 26 个省(自治区、直辖市)的中学生、知识青年和一些教师、家长的 1000 多封来信。该谈话会在全国起到了示范作用，此后相继有 9 个省(自治区、直辖市)举办了类似的谈话会，掀起了我国广大青少年学科学、爱科学的高潮。

1978 年 3 月 18 日全国科学大会开幕。中国科协代主席周培源就科协和学会工作提出了几点意见，他提出，积极开展科学普及工作，为提高全民族的科学文化水平做出贡献，要求科协和各专门学会要运用一切手段，密切结合工农业生产实际，积极开展科学普及工作，要求推动广大青少年向科学进军，要求大力开展青少年的科学技术活动，积极为青少年学习科学技术知识创造良好的条件，提供方便，组织青少年进行力所能及的科学实验活动。随着社会经济建设高潮和科学技术浪潮的到来，我国科普事业的发展迎来了新的历史机遇。

同年，中国共产党第十一届中央委员会第三次全体会议(简称中共十一届三中全会)做出了把全党工作重心从以阶级斗争为纲转移到社会主义现代化建设上来的战略决策。全国工作重心的全面战略转移对科普工作提出了现实的要求：在这一项带有战略性、全局性的任务面前，中国科协具有义不容辞的责任。距1958年中国科协第一次全国代表大会22年后，中国科协第二次全国代表大会在上述背景下在北京召开。大会确定了今后科普工作的发展方针和基本任务，指出，科学技术普及工作，应当围绕四化建设这个中心任务，面向生产，面向群众，面向基层。普及内容要从生产建设的实际需要出发，从群众的工作、生活、学习的实际出发，因地因人制宜，既要注意普及自然科学基础知识，也要注意有针对性地普及先进的工农业生产技术和科学管理的知识，以及有关计划生育、保障人民健康和破除迷信等方面的知识。这一规定从理论上明确和肯定了我国科普要从四化建设的实际工作需要出发，为发展振兴经济服务，从而为以后我国较长时期的科普工作指明了发展方向。

1986年6月，中国科协第三次全国代表大会提出了今后五年广大科技工作者和中国科协的中心任务是团结奋斗，为实现“七五”计划贡献才智。大力推动科学技术普及和技术服务工作，为振兴地方经济服务。在农村，要努力适应广大农村对科学技术不断增长的新要求，配合“星火计划”，抓好科技培训和适用技术的普及推广，培养农民技术员和农民企业家，帮助贫困农民依靠科技脱贫致富；在城市，进一步加强科技咨询服务工作，五年内争取帮助1万个城市中小企业和乡镇企业依靠技术进步，降低消耗，提高质量，增加经济效益；同时，繁荣科普创作，评选优秀科普作品，组织力量编辑出版向工人、农民传授技艺的科普教材，继续开展破除迷信、卫生保健和其他日常生活化的宣传普及活动。

以经济建设为中心的确定使得我国科普工作和经济建设结合日趋紧密，而且各地实践表明，这种技术与经济的结合，赋予了科学技术普及以强大的内在动力。随着国家经济建设高潮的来临，我国的科普工作，尤其是农村科普工作进入了一个兴旺发达的时期。全国组织成立了4.1万多个乡镇科普协会，6万多个专业技术研究会，他们在各级科学技术协会和学会的支持指导下，从技术承包入手，通过科普宣传、技术服务、技术示范和技术培训等群众欢迎的形式，由技术能手牵头，普及适用技术，带动广大农民科学务农，开辟新的生产门路，脱贫致富，这一时期，中国科协共创办乡镇农民技术学校 13000 多所，参加生产技能培训的农民达到 8000 多万人次。至此，随着农村专业技术研究会的大量建立和发展，全国完整地建立起了以县科学技术协会为枢纽，以乡镇科学技术协会(科普协会)、农村专业技术研究会为基础的农村科普网络体系，各种各样的技术培训、科普宣传、科技扶贫、技术服务等项活动得到深入、广泛的开展。科普手段、形式也日趋多样化。20 世纪 80 年代初开始推广使用的“科普宣传车”发展极为迅速，这种“科普宣传车”装备有电影、广播、展览等设施，专门运送科技人员携带科普资料下乡开展科普工作，到 1987 年一度增至 638 辆。日益增多的“科普宣传车”奔驰在全国农村各地，对“老、少、边、穷”地区产生的效果尤为显著，很受当地农民的欢迎。同时，大量的科普配套服务机构也纷纷建立起来，科普服务事业得到快速发展。

这一时期，科普研究、创作、出版事业也恢复了生机。中国科普创作协会、中国科普创作研究所(中国科普研究所的前身)相继成立。1978 年，科学普及出版社重建，在此后 10 多年科学普及出版社共出版科普图书 2000 多种，累计发行 2 亿多册，先后创办、恢复和出版了科普期刊 7 种，即《现代化》《科普创作》《科学大观园》《大自然》《中国科技史料》《知识就是力量》《气象知识》。同时，全国各出版社出版了大量现代科普读物，有的发行量高达几百万册，且科教电影、电视片也纷纷问世。仅 1979 年和 1980 年两年出版的科学小品集、科学电影剧本、科学童话、科学幻想小说等就远远超过了前十几年的总和。中国科协和学会系统主办的科普期刊达到 76 种、科技小报 42 种，加上其他部门和单位所办的科普报刊、科学副刊、专栏等，总数不下几百种之多。1984 年，我国十大畅销书中就有两种是科普图书，一本是《迎接新的技术革命——新技术革命知识讲座》，发行 142 万册；一本是《养鸡500天》，发行123万册。

在这段时期，随着我国科普事业的复苏和蓬勃发展，对科普的理论认识和探讨也提上了议事日程。1978年5月，在上海召开的全国科普创作座谈会上，会议代表发出了建立“科普学”的倡议：科学总是在实践中产生的，我国已经有了二十八年科普工作正反两方面的经验，为什么不能大胆地把这些经验上升为理论，提出“科普学”这一名称。1979年，在成都市科普创作协会学术年会上，周孟璞、曾启治宣读了论文《科普学初探》，初步探讨了我国科普学的研究对象、内容、方法及科普学与科学学、教育学等其他学科的关系，并建议从理论科普学和应用科普学两个方面开展研究。至此，建立科普学的问题在我国公开提出。科普学的提出引发和促进了对我国科普工作的理论总结和探讨。我国一批久负盛名的科普作家、科学家的科普作品选集、文集相继出版，其对我国科普工作中遇到的一些实践和理论问题，如科普工作的重要性、科普工作的内涵、科普与科研、普及与提高的关系等也纷纷发表见解。钱学森认为，“学”就是要找出一点带有规律性的东西，科普学实际上是科学学的一个组成部分，在性质上也是社会科学，是科学社会教育学。袁清林则通过把传播学上著名的R·布雷多克模式的7个问题(即谁、说了什么、在什么情况下、为了什么目的进行、通过什么渠道、对谁、取得什么样的效果)，转化成为科普学体系结构的7个要素，从而从传播学角度第一次提出了一个比较完整的科普理论体系框架。因而我国传统科普观也在这一时期逐步形成。在我国，科普是“科学技术普及与推广”的简称，也就是说科普不仅要普及科学知识，而且要普及应用技术。因而，普及科学知识，推广科学技术，使科学家的科研成果转化为生产力就成了我国传统科普的概念。

纵观我国的科普事业，我国科普工作大致涵盖了以下三个方面内容：第一，进行科学技术的宣传；第二，通过学校教育传授科学技术基础知识；第三，围绕国家经济建设这个中心，通过职业培训，传授推广生产中的实用技术，即科普宣传、科技教育和科技服务。相应地，我国科普工作的重点对象是领导干部、青少年和广大农村群众。在传统上，我国的科普事业主要是配合政府在各个时期的中心任务来开展工作，其中大部分时期科普工作的主要内容是紧紧围绕国家经济建设这个中心，通过普及推广实用生产技术达到增加产量和发展经济的目的。

1.4.4 第四阶段：科普快速发展时期

第四阶段：1990 年至今是我国科普快速发展时期，这一阶段科普逐步走向民主对话平等模型和走向有反馈、有参与的模型阶段。

1990 年 9 月，中国科协管理中心首次在我国进行了全国性公众科学素质试调查，由此开启了对中国公众科学素质进行调查并进行国际比较的先河。1992 年中国科协和国家科学技术委员会(科学技术部的前身)有关部门正式在全国范围内对我国公众科学素质进行抽样调查，调查结果首次收入《中国科技指标》(中国科学技术黄皮书)。1994 年、1996 年中国科协先后对我国公众科学素质进行抽样调查，其结果及与世界多国公众科学素质的对比研究情况受到国内、国际社会的普遍关注。中国公众科学素质水平低下日益引起政府及社会各界的关注和忧虑，加之 20 世纪 90 年代初中国社会上掀起了一阵阵封建迷信、反科学、伪科学的浪潮，对社会造成了一定的混乱和潜在的隐患。迷信、愚昧、反科学、伪科学活动的日趋泛滥、频频发生，达到了触目惊心的地步，这些与现代文明相悖的现象，日益侵蚀人们的思想，愚弄广大群众，腐蚀青少年一代，严重阻碍着社会主义物质文明和精神文明建设。因此，采取有力措施，大力加强科普工作，已成为一项迫在眉睫的工作。我国公众在科学素质方面与国外存在的巨大差距，以及国内面临的严峻社会现实状况促使公众把更多希望寄托到了科普工作上。我国科普工作也由此进入了一个思索、学习、进步和再发展的新时期。

1991年5月23～27日召开的中国科协第四次全国代表大会提出我国科技工作者有责任大力促进社会主义精神文明建设，要结合各项学术、科普活动大力倡导科学精神和职业道德，用现代科学技术知识和科学观念丰富人们的精神世界，驱除愚昧、迷信和落后的观念。同年9月，首届全国科普理论研讨会对我国传统科普工作进行了重新审视，认为科普作为社会教育，其最根本目的是解脱愚昧，提高人民的科学文化素质。在提高劳动者素质过程中，促进社会主义物质文明建设和精神文明建设。科普工作的最终目的是推动社会进步，并提出我国科普工作要在发展中不断改革和完善运行机制，重点是做好提高人的科学素质的工作。1994年12月，中共中央国务院就当前科普工作发出了《关于加强科学技术普及工作的若干意见》的文件。1996年9月，中央宣传部、国家科学技术委员会、中国科协就落实文件精神再次发出了《关于加强科普宣传工作的通知》，这两篇指导性文件明确提出提高全民科学文化素质是当前和今后一个时期科普工作的重要任务。指出科学技术普及工作是关系到我国21世纪发展的根本性、战略性的工作。在普及内容方面，要从科学知识、科学方法和科学思想的教育普及三个方面推进科普工作，在继续做好以往科学知识和适用技术普及推广的同时，要把宣传科学思想、普及科学方法作为社会主义精神文明建设的重要内容。科普宣传既是科普工作的重要内容，也是宣传思想工作的重要组成部分。总之，这一时期在将科普工作视为促进经济发展的重要手段的同时，科普工作在提高公众科学文化素质、加强精神文明建设方面的重要作用和意义也被充分认识到了。

1996年2月，中华人民共和国成立以来首次在北京召开全国科普工作会议，一批科普工作先进集体、个人受到表彰。大会总结指出，科普工作的任务仍然是要紧紧围绕经济建设这个中心，但同时强调提高全民族的科学文化水平，更好地发挥科普工作在提高国民素质、增强综合国力方面的重要作用。随着全国科普工作联席会议制度的建立，我国科普工作被逐步纳入政府部门职能工作计划中，显示出中国政府对科普工作的高度重视。同年 5 月，中国科协第五次全国代表大会召开，对科技工作者提出了以提高全民族科学文化素质为己任，弘扬科学精神，普及科学知识、科学思想和科学方法，提高科普工作水平的要求，从而促进社会主义精神文明建设。科普工作及其在精神文明建设中的作用日益受到政府和社会各界的普遍关注。1996 年年底，国家科学技术委员会、中国科学院确定了第一批对公众开放的科普教育试点基地，分别是中国科学院物理研究所、化学研究所、植物研究所、古脊椎动物与古人类研究所和计算机网络信息中心 5 个研究所。中国科技界更是对我国科普事业表现出了高涨的热情，1995 年和 1996 年连续两年，在中国两院（中国科学院、中国工程院）院士评出的当年十大科技新闻（重大科技事件）中均有有关我国科普工作方面的事件。同时，众多德高望重的科学家身体力行地积极投入科学普及宣传和反对伪科学的活动中。1997 年 11 月，中国科学技术领域里的最高奖——“国家科学技术进步奖”首次为科普图书颁奖，两部科普著作（《高技术知识丛书》和《简明中国科学技术史话》）获得了该项奖励。

1999 年 12 月在北京召开了第二次全国科普工作会议。1999 年 12 月，颁布《2000～2005 年科学技术普及工作纲要》。2002 年 6 月 29 日，《中华人民共和国科学技术普及法》正式颁布实施。2006 年 2 月 6 日，《全民科学素质行动计划纲要（2006-2010-2020 年）》由国务院颁布。《全民科学素质行动计划纲要（2006-2010-2020 年）》提出：“政府推动，全民参与，提升素质，促进和谐”的方针，以及“大联合、大协作”的工作机制和“全民科学素质建设目标责任制”的工作机制。国际上，各国政府对提高本国国民科学素质的日益重视和加强参与，以及发达国家公众理解科学运动的普遍高涨对我国政府及学术界均产生了一定影响。1992 年著名天文学家和科普作家卞毓麟针对我国的现实发出了“科学普及太重要了，不能单由科普作家来担当”的呼吁，“要引起全社会深刻认识科学普及对于现代社会发展进步的重要意义”。他要求作为科学传播链中“第一发球员”的科学家承担起科学普及的主体责任。

卞毓麟认为我国科普对象应当是全方位的社会公众，尤其应注意到新时期市场经济大潮中涌现出来的新群体——企业家和经济管理者。在科普内容上，卞毓麟提出了三个层次：即科学知识、科学方法和科学的意义(功能)，这一点与国际上测定科学素质的三个层次非常吻合。

随着“科普”一词日益频繁地见诸报端，我国学者对传统科普的概念也提出了新的认识。有学者提出，我国传统的“普及科学技术”过于从科学的功利主义出发，实际强调和重视的是实用技术在经济生活中的转化和应用，其内涵是十分狭窄的。建议用“普及科学文化”来代替“普及科学技术”，从而将普及科学知识、科学精神、科学方法、科学思想等纳入其中，更明确地引导人们理解和认识科学的目的和本质，培养其科学的自然观和世界观。

1995 年 10 月中国科协成功地举办了第四届公众理解科学国际会议。在这前后，国外科普工作的成功经验、科普方式及对科普的认识、观点被大量介绍引进。在介绍、评价国外公众理解科学活动的同时，国内也对我国传统科普工作的内涵和目的等多个方面展开了较为广泛的讨论。在中国科协第四次全国代表大会上，张开逊研究员做了《公众理解科学技术》的报告，表明了中国科学家对现代科普的新认识。即让公众理解科学技术分为三个层次：第一个层次是向公众普及科学知识、科学观念和科学思想；第二个层次是促使公众理解科学技术本身的特点、发展规律、局限性及科学技术和人类其他活动的相互关系；第三个层次是使公众理解科学的生命在于创新，理解自己是科学的主人，从而参与到科学技术的发明创造中来。可以说，公众理解科学的最高境界就是公众参与到科学研究事业的探索、创造、发现和发明之中。

现代社会的发展对科普工作提出了更新和更深层次的要求。我国传统科普工作面临着新的挑战，也预示着会有新的发展。在现代社会中科普扮演着什么样的角色？科普的目的是什么？科普究竟应当向公众普及些什么？科普的主体、对象应如何确定？科普的方式有什么新的变化？新时期我国应当建立怎样的科普工作运行机制？科普工作与我国一些传统相关领域到底应该是什么样的关系？直至今天，这些问题仍在不断促使人们对我国的科普工作进行更深入的认识和思考。与此同时，传统和现代的交织、中国与世界的交汇仍在继续推动着我国的科普事业生机勃勃地演进下去。

总之，中国科普发展的历程在不同的发展时期，都应提升公民相应的科学素质，公民科学素质体现在具有“四科”和“两能力”方面，即了解必要科学技术知识、掌握基本科学方法、树立科学思想、崇尚科学精神及参与公共事务能力和处理实际问题能力。人是科技创新最关键的因素。创新事业呼唤创新人才。我国要在科技创新方面走在世界前列，必须在创新实践中发现人才、在创新活动中培育人才、在创新事业中凝聚人才，必须大力培养造就规模宏大、结构合理、科学素质优良的创新型科技人才。科技创新、科学普及是实现创新发展的两翼，中国科普发展历程也是科学普及紧随科技创新发展的历程。

案例 1-1　北京通过重点科普活动，促进重点人群科学素质提升

北京市科学技术协会面向青少年、农民、领导干部和公务员、社区居民举办示范性科普活动，发挥重点科普活动示范带动作用，促进重点人群科学素质提升，取得了良好效果。北京青少年高校科学营活动，每年接待海峡两岸暨香港、澳门 2000 多名师生，邀请院士举办专家讲座，参观国家级重点实验室，举办科技实践等活动。“非常小答客”——青少年科普知识竞答活动，由 300 所学校的 15000 多位中小学生参与。青少年科学影像节活动吸引 60 多所学校的 600 余名学生参加。科学调查活动覆盖 16 个区 94 所学校，约有 12 万名师生直接参加活动。“青少年科普夏令营—探秘北京动物园”活动，由来自 5 个远郊区的 200 名小学生参与体验。“科学家进校园”科普报告会举办 100 多场，

数十名专家学者走进校园进行讲座，直接受众人数达 20000 多人。

“农民科学素质提升工程”围绕农民群体开展精准科普服务推送，深入 13 个区的乡村举办 35 场科普活动，直接覆盖人群近 5000 人，印制培训材料及调查问卷近万册。新型农业农村科技人才队伍培养方面，根据平谷、密云及怀柔 3 个涉农区农村的工作实际，开展科学素养提升专题讲座和职业技能培训共 132 场，发放资料 10000 余份，受益农民 6900 余人次，为 275 位低收入户农村妇女解决了就业问题。“科学健康人”活动，发布健康文章 700 篇、健康漫画 100 篇，拍摄健康实验室视频 10 集，举办“健康大家谈”科普报告会 14 场、关爱科技工作者专场活动 2 场、咨询与讲座活动 25 场，走进郊区开展“科学健康人”班车活动 21 场，对基层医务工作者开展能力提升培训 19 场、沙龙带教 7 场、实践活动 6 场，培训基层医生 1600 多人次。全年参与科普活动的学会 18 家，共组织专家 400 多人次，项目直接受益人群达 27000 多人次。

“公务员科学素质大讲堂”联合北京市人力资源和社会保障局围绕全市中心工作和前沿科技知识，每年深入各区和部分市委办局开展大讲堂活动，受众公务员千余人。北京市公务员科学素质竞赛根据实际工作情况开展多场形式的科普竞赛活动，激发了公务员的科学兴趣，增强了公务员学科学、爱科学的主动性，受众公务员 5000 余人。

案例 1-2　中国创新若干案例

历史经验表明，创新是世界经济长远发展的动力，不论是技术创新、商业模式创新，还是机制体制创新，都深刻改变世界，影响人们生活[①]。科技创新已经成为提高综合国力的关键支撑，成为社会生产方式和生活方式变革进步的强大引领，谁牵住了科技创新这个牛鼻子，

① 中国创新领先世界案例：复兴号成世界最快列车群.(2017-09-05)[2018-10-20]. http://finance.ifeng.com/a/20170905/15649317_0.shtml.

谁走好了科技创新这步先手棋，谁就能占领先机、赢得优势[①]。

1)世界最快的列车群

我国“复兴号”高铁的提速，使中国高铁再次成为世界最快的列车群，也使中国成为全球高铁商业运营速度最高的国家。时速 350 千米，从上海到北京只需 4 小时 24 分。这是中国“引进—消化吸收—再创造”技术路线的典范。从“和谐号”到“复兴号”，中国高铁驶入了完全自主知识产权的时代，“复兴号”的中国标准占了 84%，整体设计、车体、转向架、牵引、制动、网络等关键技术均为我国自主研发，具有完全自主知识产权。“中国标准”成为世界高铁的“新名片”。“复兴号”扫清了知识产权纠纷，为中国高铁“走出去”增添了新动能。

统计资料显示，截至 2016 年 9 月 10 日中国已铺设了 2 万多千米高速铁路，目标是在 2020 年之前再增加约 1 万千米高铁线路。中国已建成世界上最大规模的高铁网。高速便捷、四通八达的高铁网络，不仅方便了人们出行，更提升了经济效率。

中国中车股份有限公司(简称中国中车)在 2017 年 8 月底披露的半年报里表示，其公司已成为全球规模最大、品种最全、技术领先的轨道交通装备供应商。未来将围绕“创新”“变革”“国际化”三大主题，坚持创新驱动，加快由本土企业向跨国企业转变。

2)超越谷歌的量子科学

21 世纪是生命科学和量子科学的世纪，以中国科学技术大学潘建伟领衔的中国科学家，正在量子通信、量子计算的研究和产业化方面大踏步前进。

2017 年 8 月 10 日，“墨子号”在国际上首次实现了从卫星到地面的量子秘钥分发、从地面到卫星的量子隐形传态，这标志着中国量子通信开始领先世界同行。

为实现远距离量子通信，潘建伟团队采用可信中继站和星地量子

① 习近平. 上海要继续当好全国改革开放排头兵.(2014-05-23)[2014-05-24]. http://news.sohu.com/20140524/n399991001.shtml.

通信两条路径来实现量子秘钥传输。潘建伟说："我们希望通过10至20年努力，构建一个天地一体的全球化量子通信网络。"

而在群雄逐鹿的量子计算领域，潘建伟团队已经走在了谷歌的前面，再次把中国推到了世界领先水平。2017年5月3日，潘建伟团队在上海宣布，构建了世界首台10个超导量子比特的计算机，这打破了此前谷歌宣布的9个超导量子比特的操纵。团队计划在今年年底实现约20个光量子比特操纵，这将接近目前最好的商用CPU，潘建伟团队表示。潘建伟期望通过5～10年的努力，实现50个量子位的量子模拟计算。

3) 站在世界前沿的中微子研究

研究地球中微子，可以探索地球最深部的奥秘，帮助人类理解宇宙中物质—反物质不对称现象—反物质消失之谜。在这方面，中国科学家已取得卓越成果。以王贻芳为代表的中国科学院高能物理学家，开创性地将试验设计成多个中微子探测器模块，使得大亚湾中微子试验项目在建设完工落后的情况下，依然比韩国更早进入取数阶段，领先全球获得更精确的实验结果。由于发现了中微子的第三种振荡模式，并测到其振荡概率，大亚湾中微子试验项目获得2016年国家自然科学一等奖。

大亚湾中微子试验项目将中国中微子研究带入国际前沿，此后，中国科学院高能物理研究所开建了第二个大型中微子试验项目——江门中微子试验站，研究国际热门课题——中微子质量顺序测量。

在高能物理领域，中国不仅开始频繁地走上国际舞台，而且加快了产业化步伐。散裂中子源可广泛应用于超导、医学、开发高密度存储介质等领域的研究。例如，在医学领域，中子散射可获得DNA的形状和结构、研究药物的结构及与标靶结合的特征，用于医治癌症等，加快新药研制过程。

更值得关注的是，大亚湾中微子试验项目对中国高能物理研究起到了巨大的推动作用，一批高能物理学家提出了建设新一代强子对撞机计划。有高能物理学家接受采访时表示，强子对撞机项目将极大地带动超导磁铁等技术发展，保守估计将形成数百亿美元的产业。并强调，中微子试验已经让中国和中国的高能物理学家站在了世界高能物理的前沿。

4) 如火如荼的互联网应用

创新是为了更好地改善人们的生活。中国庞大的市场为互联网创新应用提供了广阔舞台。截至 2017 年 9 月，我国网民规模已突破 7.5 亿人，占全球网民总数的 20%；移动支付用户规模超过 5 亿人。如果说中国互联网的崛起受益于人口红利，那么伴随着微信、互联网支付、O2O、共享出行等新兴模式的出现，中国的互联网开始引领全球网络商业模式的创新。

一组市值数据可折射中国互联网企业在全球的地位。截至 2017 年 9 月 4 日，阿里巴巴市值超过 4300 亿美元，腾讯市值约为 3800 亿美元，比肩亚马逊、Facebook、微软等国际巨头。“互联网+”正深刻地改变着零售、交通、文教、农业、制造等传统行业。

新兴共享汽车龙头 EVCARD 总经理曹光宇告诉记者，“互联网+”的创新业态是两头共同发力，一头是技术创新，另一头是源于新的需求。回顾以“互联网+交通”为代表的创新路径，其实都是两头创新的结合，而互联网正是实现其“双向连接”的重要抓手。

人工智能应用同样如此。专注于人脸识别技术的云从科技创始人周曦对记者表示，人脸识别、语音识别这两大技术，从理论而言，中国水平与世界水平相当，而具体到应用层面，针对黄种人的人脸识别，中国技术肯定领先欧美。

当前，新一轮科技革命与产业变革正在兴起，发达国家纷纷出台政策支持新科技的创新与新产业的培育。从历史来看，每一次新工业革命都是后发掘起国家实现“弯道超车”的战略机遇，美国在电气革命时期成为世界第一经济大国，日本在电子信息革命时期成为工业强国，莫不如此。因此，正在兴起的新一轮工业革命，是我国实现全球价值链攀升、推动产业由大到强的关键历史机遇期。

第 2 章　科普的本质和功能

科普是以提高公民整体科学文化素质，实现人与社会、人与自然和谐发展为目的的全民终身科学教育。科普的主要内容是基本的科学知识与基本的科学概念的普及，实用技术的推广，科学方法、科学思想与科学精神的传播。它的主要功能是提高公众的科学素质，使公众了解基本的科学知识，具有运用科学态度和方法判断及处理各种事务的能力，并具备求真唯实的科学世界观。

2.1　科普的概念

要深刻理解科普工作，就需要分析科普的定义、特点、模式和类型。

2.1.1　科普的定义

科普即科学普及，是指采用公众[①]易于理解、接受和参与的方式方法，向普通大众介绍普及自然科学和社会科学知识、推广科学技术应用、倡导科学方法、传播科学思想、弘扬科学精神的活动。因此，科普必须面向公众，通俗易懂、深入浅出、生动活泼、参与互动。科普的内容既包括自然科学与技术，也包括社会科学和思维科学，既是科学技术知识的普及，也是科学方法、科学思想、科学精神的普及；科普活动具有双向互动性，即公众对科普不仅是了解、理解和接受，更重要的是参与其中、享受科学技术的便捷与快乐。《中华人民共和国科学技术普及法》总则中规定，本法适用于国家和社会普及科学技术知

---

① 公众，犹大家、大众，公众的基本含义有两种：从广义上说，公众是除自己之外的所有人，具有排己性；从狭义上说，公众是除自己及与自己有相当关系或一定交往的人（或团体）外的人群，具有排他性。

识、倡导科学方法、传播科学思想、弘扬科学精神的活动。开展科学技术普及，应当采取公众易于理解、接受、参与的方式。可见，科普是正规教育体制之外，以提高公众科学素质为目的的、实现全民终身科学的教育。科普工作开展的核心是丰富科普内容和对其进行有效利用。随着社会发展和时代进步，今天科普的内涵和结构已经发生了根本性变化。目前，科普的称谓很多，如我国就有科学知识普及、科学普及、科技普及、科学和技术知识普及、科学和技术普及、科学传播、科技传播、科学大众化等多种概念和称谓，而且这些概念和称谓还存在很大的差异。这说明人们对于科普的内涵、结构的理解和认识也不尽一致，存在多角度和多样性。目前，科普的定义有教育定义论、传播学定义论、科学学定义论、词义定义论、法律定义论等几个不同的流派①，其中颇具代表性的有传播学定义论和科学学定义论。

第一，传播学定义。这种流派对科普的定义主要依据传播学原理，提出科普活动是一种促进科技传播的行为，它的受传者是公众，它的传播内容有三个层次，包括科学知识和适用技术、科学方法和过程、科学思想和观念。科普活动要通过大众传播，从而达到提高公众科技素养的效果。这是基于传播学原理意义上的科普，是建立在现代科学技术发展基础之上、依靠大众传媒进行科普的理念，把科普认定为以提高公众科学文化素质为目的的科技传播活动。这种“科普”观念以广大受众为中心，科普传播者和受众是平等互动的关系。在现代社会中，建立在现代印刷、电子出版、影视声像、互联网络、多媒体等基础之上的科普传播方式和手段，具有传播距离远、传播速度快、知识信息容量大、保真性强、可信度高、中间环节少等特点，可以充分满足科普大众化、公平性、平等性、低成本、高效益、自然风险小等要求，因而大众媒体已成为公众获得科技知识信息的主要渠道，对公众的影响也越来越大。这种基于传播学理论基础的科普正受到世界各国

① 《科学技术普及概论》编写组. 科学技术普及概论. 北京：科学普及出版社，2002.

的普遍重视和推崇[①]。

第二，科学学定义。这种流派对科普的定义依据科学学原理，提出科普就是把人类研究开发的科学知识、科学方法以及融化于其中的科学思想、科学精神，通过多种方式方法、多种途径传播到社会的方方面面，使之为公众所理解，用以开发智力、提高素质、培养人才、发展生产力，并使公众有能力参与科技政策的决策活动，促进社会的物质文明和精神文明。这是基于科学学原理的科普，它把科普认定为是科学有其发展规律，是在其发展过程中、在社会化生产生活过程中必然发生的社会现象，产生于科学活动向社会实践活动延伸的阶段之内，以及科学的基本理论和成果向社会生产力和文化潜力转化的过程之中，是整个科学活动的重要组成部分，是科学活动两翼中的一翼。它的基本职能之一就是把科学转化为生产力。

从目前学术界具有代表性的定义来看，关于科普有以下几点共识：一是普遍认为科普的对象是公众，科普的内容是科学知识、科学方法、科学思想和科学精神；科普的基本含义大致相同，只是对科普理解的依据角度和基本理念不同。二是把科普的目标定为“提高公众素质”，而不只是“为科学事业提供后备队伍”“脱贫”等直接为经济建设服务[②]。三是普遍把科普作为一个动态系统过程来认识，这比较符合辩证唯物主义观点和科普的实际状况，即在科普发展过程中，科普的内涵和外延会变化发展。四是普遍认为科普是人类科学技术活动的重要组成部分，属文化范畴。科普又是一项复杂的社会现象，科普的社会过程表现为科学技术的扩散和转移，进而实现形态的变化。五是普遍认为科普是一个多因素、多层次的完整系统，是一个以公众为中心、有明确目的、包括多个主体及资金、知识等多个因素的系统过程，这些主体之间、因素之间、因素与系统之间、系统与周围环境之间是相互联系、相互作用的。六是普遍把科普作为一个子系统，其从属于社会经济环境(社

① 尹霖，张平淡. 科普资源的概念与内涵. 科普研究, 2007, 2(5): 34-41.

② 吴国盛. 科学走向传播. 科学中国人, 2013, (1): 10-11.

会环境、经济环境、自然环境等）大系统，并与大系统中的其他系统及环境之间相互作用。用社会经济环境大系统中的一个子系统来考察科普的定义，比较符合当前国际科普发展的特征和趋势。

综上所述，所谓科普，就是指为满足社会经济的全面协调可持续发展，以及个人全面发展的需要，在一定的文化背景下，国家和社会把人类在认识自然和社会实践中产生的科学知识、科学方法、科学思想和科学精神，采取公众易于理解、接受、参与和感兴趣的方式向社会公众传播，为公众所理解、掌握和应用，参与并内化于公众知识的构建、不断提高公众科学文化素质的系统过程。

值得说明的是，随着现代社会的发展，科普的概念不断地变化，其内涵也不断地丰富。传统科普的不足在于对自然科学与技术的普及比较重视，而对社会科学和思维科学知识与方法的普及未给予足够的重视，需要政府和社会各界转变这种状况，加大社会科学和思维科学的普及和传播；其不足还体现在着重于就某一领域、某一方面的科学知识，向不具备该科学知识的普通社会大众进行普及宣传，特点是单向性、俯视式、强调知识传播。而现代科普应把科学视为文化集合的一个有机组成部分，突出科学与其他学科的平等和对接。随着人们所能够接触到的知识信息越来越趋于海量化，人们真正获得的信息却越来越受制于个人所处的信息环境及其获得信息的主要方式和渠道，以及人们的兴趣。而且各种亚文化的不断涌现，也导致人们对于信息消费的要求更趋于多元化。例如，科普出版作为一种介于专业出版和大众出版之间的门类，在大数据时代可充分利用交互性，通过试错纠错式创作模式随时把握大众读者口味，加强读者参与性。在作品正式出版前后，可利用各种技术手段进行分众化的渠道营销，使科普作品得到最大限度的推广。我国国民科学素养和国际上一般创新性国家有一定的差距，我国要成为创新性国家，公民科学素养的提高迫在眉睫。市场的核心是公众的需求，公民对于科普的需求越来越强。我们的思维方式就需要改变，不能停留在传统科普工作的层面[①]。

2.1.2　科普的特点

要深入理解科普的内涵，就要把握科普的特点。科学普及有时被现代人称为科技传播。科普是科学技术发展的产物，科技传播实质上是科技知识和信息的跨时空流动，实现与传播受众者知识的共享，即将个人或少数人所掌握的科技信息和知识传递给更多人的过程。科普的特点主要有以下几个方面。

一是传播信息具有科学性。科技传播的信息和知识内容应是从科学实验和社会实验中总结出来的，能经得起现实的检验和考证。科学性要求科技传播要对社会和民众负责，其是科技传播最基本的特征。

二是传播信息具有可辨性。可辨性是指科学传播的信息有可能是“伪科学”的，最终可以辨别其真伪。因为一项科学理论正确与否的认识往往需要一个过程，刚开始显示正确的结论随着实践领域的拓展，可能后来会出现一系列新疑问、新情况或被反驳。这种错误问题是人类探索未知世界经常遇到的情况，在科学领域也属于正常现象，不同于臆想或人为捏造的情况。

三是传播信息具有思想性。科普的科学内容潜移默化地使广大科普受众，特别是青少年在接受科技知识的同时，也受到科学思想、科学精神、科学态度和科学作风的熏陶，从而提高他们的科学素质。因此，科普具有较强的思想性，它通过普及介绍科学知识，让科普受众，特别是让青少年理解和掌握科学的世界观和方法论。而且，这些科普的思想性在于它的主题与题材的选择、内容的表现形式，是寓思想性于科学内容之中。

四是传播信息具有教育性。教育性反映在科技传播过程中。这是

---

① 王恩慧. 束为：推动“互联网+科普”的着力点是寻得商机.(2015-07-23)[2015-07-23]. http://tech.gmw.cn/scientist/2015-07/23/content_16392517.htm.

因为科学知识的普及与传播，首先是对科技传播者本人的培训教育，其次才是对普通民众的传授和培育。使掌握在少数专业人士手中的科学知识、生存技能等为广大普通民众所逐步接受，并将其在实际生活中得到推广和运用。

此外，科普还具有共享性、实践性等特点。科普的共享性不同于大众传播的共享性，后者大部分倾向“欣赏”的共享，科技传播注重社会实践性。

2.1.3 科普的模式

要深入理解科普的内涵，还需要认识其主要模式。综合国内外科普、科学传播的理论与实践，当前科普主要有三种典型模型，它们依次为：中心广播模型、缺失模型、对话模型(民主模型)。三种模型并没有必然的时间上的先后关系，但在各国实践中它们也的确展示了时间上的演化关系。三种模型的变迁演化顺序为：传统科普——中心广播模型。指自上而下命令、教导，“知”与“信”中强调“信”。公众理解科学——欠缺模型(缺失模型)。指自上而下教育与公关，“知”与“信”并重。有反思的科学传播——对话模型(民主模型)。指公民接受义务科学教育，就科学技术事务可以参与协商，强调“知”和“质疑”。如果说三种模型确实存在时间上的演化关系，那么这三种模型也代表科普的三个不同发展阶段[①]。

三种模型、三个不同发展阶段划分的依据主要是看问题的立场。这种划分受到经济学理论分类的启发。经济学问题可以分为政府、厂商和家户三个主要层面来讨论，因而主要有三种不同层面的经济学理论。对于科学传播系统，可以类比经济学理论考虑三种主要立场(表 2-1)。

① 刘华杰. 论科学传播系统的“第四主体”. 科学与社会(原“科学技术对社会的影响”), 2011, 1(4): 106-111.

表 2-1　面向公众的科普的 3 种立场的划分依据

类型	与经济理论对比	科学传播系统主体、立场
最高层	政府	国家、政府
中间层	厂商	科学共同体、企业、国际组织、NGO、传媒等
最底层	家户	个体公民

第一种模型：中心广播模型。该模型适用于我国高度集中的计划经济时代，主要服从于国家、政府的需要，最主要的目的是维护社会安定；此时该模型，强调科学权威、科学信仰，偏重具体知识和技术，少讲科学方法与过程，基本不提科学的社会运作；更不会讨论科学的局限性，以及科学家的过失。简而言之，传统科普体现为中心广播模型，主要从国家或政党的立场出发，如表 2-2 所示。

表 2-2　面向公众的科普模型与立场

项目	模型	立场
传统科普模型	中心广播模型	国家或政党立场
公众理解科普	欠缺或缺失模型	科学共同体立场
反思科学传播	民主模型(民主对话平等模型)	公民权利平等立场
科普演化趋势	走向有反馈、有参与的模型	走向多元立场共生

资料来源：刘华杰. 论科学传播系统的“第四主体”. 科学与社会(原“科学技术对社会的影响”)，2011，1(4)：106-111. 略修改。

第二种模型：欠缺模型。欠缺模型又叫缺失模型，以 1985 年英国皇家学会的报告《公众理解科学》一文为产生标志。该模型起源于强调公民权的发达民主制国家。主要从科学共同体立场出发，如表 2-2 所示。它隐含的意思是，公众相对于科学家，在科学素养上十分欠缺；公众可能因为不了解科学，而不支持对科学的投入，科普或科学传播的目的就是弥补这种欠缺，提高公众素养，进而获得公众的支持。但是在具体做法上，增加了政府或相关科技机构“公关”的维度，一是要提高公众的科学素养，二是要呼吁公众支持科学事业。

第三种模型：对话模型，即反思科学传播，体现为民主对话平等模型，主要从公民权利平等立场出发。以 2000 年英国上议院发布的《科学与社会》报告为产生标志。在此模型中，科技本身具有不确定性和风险性；科技并非是不重要的而是十分重要的，但科技内容不等于正确知识，更不等于信服，也不等于正义；关注科学不等于了解科学、理解科学、支持科学，支持科学不等于支持某一种具体的科学。其特点是科学传播受众与主体均具有多元化；强调关注和重视公众的态度、公众的发言权；科学素养低很少是自愿的，如中国农民阶层、边远贫困地区的儿童；必须考虑社会正义和社会公平，社会资源的公平分配；提高公民的科学素养，关键是正规教育，社会再教育起辅助作用。有了该模型，公众参与科技事务才有了坚实的理论基础(表 2-2)。

三种模型的划分是对传统科普认识的提高和超越。“三阶段说”的提出是对传统科普反思的结果，在学理上，其开拓了我国科学传播研究的空间，明晰了科学传播的发展脉络，对于整合学术资源具有一定的作用。同时，对于丰富我国科普实践的理念具有重要意义[①]。

2.1.4 科普的类型

理解科普的概念，还需要理解科普的主要类型。目前，我国现阶段的科普主要存在着两大主要阵地，各自涵盖一定的科普内容，如下所述。

第一类是实用技术知识科普。包括两部分：一是人们日常生产生活中的实用科普知识，如家电使用、种植蔬菜、栽花种草、卫生宣传、健康教育等；二是职业技能培训，如工厂技工培训、农村适用技术推广与农业技术人员培训。

第二类是科学素质科普。这类科普的主要内容是提高全体公民的现代科学素质，包括科学知识、科学方法、科学对社会经济的影响及提高公民参与科学决策的意识和能力。

案例 2-1 新时代：新技术，亟待科普

美国科学史学家萨尔顿在 1970 年出版的八卷本(科学史)第一卷开门见山地写道，科学是从何时何地开始？不管何时何地，当人们尝试着解决生活中的无数问题的时候，科学便开始了”。[②]以无人驾驶汽车为

① 任福君，陈玲. 中国科普研究进展报告(2002-2007). 北京：科学普及出版社，2009: 5.
② 李申. 中国古代哲学和自然科学. 北京：中国社会科学出版社，1989: 2.

例，来说明现代社会任何新生事物的产生都需要科普工作。当今科学技术突飞猛进，人们总有跟不上时代步伐的感觉。为了紧跟时代，越来越多的人，对新技术有一种想急切了解和认识的愿望，以便跟上时代的步伐。这就对科普工作者提出了挑战，努力做到：新技术产生，新科普伴随，形影不离。可以说，任何新成果、新技术的推广应用亟须科学普及，科普不到位，科技创新就很难。

无人驾驶汽车(self-piloting automobile；autonomous vehicles)又称自动驾驶汽车、电脑驾驶汽车或轮式移动机器人，是一种通过电脑系统实现无人驾驶的智能汽车。自动驾驶汽车技术的研发，在20世纪也已经有数十年的历史，于21世纪初呈现出接近实用化的趋势。例如，2018年谷歌旗下自动驾驶公司Waymo已经开始在亚利桑那州向乘客收费，令其成为首个推出商业化服务的自动驾驶汽车开发商。

在无人驾驶汽车还处于概念阶段时，百度已打算与第三方汽车厂商合作制造无人驾驶汽车。百度无人驾驶车项目于2013年正式起步，由百度研究院主导研发，其技术核心是“百度汽车大脑”，包括高精度地图、定位、感知、智能决策与控制四大模块。其中，百度自主采集和制作的高精度地图记录完整的三维道路信息，能在厘米级精度实现车辆定位。同时，百度无人驾驶车依托国际领先的交通场景物体识别技术和环境感知技术，实现高精度车辆探测识别、跟踪、距离和速度估计、路面分割、车道线检测，为自动驾驶的智能决策提供依据。2014年12月中下旬，谷歌首次展示自动驾驶原型车成品，该车可全功能运行。2015年5月，谷歌宣布将于2015年夏天在加利福尼亚州山景城的公路上测试其自动驾驶汽车。百度无人驾驶车路测的成功，开创了中国无人驾驶车研发领域的三个“最”：路况最复杂、自动驾驶动作最全面、环境理解精度最高。混合路况下的全自动驾驶是个世界性难题，在如北京这种复杂的路况上完成全自动驾驶，挑战尤为巨大。2017年12月3日，第四届世界互联网大会在乌镇开幕。百度公司董事长兼首席执行官李彦宏表示，现在无人车的发展特别好，量产计划比想象的要快。

“砥砺奋进的五年”大型成就展上展示的自动驾驶汽车模型，吸引了很多人的围观，大家都争相体验这种无人驾驶汽车，对于无人驾驶有了一个比较全面的宏观认识，无人驾驶相关知识的介绍也让人们对无人驾驶汽车的发展历程有了一个概况的认识，这也使汽车行业的最新技术中深奥的专业术语变得浅显易懂，从而更便于人们理解、接受。

2.2 科普的历史

“普及”一词于1797年首次被人们使用，1836年该词最早用作“以通俗的形式讲解技术问题”的含义[①]。在英语中，popularize(普及)一词的基本含义是“使……通俗化”，它有两层意思：一是使……被喜欢或被羡慕，二是用普遍可理解的或者有趣的形式描述出来。通过科普的历史发展，大致可以了解科学普及的阶段性基本内容、特点和本质，进而进一步深入理解科普的内涵。纵观科普的发展历程，可以分为以下三个阶段。

第一阶段，前科学普及阶段。从近代科学革命开始到19世纪中叶的前科学普及阶段，科学本身并没有得到社会的普遍认可，科学家自身还没有职业化，科学的巨大作用还没有被普遍认可，科学不断地为自己的独立地位而奋斗，科学普及只能存在该时期的知识扩散传播活动中。许多科学家认为，一旦参与到科学普及活动中去，他们的事业就有可能受到影响[②]。也就是说，在科学活动的早期，科学知识是作为技术传统、宗教传统或者普通哲学传统的一部分来传播的[③]。在前科学普及阶段，科学研究工作者巡回演讲、热情宣扬科学知识的直接动机显然主要是为了谋求社会的承认。科学工作者的演讲展示活动尽管对普通公众开放，但那时其观众仍然是以上层社会的成员为主，这种情

① 朱效民. 中国科普走向研究. 北京: 北京大学, 1999.

② 简·格雷戈里, 史蒂夫·米勒. 科学与公众. 江晓川译. 北京: 科学技术出版社, 2014: 1.

③ 约瑟夫·本-戴维. 科学家在社会中的角色. 成都: 四川人民出版社, 1988: 45.

况在早期尤其如此。这些活动先成为上流社会贵族阶层的一种带有高雅活动的时尚后，才逐渐地扩散到广大平民阶层。

第二阶段，传统科学普及(popularization of science)阶段。在传统科学普及阶段(19 世纪中叶至 20 世纪上半叶)，马克思认为，科学作为一种在历史上起推动作用的革命的力量，普遍受到世人的关注。与前一阶段相比，这一阶段科学的社会功能毫无疑问地得到了社会的认可和推崇。从科学家那里，人们满怀敬意地听到的更多的是对科学的赞美和憧憬。这一时期，科学是科学家的科学，科学家是唯一在此世俗化的自然领域中具有合法兴趣，并且具有合法权利表态的内行。公众被告知他们所能扮演的唯一合适角色是促进和支持自主科学可能提供的好处。也就是说，在传统科学普及阶段，公众对科学事务的参与相对较少。从方式上说，科学普及也主要是一个由科学家到公众的单向的传播过程。至今许多发展中国家的科学普及活动仍然处于这一阶段。传统的科普及概念通常包含三个方面的意义：一是它主要强调科学知识的大众化过程；二是它被预设成一个科学知识的单向传播过程，即由掌握科学知识的人群向没有掌握科学知识的人群传播的过程。这种预设导致科普活动对于那些有知识的人来说是一种时间上的牺牲，是一种身份降格，是一种居高临下的施舍，是一种不受重视的事情。科学家从事科普活动常常被认为是一种不务正业或者是一种很掉身价的行为，科普文章也不算科技成果，这很大程度上是由科普本身单向传播的定位和预设造成的。三是科普活动还预设科学技术都是好的，都具有正面价值。科学普及就是让广大群众理解它、懂它和运用它。

第三阶段，现代科学普及阶段。这一阶段在一些发达国家出现了公众理解科学(public understanding of science)活动(20 世纪上半叶至今)。伴随着第二次世界大战后科普平民化运动、环境保护运动及反科学主义思潮(针对科学的消极作用)的兴起，来自社会公众的巨大压力迫使科学家在重新认识和审视科学作用的同时不得不对传统的科学普及本身进行思考和变革。首先，现代科学普及活动受到各国政府和全社会的关注，政府的参与程度明显加强。其次，在现代科学普及阶段，科学家和公众的关系也有了新的变化。现代科学普及之所以又称为公众理解科学，在于它较之以往有了几层新的含义：一是公众理解科学是一种双向交流过程。二是科学家也要理解公众，应注重互相理解；理解意味着不一定接受，可以持不同意见，即求同存异。从这个意义上来说，公众有权拒绝科学家的科学知识和思想，科学家也拥有科研的权利。三是科学普及的内容有了新的全面的变化。现代科学普及不再仅仅是一味地宣扬科学技术的正面成就，对科学技术的负面后果也同样要实事求是地告知公众，并帮助公众理解科学的局限性和技术的负面效应。四是科学界和大众传媒界保持长期的交流与合作，是公众理解科学活动能否取得成效的关键。20 世纪二三十年代出现了首批专门的科学记者，在这之前都是科学家来普及科学。现代科研机构及英国联邦政府坚持认为，倘若公众要成为有用的公民，能够在现代技术世界中正常承担工作者、消费者及选民的职责，那么公众就要理解科学①。

2.3 科普的本质

综上所述，科普的本质就是让公众快速理解科学。20 世纪 30 年代，美国教育家约翰·杜威认为，年轻人应当接受“科学态度(scientific attitude)”的教育，这将帮助其用理性和有逻辑的方式来处理日常生活中的问题。科研机构最清楚媒体的威力，1920 年，美国成立了科学信息服务社(the Science Service)，其开始向公众传播科学及科学的思维方式。“公众理解科学”具有以下三个特征：第一，“公众理解科学”中的受众不再局限于无知无识者，或者在知识的拥有方面处于弱势者，如青少年、低学历者、体力劳动者等，而是公众，广义上是所有的人，不仅包括那些没有知识的文盲、科盲，还包括青少年、成人，甚至是

① 简·格雷戈里, 史蒂夫·米勒. 科学与公众. 江晓川译. 北京: 科学技术出版社, 2014.

科技专家。科技专家在理解非本专业科学方面也许不比普通人高明很多，在他们的专业之外，他们同样需要时时启蒙[①]。第二，“公众理解科学”中的“理解”不是一个单向的、简单的接受问题，而是意味着不仅需要传播科学知识，也需要传播科学理念、科学精神、科学方法和科学思想。只有进入科学理念、科学精神、科学方法和科学思想的领域，才能称得上是真正的理解。可以说，理解的意思是把科学作为一种文化来传承和体验。第三，“公众理解科学”中“理解科学”包括全面地理解科学，既要理解科技的正面价值、经济性，又要理解科技的负面价值、非经济性，对科技有一个全面综合的整体把握。以某种方式提升科学和公众的联系[②]，才能把科学重新回归到对人性的要求上，使其重新服务人类社会发展的需要。科学应是从属于社会文化的发展，而不应成为一个独立发展的东西。

第二次世界大战之后，传统的科普观念和认识受到多方面的现实挑战。首先是科技迅猛发展促使科学分科化趋势加快，各分支学科之间的交流和理解也成为必要，否则科学家就成了“专门家”和“眼界狭窄”的科学匠人，他们之间也需要相互学习、相互了解和相互促进。其次，第二次世界大战之后，科学成果的种种负面影响逐步显露出来，如核武器的使用，环境污染急剧扩大等。人们开始关注科学成果的应用对社会正反两方面的影响。这时，科学普及开始向公众理解科学转化。例如，1951 年，当美国科学促进会(American Association for the Advancement of Science，AAAS)董事会成员沃伦·韦弗呼吁关注社会与科学关系方面更广泛的外部问题时，该组织重拾其对于公众理解科学由来已久的刚性承诺，即“……美国科学促进会现在(应该)开始重视其章程中存在已久的一项目的性陈述：提升公众对于人类社会中科学方法重要性及发展前景的理解和欣赏能力……在我们的社会中，让政府官员、商人及其他所有人更好地理解科学，包括科学结果、基础

① 吴国盛. 科学走向传播. 科学中国人, 2013, (1): 12.

② 简·格雷戈里, 史蒂夫·米勒. 科学与公众. 江晓川译. 北京: 科学技术出版社, 2014.

研究的本质和重要性、科学方法及科学精神，是十分必要的”。

1955年沃伦·韦弗担任美国科学促进会的总裁时，在年度会议致辞中强调公众对于科学的益处，他提出，近些年来，科学对于公众变得十分重要，这无须争辩。同样，随着对科学的支持越来越多地上升到州和联邦政府层面，公众对于科学也变得十分重要。缺乏对科学的一般性理解，对科学和公众而言同样危险，而这些普遍存在的危险的各个方面相互交织；科学家缺乏对于充满活力和想象力的发展缺乏十分必要的自由、理解和支持。

1985年，英国皇家学会工作报告引发了公众理解科学运动。该报告的职权范围在于监视英国公众理解科学的内涵和外延，确定其能否适应先进的民主制度；监视影响公众理解科学和技术的机制及该机制在社会中所扮演的角色；考虑传播过程中的限制，以及如何能够克服这种限制。报告研究结论包括每个人都需要理解科学，最好是在学校教育中获得对科学的理解；某些情况下，公众对科学的理解将有助于其作出更好的专业决策[①]。该报告强调，媒体需要懂更多的科学内容，科学家需要学会如何与公众沟通，并思考自己这么做的责任；英国皇家学会应当将“促进公众对于科学的理解”作为自己的主要活动之一。该报告的结果之一便是公众理解科学委员会(the Committee on the Public Understanding of Science, COPUS)的建立。英国公众理解科学委员会开展了一系列活动，包括年度科学书籍的评奖、对公众理解科学活动的小额资助，以及针对科学家的媒体培训讲习班。

公众理解科学已经成为英国政府官员思维中的一部分。1993年在《实现我们的潜能》(*Realising Our Potential*)的白皮书中提出该白皮书的目的在于实现一种文化上的转变：科学界、实业界及政府部门之间更好地沟通、互动及相互理解。实现这一目的的手段是增强科学家与公众进行沟通方面的理解。

---

① 简·格雷戈里, 史蒂夫·米勒. 科学与公众. 江晓川译. 北京: 科学技术出版社, 2014: 5.

美国科学促进会的“2061 计划”致力于全国范围内的教育改革，以便使所有的高中毕业生都具备科学素养。由科学家组成的委员会决定了学生在上学的 13 年中要学些什么知识，掌握何种技能。此外，“2061 计划”(2061 年时哈雷彗星重新飞临地球的日子)向教育工作者提供了资料、材料，以帮助其在课程中培养学生的科学素养。

美国科学教师协会(the US National Science Teacher Association，NSTA)在美国科学基金会(National Science Foundation，NSF)的帮助下开展的“高中科学的范围、顺序及协作”(Scope，Sequence and Coordination of High-School Science)项目力求促进科学教育，并鼓励采用不同科学政策的单独学区达到全国标准。美国科学基金会有部分项目用以支持大众媒体及社区项目中的科学传播；这些项目被列入“非正规”科学教育的预算条下。此外，美国联邦政府也为诸如食品安全领域的教育活动提供资助。美国科学促进会为科学新闻及科学家所做的科普工作提供奖励，并自己制作科学方面的广播节目，资助针对少数族裔的科学活动。自 1959 年起，美国科学促进会就开始支持公众理解科学与技术委员会(the Committee on the Public Understanding of Science and Technology, COPUS&T)，该委员会的主要工作在于就公众理解科学主题组织会议、推广活动并开展讨论。

自英国公众理解科学委员会成立和美国的“2061 计划”开始运作后，世界各地各种不同的论坛上又出现了很多广义上的公众理解科学项目。这些项目几乎形成了一个公众理解科学的行业。这个行业正在占领学界、商界和政界的小角落，其实力正在不断增强。该行业对于之前被错误定义或者根本没有被注意到的问题提出了更加明晰的观点，为解决这些问题设计了政策和活动，并为重新设计专业及教育实践提出了声明和协议。以上提到的这些都是该行业的产物。国际上有两本同行评议期刊，专门从各个方面研究公众理解科学，这是公众理解科学在学术上成型的明确标志。公众理解科学这一产业中有一个关键词“积极主动”。在研究、实践及使命宣言中，公众理解科学运动充满了“积极主动”。在公众理解科学从业者直言不讳的表达中，蕴含一种强烈的感觉：在20世纪的最后几年，科学与公众正在从头再来[①]。

公众理解科学为何重要。科学作家艾萨克·阿西莫夫认为，有必要阻止公众针对科学家及其事业日益增长的敌意和怀疑。英国皇家学会的目标之一就是让公民能生活在现代社会中。民主国家的政府对于以下事务非常关注：第一，向纳税人解释其所纳税款是如何开销的；第二，期待从科学启蒙的社会中获得经济优势。正如沃尔芬代尔报告所总结的：“（英国）政府在公众理解科学方面的政策目标在于，特别是通过让更多的优秀年轻人参与到科学、工程和技术工作中的办法，促进国家经济财富的增长和生活质量的提升，通过对科学、工程和技术领域不断增加公众所关心议题更透明的公开讨论，提升民主程序的效率。”1996年，美国副总统阿尔·戈尔对美国科学促进会表示，我们需要建立一个学习型的社会……以利用大家分散的智慧能力，提升我们的生活水平[①]。

从科普发展的历史可以看出，科普的概念和定义随着科学技术的发展和人们科普实践的深入而动态地发展，它是一个与时俱进的概念。总之，科普的本质就是用通俗简单的方式方法、及时有效地让公众快速理解科学和得到知识，提升公众的科学素养。

案例2-2　北京社会科学普及成果丰硕

“一网一微”新媒体建设进一步加强，影响面持续扩大。其集中推出“砥砺奋进的五年”等一系列大型专题；举办了“一带一路·我见我闻我思”有奖征文大赛及“北京市社科联社科普及进校园暨人文之光主题沙龙活动”。2017年人文之光网站共发布稿件1607篇，原创稿件477篇，占比29.7%，选题和原创水平稳步提高。“人文之光网”

① 简·格雷戈里，史蒂夫·米勒. 科学与公众. 江晓川译. 北京：科学技术出版社，2014: 6.

时间号累计推荐量为 5517622，累计阅读量为 36696。京社科微信公众号围绕重大社会热点和社科普及重点，推出了“砥砺奋进的五年”“十九大时光”等热点专栏，“传统节日”“社科小普说二十四节气H5 秀”“北京方言”等北京文化专栏，全年共发布文章 532 篇，综合原创率达 46.1%，粉丝量和阅读量不断攀升。

北京社科普及周不断创新，亮点纷呈。2017 北京社科普及周呈现四大亮点：一是线上线下结合。利用移动网络技术，线上线下推出持续一个月的社科知识竞赛，近 2.5 万市民群众参加，营造了全市上下推进大运河文化带建设的良好氛围。二是主题展览多样。举办“砥砺奋进的五年”“中国梦·运河情”等九大主题展览，用图片讲故事，让知识可视化，吸引了大量市民驻足观看。三是论坛宣讲精彩。推出“大运河文化专家谈”“北京老城文化传承与发展论坛”两场高质量论坛和“践行红墙意识主题宣讲会”“弘扬工匠精神 · 推进全国文化中心建设”主题宣讲活动，受到市民群众的热烈欢迎。四是主分会场联动。东城、石景山、平谷等区，北京市人口学会等社会组织以多种形式推出了各具特色的社科普及活动，形成了全市上下推进社会科学知识普及的整体氛围。

持续推进科普创新，打造社科普及精品读物和微动漫视频。一是支持东城区委宣传部编写《家训》读本。发挥“联”的优势，为专家和基层单位牵线搭桥，支持东城区委宣传部编写出版了《家训》一书，把家训和家风建设作为社区建设的切入点，对加强家庭、家教和家风建设具有先导意义和重要的借鉴价值，该书已列入“北京社会科学普及系列丛书”。二是制作“小普带你看运河”系列科普动漫短片。该片把科学性、知识性、趣味性、扩展性融为一体，在科普周开幕式上一经首播便受到群众的广泛好评。三是“高校青年教师社科普及基层行”项目征集 40 余位院校青年老师的 60 多个课件，安排近 40 人次下基层开展科普讲座。

2.4 科普的结构

科普的结构决定着科普的基本功能。可以从科普的主体、投入、对象、渠道、方式方法等方面对科普的结构进行划分。

目前，中国科普的主体是政府和公益组织，辅助是行业和一线工作者。由于我国科普工作尚处于起步和摸索阶段，专业领域的人员有时很难用吸引力和趣味性的方式把科普内容完整地推广给公众，造成公众易于接受的信息一般来自新闻媒体、商业推广和一线工作中喜爱科普的人。但从专业角度来看，这些渠道提供的科普信息往往又具有很强的市场目的性，存在信息误导和科普知识不够专业和不够严谨等问题。可以说，中国目前尚未有一个成熟的模式和产业能够养活专业科普人员。例如，我们每个人都需要医疗方面的科普，目的是提高个人的医疗素养，至少知道去医院应挂什么科室，不能什么病都吃抗生素，但是一名专业医生没有多少时间去做科普工作。每个行业都意识到进行科普工作、提高群体的素养对行业是有好处的，但行业工作者和企业都没有足够的规模和时间去改善行业科普的状态，而单纯依靠政府的科普支持效果毕竟有限。未来中国科普的主体应是企业，政府起辅助作用。

按照科普对象特点的不同，可将其分为不同知识级别、职业、年龄等人群。划分科普对象类型的维度有多很多种。按照掌握某方面背景知识的程度，可以将科普对象分为启蒙、初级和高级 3 种；按照从事工作的不同，可以将科普对象分为公务员、科研技术人员、工人、农民、城镇务工人员、军人等；按照年龄的不同，还可以将科普对象分为未成年人、青年人、中年人、老年人。2006 年，国务院颁布的《国家中长期科学和技术发展规划纲要(2006—2020 年)》中提出了未成年人、农民、城镇劳动人口、领导干部和公务员 4 类提升科学素质的重点人群，2011 年 6 月 19 日，国务院办公厅印发的《全民科学素养行动计划纲要实施方案(2011-2015 年)》又将社区居民增列为重点人群。

按照科普媒体方式的不同，可将其分为单向传播和双向传播。现代科普逐步由传统科学普及的单向知识传播过程，走向科学传播的双向互动过程。所谓双向互动过程是指：一方面科学家向非科学大众传播科学知识，另一方面公众也参与科学知识的创造过程、参与科学政策的制定和科学体制的完善和建立，与科学家共同平等地塑造合理社会角色的过程。在这个互动过程中，公众可以更好地理解和接受科学，这是一种在实践中的体验学习过程。双向意味着一种观念的彻底变革，即科学不再是一种高高在上、神秘莫测，甚至是教训人的权威东西，它本身是出自人的创新，为了人、服务人的。公众有权利来评价科学的正面影响和负面影响。现代科学越来越显示其推动人类发展和历史的杠杆作用，科学技术实力和国民科学技术素质成为一个国家国力的标志。所以，各国政府开始通过立法、制定政策、财政拨款等方式，支持全民大规模普及科学技术知识，传播科学思想和科学方法，以期大幅度提高国民科技素质，确保国家拥有持久的国际竞争力。

按照科普的内容不同，可将其分为科技知识、科学方法、科学思想和科学精神。人类历史发展过程中总结创造的科学知识体系、应用技术(含技能)、科学的世界观和方法论，以及随着科技革命迅速发展而产生的新思想、新知识、新技术，都可列入科普内容。但不同的对象在不同的社会和时代背景下，对科学技术知识的需求内容和层次有一定的差异，因此，科普内容要因人、因地、因时制宜。

案例 2-3　北京科技视频网：科普大餐

北京科技视频网由北京市科学技术委员会支持，北京市可持续发展促进会主办，北京市可持续发展科技促进中心、武汉电视台《科技之光》协办。该网站于 2011 年 10 月试运行，2012 年 4 月正式获得国家广播电影电视总局许可证，2012 年 6 月 26 日正式上线，是中国第一家也是目前唯一一家科技视频网。网站的基本定位是纯公益、纯科普、纯视频，力求确保时效性、丰富性、权威性。网站 2018 年拥有各类科技视频节目 2.6 万余条，时长 2400 小时。

北京科技视频网充分尊重知识产权，试运行后已从美国、英国、德国、日本、韩国等独家购买、译制首播科技片 200 小时。从海外引进科普电视节目数量将逐年递增。北京科技视频网团队具有专业的科学素养和丰富的实践经验，网站试运行后已独立拍摄多部科技新闻、科普专题、科学讲座，并成功开创了中国第一台电视科技春晚——《2012 欢乐与智慧同行　龙年科技春节晚会》。该网站不断关注和追踪国内外最新科技成果、科学事件、科学人物、科学话题，每年生产出多部具有时代意义和历史价值的高端原创性科普电视作品。

纵观我国的科普教育，通过几十年的努力虽有创新，但其主要功能还仅停留在以向大众传播科学知识为主的层面。北京科技视频网能够确保科技知识快速传播，网站不断关注和追踪国内外最新科技成果、科学事件、科学人物、科学话题，这样可以让人们进一步了解最新的科学技术，学习最新的科学技术，熟悉最新的科学思想，进一步发扬科学精神，彰显了现代科普的各种功能。北京科技视频网的发展也说明了科普要实现社会化，必须做好以下工作：一是科普社会化的首要途径是要实现科普的产业化与事业化的发展机制良性互动。二是要利用市场资源激活科普产业的能量，使科普产业在经济发展新常态的背景下迅速发育成长为一个推动大众创业、万众创新的战略性产业。三是迫切需要政府出台有效的政策引导措施来凝聚产业发展目标、明确发展路径、培育有效需求、完善产业生态、壮大市场主体。

2.5　科普的功能

2006 年 2 月，国务院颁布《全民科学素质行动计划纲要（2006-

2010–2020 年）》[①]将科学教育与培训、科普资源开发与共享、大众传媒科技传播能力、科普基础设施等公民科学素质建设作为重点科普基础工程，并把其作为今后一段时期我国科普工作的主要任务，这是针对我国科普工作实际做出的科学决策。科普是一种具有鲜明时代感和时代特征的社会教育，它既是科学技术转化为生产力的基本前提、必要纽带和重要桥梁，又是提高全民族科学文化素质的基本任务、基础工作和必要手段；其最根本目的是解脱愚昧，提高公民科学素质，促进社会发展。科普的功能体现出科普的本质，即科普的功能就是运用通俗简单的方式方法、及时有效地让公众快速理解科学和得到知识。

2.5.1　介绍科技知识

科普传播的知识内容主要是自然科学和社会科学。科普是一种大众科技传播，兼有大众传播和科技传播的性质和作用，其核心的功能是向公众快速传播科学知识。作为科技传播，它主要是借助可以利用的信息传播途径，实现科技信息的传播、交流、沟通和分享。但科技传播并非都是科普，翟杰全将科技传播划分为“高位”专业交流、“中位”科技教育和“低位”科技普及与推广三个层次[②]，它们之间既相互区别又重合交叉。这种划分比较准确地说明了科技传播与科普的关系，它表明科普只是科技传播中的一个层次或一部分。科普与其他科技传播层次除了在传播内容、传播途径方面存在自身的特点外，最大区别在于它是以公众作为科技传播的对象进行科技信息的传播交流活动，这使得科普又具有大众传播性质。即科普既是大众传播，又是科技传播，是大众传播与科技传播的交集，科普与大众传播和科技传播既具有共同之处，又具有与二者相区别的特点，人们既要研究大众传播和科技传播的一般规律，又要研究科普的特殊规律，不能简单地用大众传播或科技传播研究来取代科普研究和科学普及。

---

① 国务院办公厅. 全民科学素质行动计划纲要(2006-2010-2020 年). 北京：人民出版社, 2006.

② 翟杰全. 科技传播研究与其基本方向. 科学管理研究, 1999, 17(3)：65-67.

科普的重点是传播科技知识，它的教育性特点主要反映在传播科技知识的过程中，不断地培养科学素养高的公民，培养科学家、科技人员的科学思想、科技道德、探索未知科学的兴趣和科学创新能力；并通过对科技知识的广泛传播，使人类在生产和生活的不同阶段掌握各种生存技能，增强认识自然、改造自然、与自然协调共存的能力。在信息时代，以知识为基础的脑力劳动者是经济增长的源泉，且是现代企业雇佣策略的核心环节。因此，知识不再是完成工作的主要手段，已经成了工作本身[①]。

例如，2014 年物理博士马克安撰文指出华北的雾霾是核雾染；中医院王晓燕主任提出一种给儿童退烧的药吃了会死人的，这些披着科学外衣的似是而非的流言，是否也曾困扰过你？社交媒体时代，当真相还在“穿鞋”的时候，流言已经“满大街跑”了。然而流言止于求证，由北京市科学技术委员会、北京科技记者编辑协会联合中国科普作家协会、中国晚报工作者协会等机构发起制作的每月“科学”流言榜， 通过精选、辨别、整合权威媒体发布的求证信息，对当月热点流言给予科学解释，并于每月月末通过网络发布。2014 年，每月“科学”流言榜共发布 12 期，对本年度 120 多条热点流言予以辟谣或者核实，成为众多媒体大量援引和转载的内容。

再以“僵尸肉”说法起争议，过期冷藏肉科普成食品安全热议话题为例。2015 年“海关查获冰冻长达三四十年的走私肉”的新闻，在 2015 年 6 月底被冠以“僵尸肉”的说法成为各大网站的头条。虽然事后“僵尸肉”的描述被质疑有不严谨之嫌，但“僵尸肉”事件确实引发社会对于过期冷藏肉类的关注，不少食品安全领域专家、肉制品行业专业轮番上阵，通过报纸和网络对过期冷藏肉类进行科普理性解读，让大众了解过期肉类安全的科学知识。食品安全人人可谈，大众媒体如何做到客观而严谨地进行科普报道也引发社会思考。公众理解科学

① 汉密尔顿·比兹利，耶利米·博尼奇，大卫·哈顿. 持续管理. 魏立群译. 北京：电子工业出版社, 2003: 13.

起源于第二次世界大战以后一些发达国家兴起的公众理解科学活动，这是一种新的科普理念，它标志着科普进入现代阶段。公众理解科学因而成为当今一些西方国家科普的代名词。科普基本的总体目标就是要提高公众的科学素质，科学素质是作为一个公民所必需的最低程度的理解科学技术的能力，其主要包括三个方面：一是具备对基本科学术语和概念(如分子、原子、核辐射、DNA 等)的认识和理解能力；二是具备科学推理所要求的基本水平及一定的科学思维习惯；三是要能够理解含有科技内容的公共政策议案，即理解科学技术对社会影响的能力①。因此，提高国民的科学素质的关键就在于加强公众对科学的理解，“让科学走近生活，让公众理解科学”是当今科普的主题词。

我国现代科普工作的重点也在于加强公众对科学的理解。下面以中东呼吸综合征(MERS)疫情传入中国，及时科普减少大众恐慌为例。2015 年 5 月，MERS 从西亚传入韩国，又被一位逃避隔离的患者家属带到中国。面对致死率高达 40%的恶疾，中国比起 12 年前“非典”来袭时，已经有了更多的心理准备和应对措施。在海量的 MERS 科普作品中，相关图示、漫画和视频的使用大大增加了其可读性和科学性，全面覆盖了包括病毒来源、症状、应对措施等内容。MERS 的传播主要局限在特定场所，普通人接触不到，大规模传播的可能性不大，类似知识在新媒体的高效传播，让公众在这次疫情中既学会了自我保护，又免于遭受信息不透明导致的恐慌。

2.5.2　推广科学技术

西方国家社会进步的一个内在动力在于科学技术的进步和普及。科学技术部部长万钢在 2016 年第十八届中国科协年会致辞中说：“我们深感，新成果、新技术的推广应用急需科学普及。”万纲说，在生命科学、食品安全、资源环境等一些与公众生活密切相关的领域，科研活动越来越感到来自于社会舆论的影响。因此科研人员在服务经济社

① 张慧人. 试论述科学普及的社会功能. 科学学研究, 2001, 19(3): 34-37.

会发展的过程中，不仅要做好负责任的科学研究，也要在新技术的应用推广中主动地为公众答疑解惑、示范演示。而新技术的推广应用，不仅会受到行政部门的质疑和考量，更常会受到社会大众的好奇与追踪[①]。可以说，只有全民科学素质普遍提高，才能建立起宏大的高素质创新大军，才能实现科技成果快速转化。

科普是推广科学技术及科技转化为生产力的重要环节。科学技术是第一生产力，但是科学技术只有被劳动者所掌握并将其自觉运用到生产实践中去，才能变成现实的生产力。农民不懂得使用农机、电力、化肥和农药等，就谈不上科学种田。所以，通过科普活动，让生产一线的广大劳动者跟上科技进步的步伐，使其能持续地运用科学技术促进生产力的发展，及时学习和掌握新技术，是科学技术转化为生产力不可缺少的一个环节。

科普本身就是一个产业，是一个提高公众科学素质的产业，是推动其他产业发展的基础产业。加强和推动科普产业化的若干途径如下：一是加强规划引领，把科普产业导入快速成长通道；二是实施重大项目引导，带动科普产业发展质量跃升；三是扶持龙头企业，加速科普产业空间聚集和行业集中；四是尽快部署科普产业发展理论、战略和政策研究；五是组织设计科普产业研究方向和专题，并将其纳入国家和地方的自然科学、社会科学及软科学研究计划。

2.5.3 倡导科学方法

目前，全社会已经意识到，国民素质是衡量一个国家国际竞争力的重要指标之一，公众科学素质的提高，有利于增强劳动者的素质，使劳动者掌握科学的工作方法，进而提高劳动生产率；有利于提升民族的文明水平，从而最终提升一个国家的综合国力。可以说，21 世纪中国的发展，在很大程度上取决于中国国民的科学素质。这是科普事

---

① 万钢. 科学普及是创新生态的重要组成.(2016-09-24)[2016-09-24]. http://scitech.people.com.cn/n1/2016/0924/c59405-28737690.html.

业重要而又迫切的一个根本原因。因此，科普是促使民众使用科学方法和提高国民科学素质的重要手段，有利于增强国家科技竞争力。在科技高度发展的今天，一个国家或民族未来的发展命运，很大程度上取决于这个国家或民族的科技竞争力。构成国家科技竞争力的要素主要包括高水平科研成果、高水平科研机构、高水平科技人才及高水平国民科学素质等，其中，国民科学素质是竞争力的基础。科普活动是倡导科学方法和提高国民科学素质的有效手段之一，它既可以面对全体国民，又可以针对特定的群体；既可以普及科技知识，又可以普及科学方法、科学思维和科学精神。通过科学普及提高国民科学素质，已在发达国家取得了巨大成功。例如，第二次世界大战后的德国和日本，其工业和科研设施都被摧毁殆尽，而且德国大量科技顶尖人才被美国和苏联“掠走”或移居国外，但两国却在第二次世界大战后短短的 20 多年间从一片废墟上迅速崛起，重新恢复了世界经济和科技强国的地位，这不能不归功于两国长期以来高度重视发展全民教育、推行科普，使国民具备了较高的科学素质。可以说，一个国家的国民科学素质是摧不垮和夺不走的，有了它，科技、工业和经济设施被摧毁后还可以重建，顶尖人才流失后还会源源不断地大量涌现。所以，国民科学素质是一个国家在现代社会中立于不败之地最重要的资源和基础之一。当今，世界各国尤其是发达国家日益重视公众理解科学的科普活动，他们相继开展了对公众科学素质的系统调查，并将其作为国家科技政策的参考依据。1994 年 8 月美国总统克林顿在《为了国家利益的科学》政策报告中指出具备科技知识是理解和欣赏现代世界的关键，他将提高全民科学素质作为发展科学事业的 5 项国家目标之一，要求为了迎接 21 世纪的挑战，美国应当成为一个科学知识普及的社会。英国的科技发展战略被概括为一手抓培养诺贝尔奖获得者，一手抓科学普及。与此同时各国还相继加大了对科普基础设施的投资份额与管理力度，纷纷设立科技节、科普周等活动，国民科学素质提升成效十分显著。

总之，国民素质建设是一项关系国家未来发展的系统工程。这个系统工程主要由两个部分构成：一是面向青少年的系统的学校教育；二是以整个社会为受众的科学普及。学校教育是系统的、强制性的、需要进行考核验收的，科普则是零散的、灵活的、非强制性的。学校教育和科普有分工又有合作。就科学教育而言，学校教育的重点在于使学生具备基本的科学知识。而科普工作的重点则在于使公众理解科学，对科学有全面的了解，提高整体的科学素质。在目前应试教育的模式一时不能根本改变的情况下，科普成为全面提高国民素质的最重要的途径[①]。

2.5.4　传播科学思想

科技创新的原始动力应是对科学的崇敬和兴趣。因此比科学知识、科学方法更可贵的是科学思想与科学精神的传播。科普对于改进人类的思维、提高人类的素质和发展人类的能力都具有强烈的激发性和激励性，这种激发性和激励性不同于对人生观的追求，因为它实用性很强，具有实践性；它会培养和激励人们认识自然、利用自然和改造自然的基本能力和坚韧毅力，所以，它是具体的，有利于提升人们为实现美好理想而进行的长期奋斗的素质和能力。科普所体现的激励性在人类发展历史上谱写了许多动人的篇章。在欧洲科技发展史上涌现出了许多伟大的科学家，如阿基米德、伽利略、哥白尼、布鲁诺、牛顿、罗吉尔·培根等，他们都为探索自然奥秘、坚持科学真理，在探索科学理想的激励下，为科学技术事业做出了伟大的贡献。为了使公众具备基本的科学素质，除了向公众传授基本的科学技术理论知识，包括科学研究和方法的知识、科技发展历史、科技与社会的知识等；还应向公众提供科技实践的活动，帮助公众获得科技的经验知识，在理论知识的学习和科技体验中形成科学思维方式、培植科学精神。

人类最早研究的是天文学，后来为了服务和解释宇宙和生命，诞生了数学和哲学。几千年来随着人类的需求，科学领域不断扩展。现代科技创新更需要科学家之间的交流和合作。这种交流和合作在

---

① 田松. 现代科普理念(科普四题). 美文, 2001, (1): 1-3.

广义上也是一种科普活动。改革开放以来，科学界发生的一些“伪科学”事件，恰恰说明了部分科学工作者虽掌握了科学知识、科学方法，但其科学思想与科学精神方面的素养有待提高。科普需要科学家，科学家也需要科普。

例如，转基因争议被认为是当代中国观感最差的公共话题之一。2014 年 3 月，知名公众人物崔永元将其在美国进行走访调查而制成的纪录片在网上发布，该片记录了部分美国公众反对转基因食品的观点。尽管该纪录片随后被指存在不少科学的“硬伤”，还有翻译错误，但并不阻碍其在网络上形成一股有效的“反转”号召力。2014 年 10 月，“全球转基因农作物发展现状和未来展望国际研讨会”在武汉召开，来自中美等 10 个国家的 18 位科学家在随后的新闻发布会上，正面回应转基因的诸多疑问，人民网首次图文直播了此次新闻发布会，中国科学院院士、植物生理学家、北大前校长许智宏在会上受托发表 8 点“武汉共识”，指出用于特定的做改良的转基因方法对人和动物没有任何负面影响，并呼吁有关转基因的争论应该放在科学和理性的基础之上。随后，在网上和线下都形成一轮更为客观的“挺转”科学传播热潮。

2.5.5　弘扬科学精神

科普有助于弘扬科学精神。科学精神是人们在长期的科学实践活动中，形成的共同信念、价值标准和行为规范的总称。科学精神是科学与科学活动的内在精神和灵魂，它是科学主体(科学家)的内在精神气质、品质和科学活动的内在性质、特质在求真创新基础上的统一[①]。科学精神一方面约束科学家的行为，是科学家在科学领域取得成功的基本保证；另一方面，其又逐步渗入科普大众的深层意识，推动着社会和人类文明的进步。因此，科学精神的传播是现代科普的核心之一。

美国社会学家墨顿把普遍主义、公有性、无私利性和有条理的怀疑主义概括为现代科学的精神特质。我国学者田松则提出了新的见解：

① 张勇，李静，何丹华，等. 社会科学普及读本. 广州：暨南大学出版社，2016.

科学精神是一种理性的精神、求真的精神、实证的精神、怀疑的精神、开放的精神、平等的精神、宽容的精神、独创的精神[①]。科学教育不仅使人获得生活和工作所需的知识和技能，更重要的是使人获得科学思想、科学精神、科学态度及科学方法的熏陶和培养，使人获得非生物本能的智慧。科学精神是在科学发展过程中逐渐培养起来的，随着科学发展得到不断的加强，并渗透到社会各个领域，发挥着巨大的精神力量。科学精神要求人们在生活与工作当中，充分尊重客观规律，按规律办事，养成实事求是的认真态度和工作作风，不盲从、不轻信、不迷信任何未经科学充分检验的理论、观点；要求人们在工作和生活中，坚持认真仔细、一丝不苟、周密观察分析的严肃的工作态度和严谨的作风；还要求人们有自我超越，敢于纠正自己的错误、扬弃自我的勇气，一切弄虚作假、投机取巧、假冒伪劣、夸夸其谈、贪图虚名，都是同科学的求真、求实的精神格格不入的，也是与社会主义文化所不相符的。弘扬科学精神是科普的核心内容，通过科学普及，可以让人们在科学精神方面受到不同程度的熏陶和教育。正如有的学者指出的科学世界本身也是一个十分丰富的人文世界；科学在创造物质文明的同时，也在创造着精神文明；科学在追求知识和真理的同时，也在追求着人类自身的进步和发展；它像人类其他各项创造性活动一样，充满着生机，充满着最高尚、最纯洁的生命力，给人类以崇高的理想和精神，永远激励着人们超越自我，追求更高的人生境界，科学精神并非只是自然科学的精神，而是整个人类文化精神不可缺少的组成部分。

科学精神的主要特征包括：求实、创新、执着、理性等，其中最核心的是求实与创新。求实精神要求科学必须正确反映客观现实、实事求是、克服主观臆断。创新精神是科学的生命，也是科学活动的灵魂。执着的科学探索精神是指科学家根据已有的知识、经验的启示，在自己预见的活动中，有着锲而不舍的坚强意志。理性精神是指科学

① 田松. 现代科普理念(科普四题). 美文, 2001, (1): 1-3.

活动须从经验认识层面上升到理论认识层面，这一过程需要坚持理性原则。科学精神还包括实证精神、协作精神、民主精神、开放精神、怀疑与批判精神等。因此，通过科学普及，弘扬科学精神，可以促进社会主义精神文明的进步，是促进社会主义精神文明建设的有力措施。

科普是消除愚昧的锐利武器。长期以来，中国漫长的封建社会的遗毒严重制约了公众的思想，由于受各种封建迷信思想的侵蚀，社会上曾一度出现各种各样的封建迷信活动，伪科学、反科学的事件屡有发生，甚至到了触目惊心的地步，其根源就是愚昧。任何愚昧都将妨碍个体的健康成长，阻碍社会的进步。因此，我们应高举科学的旗帜，通过科学普及，提高公众的科学素质，增强科学意识，认清各种唯心论、伪科学、迷信、邪教的真实面目。

美国柯达公司成立于 1881 年，于 2012 年 1 月 19 日申请破产保护，人们可以从中得到警示：大到一个国家，小到一个企业，都需要有科学创新精神。历史告诉人们，西方国家的现代化与社会现代化基本是一致、同步的。一般而言，发达国家之发达和其公民的科学素质是同步的。科学发展的发条包括科学教育、科技普及，其发展与强盛离不开科技及文化，更离不开具有较高科技素质的从业者及他们紧密的交流与合作的科学精神，科学教育及质量与科学发展之间存在密切的内在联系。

此外，从宏观角度来看，科普还具有以下功能。

一是科普已经成为实现可持续发展的重要途径。20 世纪中叶以来，人类面临环境污染、人口爆炸、资源枯竭三大问题，面临着严重的生态危机和生存危机，人类是选择可持续发展还是自我毁灭，是摆在每一个国家、每一个人面前的严峻的问题。第一，科普可以帮助人们树立环境意识和生态意识，传播环境保护知识，这是实现可持续发展的认识前提，也是科普在实施可持续发展战略中的首要任务。所谓环境意识，就是保护自然资源及防止污染破坏环境的意识。所谓生态意识，就是要正确理解人类在自然界中的地位和作用，增强人类与大自然和谐共处、协调发展的意识。这些意识对于实现可持续发展具有重要的作用。人们虽然对环境保护的意义、环境污染的危害有了较充分的认识，但在行为上却表现出对环境保护的参与意识较为薄弱。滥砍滥伐、毁坏森林、随意排放污水废气等行为仍在继续，这就说明我国公众环境意识依然淡漠，人们往往只考虑个人或部分人的利益，而缺乏一种普遍的责任意识，阻碍了可持续发展战略的实施，这就要求对广大公众进行环境保护方面的科普，帮助公众树立环境意识、生态意识。第二，科普可以帮助人们树立节约资源、合理利用资源的意识，实现资源利用的可持续发展。自然资源包括生态资源和矿产资源，这些是人类赖以生存和发展的必要条件。中国的资源状况不容乐观。我国是一个地大人更多、物博人均少的国家，人均淡水资源只有世界人均水平的1/4，人均耕地面积仅占世界人均水平的1/3，人均矿产资源占世界人均水平的 1/4，人均森林面积不足世界人均水平的1/6，人均草地面积不足世界人均水平的1/2；而且资源利用率也很低，我国的能源平均利用率只有30%左右，而西方发达国家一般都在50%以上。因此，节约和合理使用资源，是实现可持续发展的重要方面。如何实现资源的节约和合理利用呢？一方面靠科学技术，另一方面还需要广大公众的认同和接受。因为广大公众是实际的施行者、操作者，如果他们树立了节约资源、合理利用资源的意识，那么就会对资源保护产生深远的意义和作用。因此，对广大公众普及科学文化知识，让他们树立节约、合理利用资源的意识，掌握相应的知识，并付诸行动，才能使我国面临的资源问题得以缓解。

二是稳步推进社会文化建设。江泽民同志在1999年全国技术创新大会上指出，科学技术是精神文明建设的重要基石，要高举科学的旗帜，坚决反对迷信，反对反科学、伪科学的活动。要把科技知识、科学思想、科学精神、科学方法的宣传和普及工作，作为精神文明建设的重要内容不断加强起来[①]。由此可见，科普是反对迷信和伪科学的重

① 江泽民. 论科学技术. 北京：中央文献出版社出版，2001.

要武器。当今，将科普活动定位于一种文化建设活动。可以说，科普活动不只是科学界为了实现自己目的的一种手段，也不是国家意识形态一种单向传播活动，而是文化建设和塑造活动。它通过全体人民的参与来决定科学如何造福民族的问题，怎么决定我们的发展方向和发展速度[①]。科普已经成为促进社会主义文化建设的重要措施。

以转基因食品的科普为例。通过转基因食品的科普，让广大民众了解转基因食品发展的科技基本原理。说明科普不仅局限于讲科学上的事情，而是向外延伸到文化、法律、经济、政策、宗教、政治、民族心理等。说明现代科普探讨生物技术产业发展涉及文化、社会、经济、政治、法律等诸多因素。在科技发展过程中，必须向民众进行科普，让民众理解科技对发展的负面影响，理解科学的负面价值。在整体上对科普有一个比较全面的把握，才能使科学重新回归到对人性的要求上，使其重新服务于社会发展的需要。

① 吴国盛. 科学走向传播. 长沙: 湖南科学技术出版社, 2013.

第3章 创新生态的本质和功能

3.1 创新生态的概念和特点

要理解创新生态及创新生态系统的内涵，必须理解生态系统的概念。要深入把握创新生态系统的内涵，就应分析创新生态系统的构成、机制和层级。

3.1.1 创新生态的概念

由于生态系统的概念来自于自然界，在分析创新生态的内涵之前，应理解自然界生态系统的基本内涵。所谓生态系统，是指在自然界的一定空间内，生物与环境构成的统一整体，在这个统一整体中，生物与环境之间相互影响、相互制约，并在一定时期内处于相对稳定的动态平衡状态。自然界中的生态体系反映了其中的各类子系统之间的一种均衡(equilibration)、靠近(closure)、稳定(stability)、持续(persistence)、互动(interaction)、边界(boundaries)和动态性(dynamics)[①]。

美国总统科技顾问委员会(President's Council of Advisors on Science and Technology，PCAST)在《维护国家的创新生态系统》报告最早提出了“创新生态”的概念，该报告提出美国的经济繁荣和在全球经济中的领导地位得益于一个精心编制的创新生态系统，这一生态系统的本质是追求卓越，主要由科技人才、富有成效的研发中心、风险资本产业、政治经济社会环境、基础研究项目等构成。可见，创新生态系统主要由完善的科技创新法律体系做基础，由以风险资本为主的多层次金融体系做支撑，由政府对人才和基础研究项目持续不断地

① Pickett S T A, Cadenasso M L. The ecosystem as a multidimensional concept: meaning, model, and metaphor. Ecosystems, 2002, 5(1): 1-10.

强大投入带动整个社会对科技进步的推崇及产业化带来巨大利益进而再投入创新要素的良性循环，形成内生型创新经济生态系统[①]。

朱学彦和吴颖颖提出，创新生态系统是指一个区间内各种创新群落之间及其与创新环境之间，通过物质流、能量流、信息流的联结传导，形成共生竞合、动态演化的开放、复杂的系统。该系统的根本目标是：促进创新持续涌现，通过将创新投入、创新需求、创新基础设施与创新管理在创新过程中有机结合，实现高质量的经济发展[②]。

本书给出以下定义：创新生态体系是指由多个创新主体之间、创新组织之间、创新群落之间及其与创新环境之间，基于某些技术、经济、人才、规则、文化、习俗、运作模式、市场等共同的创新要素而组成的，并通过物质流、能量流、信息流的联结与传导，为了创新的总体目标而相互依赖、相互交流、协同演化和互动适应、交互竞合、共生共赢的动态性开放系统。该系统的根本目标是：促进持续创新，通过将创新投入、创新需求、创新基础设施与创新管理在创新过程中有机结合，实现创新效果，并最终形成高质量的经济发展。

从创新生态系统的内涵可以看出，创新生态系统的提出，充分认识到了创新要素、创新过程和创新系统的高度动态特性，把创新要素之间的复杂动态交互型组合关系看作是一个有“生命”活力和活动的生态系统。这个系统中包容了所有构成创新过程的要素、环节和参与主体，涵盖了它们之间的相互关联关系及它们之间复杂的动态交互过程；在越加复杂、动态且开放的世界经济环境中自组织、自平衡、自生长，各要素共生存、共适应、共进化和共发展，从而不断创新和持续优化，创造繁荣的创新型经济。集群效应、知识产权、创新文化、资本市场及政府与市场的关系等关键要素影响着创新生态系统的持续发展。

---

① 朱军浩. 何为创新生态系统？美国的创新生态系统及启示. 华东科技, 2014, 11: 66-69.

② 朱学彦, 吴颖颖. 创新生态系统: 动因、内涵与演化机制. 第十届中国科技政策与管理学术年会论文集, 2014, 12: 1-8.

3.1.2 创新生态的特点

创新生态具有如下主要特点：地理依赖性，具有区域性；相对稳定性，这是长期演化适应环境的结果；生物与非生物适应性、协调性；环境(包括土壤、水系和气候)约束性；物种之间主要基于能量流和食物链的相互依赖、互利共生性；物种的多样性、动态性和整个生态体系的可持续性[①]。创新生态则具有如下特征。

(1)复杂性。创新生态是一个与一定空间相联系，呈网络式和多维空间结构的巨系统。它由多个要素组成，包括企业、职业培训机构、大学、研究机构、政府、公共组织机构、金融机构、中介服务机构等创新主体。此外，还包括基础设施、制度、政策、文化、激励等创新环境要素。这些要素不仅隶属于不同行业和不同领域，而且每个要素都有其自身的发展目标，致使系统呈现出异常的复杂性[②]。

(2)开放性。在一定的空间范围内，生态系统需要不断与外界进行物质、能量与信息的交流，以此维持生态的生命，否则生态的生命难以为继，这表明系统是开放的。生态系统的开放性也反映在熵的交换上，即系统不断摄入能量，并将代谢过程中所产生的熵排向环境。创新生态也是开放的。原因在于它本身处在科技、经济和社会等要素构成的大系统之中，呈现出耗散结构的特征，在技术研究、开发、扩散的每个环节都与外界发生着广泛的联系，并不断与周围环境进行着能量、物质与信息的交换。

(3)整体性。创新生态不是系统要素的简单相加，而是各要素通过非线性相互作用构成的统一体。这表明各要素以一定的规律和方式组织成系统时，这个系统已具有其构成要素本身所没有的新的特质，其整体功能也不等于所组成要素各自的单个功能的总和，而是大于组成要素各自的单个功能的总和，产生了“1+1>2”的效应。换句话说，整

① 吴金希. 创新生态体系的内涵、特征及其政策含义. 科学学研究, 2014, 1: 44-51+91.

② 杨荣. 创新生态系统的界定、特征及其构. 科学技术与创新, 2014, 3: 12-17.

体性就是创新生态系统要素与结构的综合体现[①]。

(4) 交互性。创新生态是一个由经济、政治、社会、组织、制度和其他因素交互而成的网络。在该网络中，存在着很多公共部门和私人部门的利益相关者，它们相互依存和相互依赖。这意味着企业的创新活动不是孤立进行的，需要与其他组织和机构互助合作。这时，企业的创新成果往往不是单靠某一企业可以获得的，而是面对着与创新相关的诸多企业、机构和因素，通过其与一系列伙伴的互补性协作，才能打造出一个真正为顾客创造价值的产品[②]。这时部分龙头企业以平台为中心形成一个创新网络，强调创新的网络价值而不是单个产品的个体价值，强调以共享为基础的创新成果的扩散。这样的创新网络集群或者创新平台，催生了创新生态系统的理论概念和学术研究[③]。一个创新项目，如果没有其他企业配套知识、技术和专业化的支持，那么创新就会被延迟，以至于丧失竞争优势。

(5) 动态性。生态系统具有有机体的一系列生物特性。例如，发育、代谢、繁殖、成长和衰老等，因此，生态系统具有内在动态变化的能力。任何一个生态系统总是处于不断发展、进化和演变之中。创新生态系统与自然生态系统一样，其结构也呈现出动态性，表现在创新生态系统内的各要素共生共荣、协同演化和互相适应。其中，共生共荣嵌入各要素的演化博弈之中；协同演化表明系统内各要素的协同关系不断调整，敏捷地对内外界的力量做出反应，以促进系统的和谐成长；而互相适应则是协同演化的结果。

(6) 稳定性。稳定性是指保持或恢复自身结构和功能处于相对稳定的状态。创新生态系统的稳定性的主要原因在于创新生态系统具有自适应和自我调节功能。而自适应和自我调节功能主要来自生态系统 3

① Marten G G. Human Ecology: Basic Concepts for Sustainable Development. London: Geographical Association, 2001.

② Adner R. Match your innovation strategy to your innovation ecosystem. Harvard Business Review, 2006, 84(4): 98-107.

③ 李福, 曾国屏. 创新生态系统的健康内涵及其评估分析. 软科学, 2015, (9): 1-4.

个因素的作用：抵抗力(resistance)、恢复力(resilience)和功能冗余(functional redundancy)[①]。其中，抵抗力是抵抗外界干扰的能力；恢复力是生态系统被破坏后恢复到原来状态的能力；功能冗余是指一种以上的要素具有执行同一功能的能力。此外，竞争和反馈机制也是生态系统稳定性的重要因素。当创新生态系统处于稳定状态时即呈现出系统的平衡性。

(7)层次性。创新生态系统是一个包含着一定地区和范围的空间概念，同样，创新生态系统也是一个与特定区域空间相关的术语，它可以从不同的视角进行描述。视角可以是宏观的，如全球创新生态系统(global innovation ecosystem)、国家创新生态系统(national innovation ecosystem)；也可以是中观的，如区域创新生态系统(regional innovation ecosystem)、产业创新生态系统(industry innovation ecosystem)；甚至可以是微观的，如企业创新生态系统(enterprise innovation ecosystem)。

创新生态系统是一个动态发展的概念。近年来，许多国家和地区都在探索运用“创新生态系统”的理念和理论审视自身的创新状态，并使用其方法改革自身以提升区域的创新能力。2003～2004年，美国总统科技顾问委员会先后发表的《构建国家创新生态系统，信息技术制造业和竞争力》和《维持国家创新生态系统：保持科技竞争力》[②]，两份研究报告指出美国的经济繁荣和在全球经济中的领导地位得益于一个强大的创新生态系统；美国要继续维持技术、经济的领先地位，继续提高人民的生活水准，继续成为创新型和技术型领导国家，同样还取决于这个创新生态系统的活力和动态演化情况。日本《创新25战略》、印度政府报告、荷兰的创新生态系统评估等竞相实施；2011年，中国科学技术部以“创新生态系统”为主题举办“创新圆桌会议”；2012

① Allison S D, Martiy B H. Resistance, resilience, and redundancy in microbial communities. Proceedings of the National Academy of Sciences of the United States of America, 2008, 105(32): 11512-11519.

② 朱学彦，吴颖颖. 创新生态系统：动因、内涵与演化机制. 第十届中国科技政策与管理学术论文集，2014, 12: 1-8.

年“浦江创新论坛”以“产业变革与创新生态”为主题展开深入讨论；同年，深圳市人民政府工作报告中首次提出了构建充满活力的创新生态体系。可见，在全球范围内掀起了对创新生态系统内涵的深入研究和积极的实践探索。

案例 3-1　创新生态体系影响诺基亚的兴衰

20 世纪 90 年代中后期开始，“诺基亚(Nokia)”，这个从纸浆制造业起家的芬兰百年老店几乎成为手机制造业的代名词，其产品以坚固、耐用、性能稳定、质量可靠等优良品质长期高居手机品牌的首位，连续 17 年居世界手机市场占有率第一名，2003～2007 年诺基亚在全球手机市场占有率为 72.8%，当时，全芬兰 1%的人口在诺基亚上班，每年为国家贡献 GDP 高达 1.5%。

随后的几年，诺基亚在世界手机市场却呈现出惊人的下滑趋势。目前，诺基亚在智能手机市场的销售远远落后于苹果 iphone(ios 体系)和三星手机(Android 体系)，2012 年第三季度亏损达到 9.69 亿欧元，诺基亚甚至以 1.7 亿欧元的价格卖掉了总部大楼，改为租用。诺基亚总裁说，诺基亚已经像一个“燃烧的平台”，毁灭性的熊熊之火正以不可阻挡之势蔓延而来。

2007 年，当苹果公司试图进入手机市场的时候，诺基亚风头正盛，但是乔布斯并没有试图创造一种比 N95(Symbian 体系)质量更好、价格更便宜的手机去抢占诺基亚市场，而是重新定义了手机，将音乐、游戏、图片、视频、互联网搜索、社区交流等功能揉进了手机，大大扩展了手机的功能，使之成为融合互联网、通信网和广播电视网的“移动终端”。

这个改变的实质在于，苹果缔造了一个以 ios 技术标准为平台，以 iPhone 为终端的多个创新主体共生共赢的生态体系。也就是说，当诺基亚的高层将思维局限在 2G 时代打电话、发短信等传统通信业务的时候，乔布斯已经悄然创建了完全不同的手机生态体系。受此启发，全世界的手机制造商纷纷转变思路，合纵连横，参与到创建各种新型生态体系中来。结果是，除了 ios 体系外，Android 体系也成为影响手机产业的一只关键力量，诺基亚的 Symbian 体系已经变得无足轻重。诺基亚的失败在于对移动互联时代的手机及其生态体系的演化趋势的认识不够深刻。

这个案例再次说明一个道理：企业创新的成败越来越依赖于其所在的生态体系，企业之间的竞争演变为其生态体系之争。一旦一种生态体系在市场上占据主流，其影响将极为深远，相关的生产者和消费者将极有可能对该体系形成某种依赖。在不同生态体系的激烈竞争中，单个企业的创新能力将受到很大影响。而生态体系之争绝不仅是单个企业产品的发明创造、质量及竞争力的问题，其背后涉及产业的技术标准、商业模式、专利锁定、上下游产业互动、消费者体验、品牌忠诚度等相关因素。

3.2 创新生态的本质和分类

3.2.1 创新生态的本质

创新是一项只有开始没有结束的事业。例如，成立于 1881 年的柯达公司是世界上最大的影像产品及相关服务的生产和供应商，总部位于美国纽约州罗切斯特市，是一家在纽约证券交易所挂牌的上市公司，其业务曾遍布 150 多个国家和地区，全球员工约 8 万人。多年来，柯达公司在影像拍摄、分享、输出和显示领域一直处于世界领先地位，一百多年来帮助无数人留住美好回忆、交流重要信息及享受娱乐时光。但是随着数码技术的崛起和快速发展，柯达公司却于 2012 年 1 月 19 日申请了破产保护。究其原因主要是：首先，柯达公司长期依赖相对落后的传统胶片部门，而对于数字科技给予传统影像部门的冲击，反应迟钝。其次，管理层作风偏于保守，满足于传统胶片产品的市场份额和垄断地位，缺乏对市场的前瞻性分析，没有及时调整公司经营战略重心和部门结构，决策犹豫不决，错失良机。这样的一家以创新起家的公司，最后却输在了产品创新、管理创新上，没有形成良好的创新生态体系。

尽管创新生态体系的概念主要来自对自然生态特征的理解，但它毕竟是人类经济社会中的一种体系，它除了具备自然生态的主要共性特点之外，还应具备自身独特的若干本质特点。本书认为，创新生态的本质就在于不同创新要素之间的互动与共生。具体分析如下。

(1) 本质上反映了不同创新要素之间的接近、互动与共生。创新生态体系是一种创新主体之间的接近、联系和凝聚关系。这种联系和凝聚不仅表现在地理上的相近性，而且还表现在文化、经济、产业、人员和技术上的互动和交流方面。尤其是随着互联网通信技术的迅猛发展，创新生态体系的凝聚和联系越来越虚拟化和网络化[①]。

(2) 实质上代表了一种超越市场的交流、合作和文化关系。生态体系内部的创新主体之间不是一种单纯的市场买卖交易关系，而是基于对未来的共同利益期望形成的一种长期信任互利关系，体系内部往往形成了具有共同语言、共同行为模式和相互包容的文化，使得交易成本大大降低。因此，这种介于科层组织和市场关系之间的生态体系具有独特的竞争优势。

(3) 总体上依靠网络效应、互动和互补效益关系。创新主体之间长期相伴、相互依赖和共生共赢是形成生态系统的关键特征，它尤其强调系统整体的效率和价值，目的是期望系统的整体竞争力大于单个组织子系统之和。健康的创新生态体系有利于物种的繁衍，可提高整个体系的抗风险能力，为单个组织创造了更大的增值空间。创新生态体系的结构往往由创新平台和互补性模块组成，技术标准界面是创新主体合作的接口，创新平台的命运取决于互补性产品和模块的数量，数

① 吴金希. 创新生态体系的内涵、特征及其政策含义. 科学学研究, 2014, 32(1): 44-51+91.

量越多，其价值越大，平台越牢固。在这里，规模经济和范围经济让位于网络效应和共同专业化利益①。

(4)整体上强调专业化合作、共赢及存在路径依赖倾向。创新生态体系强调共同的专业化密切合作，主体之间形成一种共生共赢和依赖关系，这种依赖关系一旦形成，生态体系必然会对其中的个体有某种程度的锁定效应和制约效应，它是对组织灵活性的一种自主限制，因此创新生态体系对某一个个体而言，既是一种机遇，又是一种挑战②。

在科普过程中，创新要素之间的互动、接触、交流、促进、提高非常重要，创新要素之间互动越频繁、共生关系越紧密，说明创新过程越有效率，越促进科普的有效进行。不同创新主体之间的互动性越多，相互理念越便于接受，科技成果越多、越显著。

3.2.2 创新生态的分类

要深入理解创新生态的本质，还应掌握创新生态的分类。根据上述定义和特征，可以将创新生态体系按照不同的标准加以分类。

(1)根据创新要素之间共性的不同分类。共性创新要素有很多，如人才、文化、技术标准等，根据创新要素之间共性的不同分为区域性创新生态体系和产业创新生态体系(技术创新生态体系，或者产品创新生态体系)。有些要素具有区域依赖性，难以流动，如区域性文化习俗、基础设施等，以此为基础而形成的创新生态体系，可以称为区域性创新生态体系，如丰田体系、硅谷体系等。有些要素不依赖于区域而存在，典型的如技术体系、市场需求、科技人才等，尤其是在新兴技术产业领域，其技术和市场往往都是全球性的，以此为基础形成的创新生态体系并不在地理上聚集，它们的联系和互动不依赖于有形的空间，基于ICT技术的虚拟空间更普遍，因此可以称之为产业创新生态体系、技术创新生态体系或者产品创新生态体系。例如，微软公司形成的软

① Teece D J. Explicating dynamic capabilities：the nature and microfoundations of(sustainable) enterprise performance. Strategic management journal，2007，28(13)：1319-1350.

② 吴金希. 创新生态体系的内涵、特征及其政策含义. 科学学研究，2014，32(1)：44-51+91.

件业创新生态体系、谷歌公司的 Android 手机体系等。

(2) 根据创新主体互动特点的不同分类。创新生态经过相对长期的演化和互动关系，体系内部形成了一套具有特色的规则体系和行为习惯，甚至文化传统、创新主体之间形成了相对固定的角色和地位。有的互动关系能促进良性竞争与信任合作，而有的互动关系则往往破坏合作基础，使创新生态难以为继。创新生态体系中的核心角色往往对创新生态体系的发展具有决定性的影响。在吴金希的论文中，总结指出 Marco 和 Roy 根据核心角色的地位特点、互动形式、权力分配，将生态体系分为“网络核心型”“坐收渔利型”和“支配主宰型”三种类型[①]。另外，根据互动特征还可以将创新生态体系分为上下游配套协作型生态体系和多个竞争对手形成的生态体系，以及既有上下游产业、又有竞争对手的混合型创新生态体系等。

(3) 根据创新生态体系的稳定性和独特性分类。任何生态体系的稳定性和独特性都是相对来说的，可以根据其存续时间的长短将创新生态体系分为长期稳定生态体系和短期生态体系。例如，一些传统手工业或者文化创意产业，与当地的文化传统息息相关，相对稳定。而有些创新生态体系则因技术变化、资源枯竭或者互动模式不可持续导致维系时间较短。

总之，创新生态体系可以是地理空间，如硅谷创新生态体系；也可以是一种基于产业链和价值链的虚拟网络，如苹果公司的创新生态体系；也可以根据创新生态体系的开放程度，将其分为开放型创新生态体系和封闭型创新生态体系。创新生态体系越是开放型体系，其包容性越强，知识的标准化程度越高；相反，越是封闭型体系，其特色和独立性越强，体系内知识的隐性程度越高。相比较而言，从 iMac 体系到 iPhone 体系，乔布斯向来崇尚产品软硬件一体化创新，而 Android 体系则相对比较开放。当然，还有其他的分类标准，如从技术、经济

① 吴金希. 创新生态体系的内涵、特征及其政策含义. 科学学研究, 2014, 32(1): 44-51+91.

发展的态势来看，可以将生态体系分为引领型创新生态体系与追踪型创新生态体系。还可以根据是否有人为干扰因素，将创新生态体系分为自然生态型、规划型和拼凑型等，见表 3-1。

表 3-1　创新生态体系的若干分类统计表

序号	分类标准	不同的创新生态体系
1	共性要素特点	地理区域型、全球虚拟型 产业型、产品型、市场型
2	角色互动特点	网络核心型、坐收渔利型、支配主宰型 配套型、竞争型、混合型
3	稳定性与独特性	长期稳定型、短期合作型 封闭型、开放型
4	其他	引领型、追赶型 自然生态型、规划型、拼凑型

资料来源：吴金希. 创新生态体系的内涵、特征及其政策含义. 科学学研究，2014，32(1)：44-51+91。

案例 3-2　科普让靠谱的项目找到靠谱的钱

经常用手机软件打车的人一定对“嘀嘀打车”非常熟悉。这款 2015 年 9 月上线的软件，2016 年已占到国内打车应用软件市场的 6 成。帮助“嘀嘀打车”迈出创业第一步的网络平台叫作“天使汇”，是一家天使投资众筹网站，创业者可以在网站上发布创业计划，普及项目相关知识和技术性能，让投资者很快了解项目的技术后，愿意投资和愿意购买股权。2015 年，“嘀嘀打车”在这一平台上完成了 1500 万元[①]的融资。

“天使汇”的口号是让靠谱的项目找到靠谱的钱，这中间需要它们在了解项目技术的基础上，做大量的科普工作，让投资人很快了解项目的技术性能，从而促成技术所有人和投资者的快速合作。它是一个帮助初创企业迅速找到天使投资，帮助天使投资人认识、了解和发现优质初创项目的互联网投融资平台。它的主要职能是通俗地向投资

① 天使汇：网络股权众筹扮演创业“红娘”.（2013-10-25）[2013-10-25]. http://jjckb.xinhuanet.com/2013-10/25/content_472696.htm.

人普及项目技术问题，解决双方在技术认知上的偏差和沟通难点，撮合投资人与创业者融资合作痛点，让好的想法迅速变成现实，让融资变得快速简单。

作为中关村互联网金融的代表性企业，“天使汇”自 2011 年 11 月 11 日正式上线运营以来，通过认证的天使投资人达 700 余人，登记的创业者 22000 多个，登记的项目 7000 多个，被审核通过可进行信息披露的项目有 900 多个，完成融资的项目 70 多个，其中 14%的项目有创新发明意义，技术先进且具有市场潜力，融资规模达 2 亿多元，逾八成项目的融资额在 100 万～500 万元[①]。

未来，除了科技领域，天使汇将更多关注转型升级的传统产业，如线下零售业、服务业和连锁业，帮助这些小微企业了解相关领域的最新科学知识、专业科学技术发展状况，通过提升其科技创新能力来提升融资能力，同时，使其在平台迅速完成融资。可以说，众创空间在介绍科技知识、推广科学技术、倡导最新科学方法、传播现代科学思想和弘扬科学精神五个方面都得到了具体体现。

可以说，创业过程体现了创新生态的本质。例如，毛大庆把创业过程分解成 12 件有机联系的主要事件，包括创业想法、完成方案、筹集资金、招募伙伴、注册公司、财务管理、行政管理、租赁场地、设计产品、开发产品、产品上线、宣传推广。通过提供租赁场地和财务行政管理等服务，“优客工场”收取一定费用。创业者一旦遭遇方案重调，现金流断裂，核心员工离职等风险，上述投资人和导师也将提供战略指导及资金支持。众创空间通过利用互联网等技术使创业边际成本降低，促进更多创业者加入；新型创业孵化机构在提供投资、路演、交流、推广、培训、辅导等增值创业服务的同时，天使投资、创业投资、互联网金融也迅速聚集；创业主体逐渐由小众精英转变为“草根”大众；创新创业已经形成了一种价值导向、生活方式和时代气息；

---

① 牛禄青. 天使汇：超越投融资.（2013-10-31）[2013-10-31]. http://daokan.drcnet.com.cn/Content.aspx?chnid=198&docid=3955&1eafid=1583.

网络信息平台缩短了创业者和用户的距离，加快了创新的步伐等。众创空间有力地支持、支撑创新创业活动，提高了创业的成功率。众创空间的一系列价值服务体现了创新生态体系要素的组织和功能。

案例 3-3　高端科研资源科普化，培育创新生态体系

截至 2017 年底，北京市大学、科研机构共向社会开放 569 个，比“十一五”期间增加了 190%。推动中国科学院实施“高端科研资源科普化”计划，开放植物园、博物馆、实验室、大科学装置，年接待社会公众近百万人次。以北京大学、清华大学为代表的高校科普基地面向公众开展多层次、多类型的科普活动，年受益人数超过 20 万人次。中关村国家自主创新示范区展示中心累计接待全国各级领导及海外来宾 3500 余批次，参观人次超过 16.7 万人次。

2017 年第二季“中关村创客汇”活动，通过举办人工智能、智慧城市、智慧医疗、智慧生活 4 场路演活动，展示了中关村企业在无人机、智能机器人、新材料、车载语音、人工智能等多个领域的高精尖前沿成果，有 16 家企业参与了路演活动，吸引观众 5000 人，为社会公众带来了一场最新“黑科技”的盛宴。

科技企业孵化器、大学科技园、留学人员创业园、众创空间等创业孵化服务平台开展专业服务能力培训和业务交流活动，促进高端科普资源向全社会开放共享。高校院所、企事业单位、驻京部队的大科学装置、重点实验室、工程实验室、工程(技术)研究中心及重大科技基础设施采用“公众开放日”等形式，面向社会公众开展科普活动。

北京市大学、科研机构在开放高端科普资源的过程中，社会各界都参与了高端科普活动，广大普通民众和具有各类专长的各类企事业组织机构人员在这里相聚。聚集就有机会促成普通民众、科研人员、科技机构、投资机构和各类基金组织等之间的有效沟通及产生合作的可能。也就是说，科普大众在这里获得科技知识的同时，有机会通过

新掌握的科技知识，进一步产生新的科学知识和科技成果，并可能通过不同主体的积极互动，不同人员的近距离交流和沟通，促成科技人员和投资人的进一步合作，进而形成共生共赢的创新创业体系。

3.3　创新生态的结构

创新生态体系强调创新体系的自组织性、多样性、平衡性及共生性。创新生态体系的创新要素的构成对创新生态的结构及功能具有重要影响。围绕着创新主体企业和其创新生态中的主角地位，创新生态体系应包含以下主要创新子系统：知识创新系统、技术创新系统、创新创业系统和创新环境要素。

3.3.1　知识创新系统

知识创新是指通过科学研究，包括基础研究和应用研究，获得新的基础科学和技术科学知识的过程。知识创新的目的是追求新发现、探索新规律、创立新学说、创造新方法、积累新知识。知识创新是技术创新的基础，是新技术和新发明的源泉，是促进科技进步和经济增长的革命性力量。知识创新为人类认识世界、改造世界提供新理论和新方法，为人类文明进步和社会发展提供不竭的动力。因此，知识创新系统是创新生态体系的基础和核心。

知识创新系统是包含知识产生、创造和应用的统一体，知识创新系统的主要功能是知识的生产、传播和转移；是一个通过追求新发现、探索新规律及积累新知识，实现创造知识附加值、谋取竞争优势的系统。这一系统不仅包含新产品的研究开发与新工艺的创造应用及管理模式、组织机制调整等诸多方面，还包含复杂的商业过程和组织过程。知识创新系统是国家创新体系中的子系统。知识创新系统是由与知识的生产、扩散和转移相关的机构和组织构成的网络系统。知识创新系统的核心是国家科研机构、部门科研机构和教学科研型大学，还包括其他高等教育机构、企业科研机构、政府部门和起支撑作用的基础设施等。

构建知识创新系统，关键是构建知识创新系统的三个方面：一是科学储备知识。知识储备是指一个国家可动用的知识总和，是一国国民所拥有的知识总量，是国家创新系统的环境基础。包括国民、企业、教育机构和科研机构所掌握的知识储备的总量，同时强调和重视知识的广度和深度。知识储备涉及国家的软能力和硬能力的建设，其中技术储备是国家竞争的硬能力，而文化储备是国家竞争的软能力。例如，我国目前的技术创新体系已经基本形成，而文化软实力的重构还未完成，我们不仅要注重创新文化环境的构建，还应注重创新文化体制的构建。二是构建知识网络，主要指知识的配置力。知识的配置力是指一个系统向创新者及时提供渠道，使其获得相关知识储备的能力。国家创新系统的知识配置力比知识的生产更为重要。与创新有关的知识配置包括知识在大学、研究机构和产业界之间的配置，知识在市场内部及在供应者和使用者之间的配置，知识的再利用和知识的组合，知识在分散的研究开发项目之间的配置及军民两用知识的开发。国家创新系统的知识配置力影响其从事创新活动的风险性的大小、获得知识的速度及社会资源重复浪费的程度。系统的知识配置力是国家创新系统效率的重要衡量指标，是经济增长和竞争的决定性因素。三是提高知识使用效率。知识储备总量在一定时期内是不容易改变的，具有一定的稳定性，创新竞争能力的关键是知识配置效率的不同。政府政策制度的刺激目标就是确保提供知识配置渠道的畅通、提高创新效率和降低创新风险。

3.3.2 技术创新系统

技术创新是指生产技术的创新，包括开发新技术，或者将已有技术进行应用创新。科学是技术之源，技术是产业之源，技术创新建立在科学知识和科学道理发现的基础之上，而产业创新主要建立在技术创新的基础之上。因此，技术创新是创新生态的重要组成部分和关键部分。重大的技术创新会导致社会经济系统发生根本性转变。

技术创新和产品创新有着密切的关系，但二者又有所区别。技术创新可能带来但并非一定会带来产品创新，产品创新可能需要但并非一定需要技术创新。一般来说，运用同样的技术可以生产不同的产品，生产同样的产品也可以采用不同的技术。产品创新侧重于商业和设计行为，具有成果的特征，因而具有更外在的表现；技术创新具有过程性的特征，往往表现得更加内在，具有内在的特质性。产品创新可能包含技术创新的成分，还可能包含商业创新和设计创新的成分。技术创新可能并不一定会带来产品的改变，而有可能带来成本的降低、效率的提高。例如，改善生产工艺、优化作业过程从而减少资源消费、能源消耗、人工耗费或者提高作业速度。另外，新技术的诞生，往往可以带来全新的产品，技术研发往往对应产品或者着眼于产品创新；而新的产品构想，往往需要新的技术才能实现。

技术创新是一个从产生新产品或新工艺的设想到市场应用的完整过程，它包括新设想的产生、研究、开发、试验、商业化生产到扩散这样一系列活动，本质上是一个科技、经济一体化协同演进的过程，是技术进步与应用协同创新作用催生的新产物，它包括技术开发和技术应用这两大环节。技术创新分为独立创新、合作创新、引进再创新三种模式。企业技术能力的演化和技术创新模式的升级，是引进—消化吸收—再创新的重要特征。技术能力按照演化维度可分为技术仿制、创造性模仿和自主创新三个阶段，技术创新模式取决于技术能力，要与之相适应才能取得最佳的创新效益，按照技术创新的自主程度从低到高可分为简单仿制、模仿创新及自主创新三种层次。企业引进—消化吸收—再创新，实质上是技术能力和技术创新模式匹配关系形态不断演进的过程。总之，技术创新是创新生态体系不可或缺的重要部分。

3.3.3　创新创业系统

从字面意思来看，创新是指创造出某种新东西，其必须具有初次出现的全新性，并对社会产生价值，或者说，是从产生创意到形成新产品的过程。通常认为，创新是指以现有的知识和物质为基础，在特定的环境中，改进或创造新的事物(包括但不限于各种方法、元素、路径、环境等)，并能获得一定有益效果的行为。熊彼特出版的《经济发展概论》中提出，“创新”就是“建立一种新的生产函数”，是指把一种新的生产要素和生产条件的“新结合”引入生产体系，是企业家实行对生产要素的新的组合。它包括五种情况：新产品、新生产方法、新市场、原材料或半成品的一种新的供应来源和新组织形式[①]。熊彼特的创新概念包含的范围很广，如涉及技术性变化创新及非技术性变化的组织创新。1982 年，弗里德曼提出，创新不仅仅是思想，而且要将新的思想转化到生产中、投入产品的开发和运用中，是把技术运用到商业中去，产生一定的效益；他还指出技术创新就是新产品、新过程、新系统和新服务的首次商业性转化[②]。1985 年，被誉为“现代管理之父”的彼得·德鲁克发展了创新理论。他提出，任何使现有资源的财富创造潜力发生改变的行为，都可以称为创新。彼得·德鲁克主张，创新不仅仅是创造，也并非一定是技术上的，一项创新的考验并不在于它的新奇性和科学内涵，而在于推出市场后的成功程度，也就是能否为大众创造出新的价值。

创业是一个过程。追求市场机会和获得经济效益是创业的核心内涵。创业就是一个发现和捕获机会并由此创造出新的产品、服务或实现其潜在价值的过程。有人认为，创业就是创立基业或创办事业，就是自主地创造业绩与成就，是有创新精神、能吃苦耐劳的人，通过整合人力、物力、财力资源，捕捉市场商机，并把商机转化为盈利模式的过程。创业有广义和狭义之分。狭义的创业是指创业者的生产经营活动，主要是开创个体企业、小家庭实业或家族企业。而广义的创业是指创业者创建合伙制和公司制企业的各项创业实践活动。广义的创

---

① Bamowe J T. Leadership and performance outcomes in research organizations. Organizational Behavior and Human Performance, 1975, 14: 264-280。

② 弗里德曼. 工业创新经济学. 华宏勋译. 北京: 北京大学出版社, 2004.

业和狭义的创业共同构成国家创新大业的基础。创业是一种态度，是一种精神，也是一种人生体验。当创业者有了足够的经历时就无异于积累了大量的财富，在他以后的人生中，这种财富不会泯灭，并会为指导他取得胜利的方向。

我国目前与创新创业最密切的词是众创空间，它在我国受到密切关注具有重要的原因：一是在经济新常态下，我国传统行业普遍处于低迷状态，迫切需求启动经济转型和结构调整，而实践表明，依托众创空间的平台能够较快速地实现快速转型；二是在股权投资时代，众创空间就像是一架项目搜索器，可以较快速精准地发现创业新项目，挖掘创业新团队，从而开展创业股权投资、经济实体并购等活动，是实施创新和转型的重要渠道。可以预期，在不久的将来，一批颇具实力的企业和企业家将从众创空间走出，并不断开拓我国经济的新增长点。

3.3.4 创新环境要素

创新环境的概念最早是由欧洲区域经济研究学派的创新环境研究小组提出的，该概念主要强调产业区内的创新主体和集体效率及创新行为所产生的协同作用。创新环境要素主要包括：完善的法律法规保障体系、发达的科技企业融资体系、合理的政府科研投入体系和高效的国家层创新生态体系等，具体分析如下所述。

1. 完善的法律法规保障体系

为了提高国家产业竞争力和国家科技实力，保护科研合作各方的权益，发达国家制定了大量的与科技创新有关的法律法规，并根据创新环境和形势的变化不断地进行完善和修订，逐步形成了目前世界上最完备的科技创新法律体系，为发达国家科技事业的发展营造了良好的法律环境。例如，科技创新实力最强的美国就非常重视科技立法工作，主要有两项科技立法法案，即 1982 年的《小企业技术创新进步法》和 1992 年的《小企业技术转移法》，这两部法案法律对于鼓励美国的中小企业科技创新发挥了积极的促进作用。《小企业技术创新进步法》

的主要目的是要积极利用中小企业的技术力量来满足联邦政府研究开发工作及商业市场的需要，旨在强化社会各界在联邦政府研究成果商品化过程中发挥各自应有的作用；而《小企业技术转移法》则是积极资助小型企业和大学、联邦政府资助的研发中心或非营利研究机构共同参与各类合作研发项目的法律。此外，美国1988年出台的《综合贸易与竞争力法》也是加强企业间科学技术转移、提高企业竞争力的一项重要措施。根据该法案的规定，政府设立了美国科技标准与技术研究院，组织各类研究机构和企业共同实施先进技术计划；设立了区域制造技术转移中心，创立了制造业发展合作计划，向中小企业推广应用政府资助的制造技术项目。此外，还应构建健全的科技政策支撑体系。政府有责任和义务大力支持科技创新，促进科学技术为国家利益服务，同时，充分利用市场机制，引导私人资本参与科技创新活动，推动科技成果产业化，避免政府直接介入应用和技术开发研究。在美国国家发展战略中，科技创新政策一直占据着重要位置。

2. 发达的科技企业融资体系

为了促进中小企业的科技成果快速转化，发达国家都积极构筑本国发达的科技企业融资体系。例如，美国为中小企业构筑了多种多样的融资渠道，资金融资渠道结构合理，而且设立了专门的政府部门和政策性金融机构为科技型中小企业提供融资服务。例如，为了调动金融机构支持小企业科技成果转化的积极性，同时减少金融机构的贷款风险，美国联邦政府小企业管理局(Small Business Administration，SBA)为一些金融机构认为贷款风险较大的小企业提供金融贷款担保，并按担保金额收取较低的、一定比例的担保费；同时，发展各类创业风险投资公司，积极拓展中小企业的融资渠道；通过贷款、利率、财政补贴等多种政策手段为科技型中小企业的发展提供支持；直接融资渠道极为畅通，如科技企业可以到纳斯达克(NASDAQ)、纽约证券交易所进行融资等。

3. 合理的政府科研投入体系

合理的政府科研投入体系也是创新环境的重要组成部分。例如，美国的科技创新活动体系虽然是以企业为主体，政府投入为辅，产学研相结合进行，但是，美国政府始终认为，政府投入虽然起到引导支持作用，但政府必须投入大量的研发资金来支持个别企业、科研机构或整个产业无法进行的探索性研究、实验项目和创新活动。政府的这种直接资助科技创新的措施不仅有助于私营企业和科研机构产生新知识、开发新技术、保证科研活动的连续性，而且这种知识和技术最终也能使企业在商业上获得成功，从而增强美国的科技实力和国家竞争力，增加就业和改善人民生活，有助于政府实现目标。

4. 高效的国家层创新生态体系

目前，中国的创新生态体系过多地依赖政府构建的“人工生态”，而不是依托市场自发形成的“自然生态”，“人为”因素过多，“自然属性”过少，其结果使我国的创新生态体系显得比较脆弱，很难持续稳定健康地发展，这需要进一步地改革，进而提高创新生态体系的质量和内涵①。要着力完善科技创新的法律保障体系和融资支撑体制。当前最急迫的是要花大力气完善科技创新的法律保障体系和融资体制。一是要认真研究和完善科技创新的法律保障体系，现阶段重点是完善符合中国特点的知识产权制度。现代经济学认为：私人产权是市场竞争有效运行的基础。发挥市场的主导作用需要对私人产权进行完善保护，需要产权明晰。市场主要反映的是价格机制，而产权是价格机制产生有效激励的制度基础。美国完善的专利制度为美国科技政策的高效和成功，奠定和贡献了重要力量。产权明晰是任何形式经济体有效增长的前提和必要条件，尤其是对于外部性存在极高的科技领域。二是构建和完善针对各类科技型企业不同特点的融资体系。目前我国的技术成

① 朱军浩. 何为创新生态系统？美国的创新生态系统及启示. 华东科技, 2014, (11): 66-69.

果主要是国家政府相关部门科技投入研究的成果，因此，在进入私人企业时，通过合理的价格，加强技术专利权的快速转移是一个比较纠结的问题。长期的科技成果转化历史证明，国家所有或国有化方式的科技产权在市场经济中难以对产生运营者高效或足够的激励，而科技成果低价转让给私人企业又存在转让对象选择较难的问题。因而，与其让政府自身拥有产权研发，不如实行完善的投融资体制，让企业自己研发和拥有科技成果，即让企业自己按照市场导向进行科技产品的研发和生产。

任何生态体系都不是孤立存在的，都与其所处的自然环境、人文环境及虚拟环境紧密相连。因此，与环境融合能力是评价生态体系的重要标准，越是能与环境和谐相处的生态体系，往往越具有更强的价值增值能力和可持续发展能力①。例如，在20世纪70年代以后，硅谷之所以超越美国东部传统高技术园区，成为全球高科技的创新热土，奥妙就在于硅谷形成了一种基于当地人文环境的独特的创新生态体系，其成了硅谷创新精神的栖息地②。硅谷人文环境的主要特点就是开拓进取、创新创业、不怕失败、包容失败、改变世界、引领未来，无论是乔布斯，还是比尔·休伊特和戴维·帕卡德，他们身上都体现了这种持续创新的精神，虽然其均出身于“草根”贫民，但是都有着改变世界的使命感。几十年来，世界各地都希望模仿硅谷，通过人为力量和政府政策来创造一种类似硅谷的生态创新体系。例如，创建研究型大学、引进风险投资、以优越的条件吸引人才和技术等。但是，如果宏观人文环境不改变，缺乏创新文化精神，硅谷创新模式很难移植成功，硅谷创新生态体系的成功是与当地的文化环境密不可分的③。

综上所述，21世纪初以来的创新发生了很大的变化，企业、政府、中介组织、教育、科技、经济等之间需要建立一种新型的关系，形成一个适应新世纪发展要求的创新生态。持续进化的、运行良好的和推陈出新的国家创新生态，正在被广泛地认同为一个国家获得持续竞争

① 黄鲁成. 区域技术创新系统研究：生态学的思考. 科学学研究, 2003, 21(2): 215-219.

② 李钟文. 硅谷优势: 创新与创业精神的栖息地. 北京: 人民出版社, 2002.

③ 吴金希. 创新文化: 国际比较与启示意义. 清华大学学报, 2012, 5(27): 151-158.

优势的关键所在，其中，系统中人的整体创新素质、知识和技术创新能力、创新创业素养、社会承受风险的能力，以及能否提供满足未来创新需求的基础设施和组织机制是其中的关键因素。创新生态体系的不断发展，主要由科技进步、世界经济一体化、全球市场一体化、国际竞争激烈等因素驱动。其对创新理论研究、创新模式演进、创新型国家(城市)建设等产生了深远而广泛的影响。技术—经济范式的变革是物质技术基础和根本动因，在科技进步的动力结构下，科技与经济的交叉融合成为主导因素，在科技推动产业变革上，体现出制造技术智能化、生产组织网络化、价值创造服务化、能源产销分散化等重要发展趋势；技术—经济范式转换的新动向，促使创新的系统范式从工程化、机械型走向生态化、有机型[①]。总之，创新生态系统在形成过程中，生态体系的各子系统——知识创新系统、技术创新系统、创新创业系统和创新环境要素的有序形成对创新生态体系的构建具有举足轻重的作用，其中不同行动者之间的交互作用和相互关系处于变化之中。新政策的制定和制度变化可以帮助创新生态体系满足新需求的方式生长。公共政策和创新文化可以通过加强生态体系内各要素的联系来促进创新。

案例 3-4　创客总部：为创客构建创新生态

创客总部是由北京大学校友、联想之星创业联盟成员企业于 2013 年 12 月 22 日发起的移动互联和互联网金融孵化器。创客总部位于上地中关村创业大厦，专业化地为创业者提供办公场地、业务对接和天使投资等良好的环境，首创“靠谱协同创业圈”的理念，创立了“业务对接+组合投资”协同创业孵化模式，立志于快速促进创业者的能力成长和业务发展，孵化革命性的互联网应用，成为全国最专业的移动互联创意孵化器和国内最有影响力的移动互联网产业聚居区，从而为

① 朱学彦，吴颖颖. 创新生态系统：动因、内涵与演化机制. 第十届中国科技政策与管理学术年会论文集, 2014, 12: 1-8.

推动我国产业升级提供良好的环境。

鉴于多数孵化器以场地出租为主，缺乏对孵化企业核心能力——知识创新、技术创新和创新创业的支持和服务。同时，由于人才、市场和资金等创新要素难题，创业者靠单打独斗往往前途渺茫。创客总部独创了“业务对接+组合投资”协同创业孵化模式，简称301模式，即零成本创业、三度人脉发展、一个杠杆创富。“零成本创业”指创客总部和北京海淀区留学人员创业园合作的近2000平方米孵化场地，为了满足多元化办公需求，不但有开放式办公工位、私享小空间、独立办公区，还提供免费工位帮助创业者零成本创业。三度人脉发展指创客总部将建立对接平台聚合上下游企业形成靠谱合作圈，创客总部入孵企业希望和哪个机构或个人合作，在这个平台上最多通过一个人就能找到对方，比社会上常见的六度人脉更高效、更诚信、通过协同发展更快。一个杠杆创富指创客总部不但有自己的创客基金，同时还联合联想之星等其他天使、VC和PE投资机构，根据入孵企业情况组合投资，目的就是让创业者尽快做大做强[①]。可以说，创客总部为创客构建了适宜生存和发展的创新创业生态体系。

创客总部将专注困扰移动互联网创业企业的人才、市场、资本等关键要素，致力于搭建创业者、投资人、产业链上下游机构的合作交流平台，重点聚焦产业链服务，通过六大领域微信群和每月20多场线下沙龙、对接会，帮助创业团队解决产品、人才、市场、资金等创新创业要素问题。

创客总部开展各种知识创新、技术创新和创新创业活动，让创客们形成创新生态体系。创客总部搭建线下提供深度服务、线上撮合合作的O2O业务对接平台，积极整合了中国移动、中国电信、豌豆荚、诺基亚、淘宝、京东、康佳、海尔等核心资源为入孵企业所用，建立机制鼓励入孵企业之间开展各种合作、同时建立靠谱指数

① 创客总部零成本协同创业孵化下一个移动互联网爆发点.（2013-12-23）[2013-12-23]. http://act.youth.cn/zhhd/201312/t20131223_4426390.html.

鼓励诚信协作、提高协作效果、聚合越来越多优质企业。创客总部除了紧锣密鼓地成立自有的创客基金外，还联合联想之星、虎童基金等投资机构形成资金、资源合力共同投资入孵企业，促进区域创新创业的持续发展。

创客总部开展了大量的线下活动，把很多孵化服务整合植入其中，包括创客沙龙、创客乐活、投资问道、创客私董会、主题聚餐等活动，像“投资问道”“创客私董会”“主题聚餐”这些活动都是定期小范围的受邀制，行业、深度、定制是这些活动的特色标签。不少入孵企业通过参加这些活动，或者获得了发展思路、产业资源人脉，或者调整确定了业务模式，极大地推动并提升了创业者的创新创业能力及创业项目的业务和商业价值。

创客总部通过对区域知识创新、技术创新和创新创业的支持和服务，获得了社会各界的大力支持和认可，被中关村科技园区管理委员会认定为“创新型孵化器”，获得了北京市科学技术委员会首批授牌“众创空间”。

案例 3-5　极地国际创新中心：为入驻团队构筑创新创业平台

极地国际创新中心(简称极地)成立于 2012 年，位于北京市朝阳区酒仙桥路 4 号 751D-Park 时尚设计广场的 A9-1 楼，面积为 13000 平方米，建有不同格局、不同面积的房间。极地是由天使投资人冯芳、动点科技创始人卢刚、APEC 青年企业家峰会联合发起人张鹏联合创立的协同创新孵化器。3 位创办者志同道合，决议把极地打造成在“文化+科技”领域最具活力的创新创业平台。极地致力于构建科技和文化融合的跨界创新创业平台，首创了“大数据驱动创新创业”模式。

“极”一字蕴含着 3 位创办者的共同理想，有四层含义：第一，“极”代表对极客精神的崇尚，期望在极地培育“一日为极客、终生为极客”的极客文化，帮助更多极客实现创新梦想；第二，“极”代表一种磁力，希望极地能把越来越多的投资人、创业者和企业家们吸引到一起，成为充满激情的创业圣地；第三，“极”代表一种极致，希望在751这个充满艺术气息、远离城市喧嚣和浮躁的地方，营造开放清新、宁静致远的创业环境，激发出更多令人惊艳的创新火花；第四，“极”也代表一种国际化，希望极地能成为国际创业生态圈的重要一员。极地引进欧美成熟的“协同办公模式”和硅谷文化与精神，以科技创新和文化创新为核心，致力于构建中国第一跨界创新创业平台，深耕创新创业领域，塑造创新创业价值观，激发创新灵感、新活力，传播创新智慧与理念，创造社会责任，体现伙伴价值，实现多赢共赢，与自主创新事业伙伴共同发展。

极地主要提供的服务包括孵化场地、创业发展顾问、发展战略咨询、融资咨询、股权投资、新三板挂牌、私募债发行、主板及创业板上市、收购与并购、国际渠道支持、品牌管理、法律咨询、扶持基金申请、行政及财务等创新创业服务。

极地为创业者提供现代自由的商务办公空间，将企业孵化、办公、活动及配套商业融为一体，定期组织各种规模、内容各异的会议会展和内容丰富、形式灵活的沙龙、讲座、培训活动；提供长期沟通交流与互动的平台，为投资人和投资机构选择和推荐优质的投资对象；吸引天才与创新人才，发现优质团队，提供人才及项目的对接渠道；定期组织项目甄选，提供直接资金和服务支持。

从2012年年底成立到2013年12月21日正式开放，短短一年时间就成为中国最火爆的智能硬件创新孵化平台“太火鸟”，国内最大的创意电商、前百度首席产品设计师郭宇创办的“加意新品”，备受青年求职者青睐的互联网垂直招聘网站“哪上班”……这些在业界迅速崛起的企业新锐，均出自一个摇篮——theNode极地国际创新中心。

自2013年12月21日正式对外开放以来，极地以创业者为核心，把握大众化创新、开放式创新的趋势，针对互联网环境下创新创业的特点，围绕创业“微笑曲线”两端需求开展服务，通过市场化机制、专业化服务及资本化途径，构建低成本、便利化、全要素、开放式的新型创业服务平台。

与其他众创空间相比，极地的主要特点是：第一，空间布局灵活。从苗圃区的一张桌子到 200 平方米的加速器，极地可以满足不同阶段的创业者对办公空间的需求。第二，服务方式新颖。极地整合了众创网络互动社区、众包协作管理、众筹和电子商务等各种线上资源，不仅提高了产品开发的精准度，而且能迅速实现第一批产品的预销或销售。第三，服务内容精准。极地从创业微笑曲线的两端出发，一方面经常组织包括极地风暴在内的各种创新论坛，汇集有价值的信息和资讯，让大家在交流、碰撞中激发创新灵感；另一方面，定期组织新品发布展示，加快新品的市场推广。此外，极地还组建了创始人俱乐部，加强创始人之间的横向联系；开办种子基金和投资人下午茶，以轻松愉快的方式，让投资人和创业者顺利对接。

极地见证了一个又一个创新创业项目的成长。以第一个入驻极地的“太火鸟”为例。由中国设计界资深人物雷海波等联合创办的“太火鸟”通过在极地的前期孵化，成立之初即获得真格基金徐小平、小米联合创始人黎万强、天使投资人童玮亮等多位著名投资人百万美元的联合天使投资，前不久又获得创新工场领投的千万元人民币的 A 轮融资。

随着创业小伙伴的迅速成长，极地也声名鹊起，入选北京市科学技术委员会授予的第一批“北京市众创空间”。

3.4　创新生态的功能

创新生态体系是企业创新活动的重要发展平台，其运行本质特征在于创新网络关联。在创新生态体系生存与发展的运行过程中，其根本动力在于其的着力点，而着力点包含推动创新、促进创业、要素互动、凝聚共生、营造环境五种发展功能，它们相互作用，共同促进创新生态体系的发展。

3.4.1 推动创新的功能

创新生态体系源于创新体系，是创新体系的高阶进化发展形态，具备创新体系所有的结构要素与功能特征。推动创新的功能是创新生态体系的核心功能。创新生态体系具有生态学的基本属性，用生态学的规律性方法有利于创新体系发现、解决原有体系存在的问题。因此，创新性是创新生态体系最本质的功能。

创新生态体系推动创新的能力强，体现在其价值增值能力强方面。人类的创新生态体系不同于自然生态体系，它是一种社会经济组织体系，是一个知识和技术的生产体系，因此，有很强的推动创新的功能与价值增值能力。即通过知识和技术的不断创新获得价值持续增值是整个创新生态体系的共同诉求和赖以存在的基本前提。因此，任何创新生态体系都必须形成合理的价值形成主张，形成足够的价值增值空间和对获得的价值进行合理分配，它反映了创新生态体系的竞争力和吸引力。

传统上，构建创新生态体系多以“工程学”理念研究其“输入”“输出”问题，重视资源配置的投入产出分析，系统中各个创新要素构成相对静态、边界清晰，要素间关系稳定，强调产学研协同及政府、企业、大学科研院所的“三螺旋”结构。依此判断和理解，各国各区域创新体系模型相对统一，政府主要提供研发投入、税收优惠、知识产权等框架性政策[①]。随着人们对“创新”本质的深入研究，逐步认识到系统中的创新要素及其相互之间的关系在持续变化，如要素存在着多样化和差异性，要素间具有动态、非线性的关系，并具备一套完整的系统机制。而“生态学”的相关理念恰好能深入地解释其中的作用机理，创新竞争力能否胜出，得益于创新生态体系的“差异之美”。

研究发现，在创新生态系统中，企业、大学院所和用户的“三螺旋”结构已经建立。无论是合作结构还是合作强度，以及如何达到合

① 朱学彦，吴颖颖. 创新生态系统：动因、内涵与演化机制. 第十届中国科技政策与管理学术年会论文集, 2014, 12: 1-8.

作关系的平衡点，各种创新要素“竞合共生”成为基本生存状态。

3.4.2　促进创业的功能

创新生态体系促进创业的功能，主要是指创新生态体系内部创新主体成员保持整体性持续增长的能力，这种功能体现出一定的创业组织能力，有利于创业的实现。促进创业的功能有利于确保创新生态体系的持续增长。促进创业的功能既是任何生态体系存在与发展的凝聚力和群聚力，又是对生态体系演化与演进规律的诠释。新时期、新环境下的创新网络或创新平台之所以称为创新生态体系，重要的原因就在于其具有生态体系的自我循环和促进创业，进而实现持续增长的能力。创新生态体系为各个创新经济成员形成一个完整性和整体性的创新环境、创新知识链和价值链，以其完整的创新知识和创新价值的供给与需求链条进行自组织、自循环演化，为生态体系内各个企业创业和成长营造更为广阔的繁殖空间。创新生态体系正是通过促进创业的功能将众多市场创新主体凝聚在一起形成一个无形的自组织自增长系统，有利于创业的实现，构成自我增殖与自我演化及内生性持续增长的动力。所以，创新生态体系的组织力既是对创新主体成员之间的创新知识、创新价值链条的总结，也是对创新生态体系自身整体综合运行状态的深刻反映，揭示了创新生态体系独立又相互依赖的生命演化规律的驱动力量[①]。

创新生态体系促进创业的功能体现在其健康发展程度高。一个健康的创新生态体系必然是一个能够不断演化、引领创新潮流和具备可持续竞争优势的体系。这样的体系往往大小企业并存，传统产业和新兴产业相得益彰。不仅大企业在相关产业中具有一定的影响力和控制力，而且“缝隙类型”的小企业也是生生不息的。在这样的创新体系中，新企业、新技术、新产品、新商业模式、新的消费趋势总是一代接一代地引领世界潮流。决定一个创新生态体系健康与否的关键因素主要有以下几点：一是对优质创新资源的黏性和吸引力。一个有竞争

① 李福. 创新生态系统的健康内涵及其评估分析. 软科学, 2015, (9): 1-4.

力的创新生态体系必须形成对全世界优质创新资源的吸引力和黏滞力。例如，创新生态体系吸引着创新型人才、创新资金、创新型中小企业等，它就像一个强大的磁石，吸引着全世界优质创新资源的汇聚。又如，几十年来硅谷一直是美国吸引创新风险投资最多的地区。二是对新事物的感知和支持力。一个有活力的创新生态体系必须具有引领未来创新发展的能力。因此，它必须对未知世界保持充分的好奇心并不断地探索，尤其是对代表新技术、新业态、新商业模式和新兴产业具有较强的感知能力、理解能力和转化能力。只有这样才能保证永久性地具有创新突破力，避免陷入一种路径依赖陷阱，最终落入被锁定的固化尴尬状态。三是包容和保持多样化的能力。物种的多样性是任何生态体系可持续发展的关键，只有保持多样化才能形成复杂的生物链条，才能保持足够的弹性和韧性，也才能减少外部扰动对生态体系造成的毁灭性影响。为了保持多样化，创新生态体系必须对“异类”具有较强的包容能力，允许“非主流”模式的存在和发展，创造宽松的“土壤”，保证“缝隙型”企业发展。四是保持开放联系性的能力。随着时间的推移，一个封闭的体系必将失去对外部环境和新鲜事物的感知能力，这必将导致内部活力逐渐丧失，以致整个体系僵化。因此，体系内外的信息、知识和人才交流非常关键。所以，任何区域性的创新生态体系必须加强与全球创新网络的联系。

3.4.3 要素互动的功能

创新生态体系要素互动的功能，主要是指创新生态体系内部大学、高校院所创新能力的增加，创新创业企业、新兴成员的增加和产业升级的更新，集中表现为整个创新生态体系中新知识、新技术、新产业等新陈代谢的速度。要素互动的功能有利于创新生态体系的成长与发展。要素互动的功能可确保创新生态体系的持久创新，要素互动既是生态体系保持持续生存和不断发展的要求，也是生态体系能否健康发展和充满活力的根本源泉。新兴企业与产业更新是创新活力的重要体现，是创新生态体系健康良性发展的重要反映。创新生态体系与企业生态体系的本质区别就在于前者对创新意义的追求不同。并且，创新生态体系将企业所有生产要素作为创新要素进行“新的组合”，赋予其新的含义和新的价值函数，结果会催生出新的企业和产业。这样要素互动使新旧产业之间进行竞争和更替，从而为整个创新生态体系注入新的活力。

例如，从胶片相机到数码相机的创新意味着柯达公司的倒闭和佳能公司的兴盛；智能手机的创新意味着摩托罗拉公司的衰落和苹果、三星等公司的迅速崛起。因而，要素互动产生生长合力，是一个创新生态体系综合创新能力及其活跃度最有力的证明。

创新生态体系的生长力功能体现出其具有生命周期阶段的特征。任何创新生态体系都有一个诞生、发展、演化、衰亡的过程，都是有寿命周期的。生态体系的生命周期的长短受各种因素的影响，其中开放性、技术轨道、商业模式、市场环境及体系自身的再生能力等因素都决定了创新生态体系的寿命长短。处于不同生命周期的创新生态体系所表现出来的特征是不同的，一个创新生态体系在快速发展期和衰退期在吸引力和活力方面是有很大差异的。

3.4.4　凝聚共生的功能

创新生态体系凝聚共生的功能是指创新生态体系内部创新企业成员之间的相互依存和依赖关系。凝聚共生功能是创新生态体系的基础。凝聚共生力既是任何生态体系赖以存在和发展的根基，又是对生态体系具有生命力的基本反映。换句话说，没有凝聚共生功能，就没有生态体系。创新生态体系的形成过程来自于企业之间的关系从竞争走向竞合、从各自独立创新走向相互依存、从个体性竞争走向价值链簇群性竞争，以及从封闭式创新走向开放式创新所形成的网络平台和价值空间。企业成员之间知识与价值的流动频率和深度是创新生态体系共生力强弱的重要反映。知识流动与价值增值是一对对立统一的矛盾体，是创新生态体系内部主体之间相互连接的重要内容。创新生态体系内部各个企业、研发机构和中介组织等之间既要依靠知识流动促进整个体系的创新能力，又要依靠价值增值与供给保证各自组织的生存空间和生存发展。创新生态体系在知识信息互补与价值利润增值竞争之间存在着一种张力或促进力，即共生力。因而，通过对共生力的测度可以反映出创新生态体系的内在生命力[①]。

一个创新生态体系的价值增值空间必须能在生态体系的“食物链”或“增值量”中得到合理分配，不合理的分配体系会扭曲或削弱生态体系的价值体系，进而，凝聚共生和影响整个生态体系的活力和可持续发展的能力。与“网络核心型”创新生态体系比较而言，“坐收渔利型”和“支配主宰型”创新生态体系往往扭曲了价值分配规则，使创新生态体系变得脆弱[②]。

创新生态体系凝聚共生力强，其平衡力方面也很强。创新生态体系的平衡力，是指创新生态体系内部创新主体成员之间的相互制约和相互规范。平衡力是创新生态体系的保障，平衡力是任何生态体系保持基本稳定性的客观要求，也是生态体系保持健康状态的有力保障。创新生态体系虽然具有一定的开放性，但是也有其自身的边界性，是一个独立的演化系统，主要依靠高校种群、科研院所种群和企业成员种群之间的“食物链”维护其稳定运行。生态体系的重要特征便是生态平衡，物种虽有大小之分却也有数量之别，各物种在“食物链”条上保持一种平衡。例如，自然界中的“食物链”低端的物种体型较小、生存能力也较弱，但是它们数量众多、繁殖能力较强；而处于“食物链”高端的物种体型较大、生存能力较强，但是数量较少、繁殖速度相比较慢。同理，创新生态体系中的大企业与中小企业之间也保持着一种生存链条上的相互平衡性。大企业有引领和带动作用，中小企业也有基础作用和支撑意义，企业成员之间相互依赖依存，共同发展。

---

① 李福. 创新生态系统的健康内涵及其评估分析. 软科学, 2015, (9): 1-4.

② 石新泓. 创新生态系统: IBM Inside. 哈佛商业评论(中文版), 2006, (8): 60-65.

因而，创新生态体系的平衡力来自企业之间的生存链条，一旦打破这种平衡将意味着整个创新生态体系的衰弱与崩溃。

3.4.5　营造环境的功能

传统观点强调，政府重视参与创新体系的建设，认为技术创新与政府职能充分结合才能形成国家创新体系。20 世纪六七十年代，第二次世界大战后日本的经济腾飞被认为是其国家创新体系发挥了决定性作用，其中的核心是日本政府通过对产业、企业的选择，加大政策和资金支持力度构建。而美国在 20 世纪 90 年代之后的强势反超，得益于其独特、强大的创新生态体系，在这个体系中政府只负责营建有利于创新的政策环境，并不积极参与对产业的选择和判断。今天的日本也走向了创新生态体系的建设中，政府开始进行从技术政策到生态化的创新政策的转变，开始强调政府的创新治理。创新生态体系发展强调政府、市场和社会的“三轮驱动”，创新治理、需求侧政策、科技政策学、创新绩效等已经成为重要议题，新的政策和制度变化可以帮助生态体系以满足新需求的新方式而生长。

此外，创新生态体系的特别之处还在于其与互联网、移动、信息通信技术及有良好交互性的各类“平台型公司”形成有机联系，有效地连接起了创新链上的各创新要素，并使之产生更为紧密的关系。

案例 3-6　联手资本市场，优化创新生态

2015 年，优客工场提出新的发展思路，即优客工场目前正在慢慢形成包括投资、财务、导师、法律、人力、银行乃至健康管理等直接和企业及员工个人需求相关的全方位服务，即打造优客工场的创新生态。目的都是使创业企业的价值能够被市场快速认可，进而获得与创业需求相关的收益与回报。而被市场认可，最重要的一步就是使企业科技要素和资本要素更好、更高效地结合，从而以更快的速度发展壮大，因此我们选择与资本市场进行战略合作。可以看出，优客工场看

中的是资本市场的创新生态，即中小微企业在融资、孵化、改制、宣传展示等方面的优势和良好的专业能力。

2017 年优客工场在场地合作、产业合作、企业服务、产品创新、场地生态、战略入驻 6 个维度上，与多个头部企业签署了 12 份重要的战略合作协议，引入了很多非常优质的大型战略合作伙伴、企业服务伙伴和专业培训机构，如深潜训练营等。2017 年，优客工场引进了 820 家行业顶级的优质的合作服务商，涵盖了知识产权保护、媒体品牌、SaaS 服务、工商财税法、人才、社保、薪酬、招聘、小微企业、金融、智能出行、办公健康、共享、服务设施等十余个领域，为会员提供越来越好的一站式办公解决方案。入驻优客工场的企业中，申请专利总数超过 1200 项，所有企业总估值达到 1230 亿元。

总之，优客工场实质上打造的恰恰是现代创新生态体系的功能，即推动创新、促进创业、要素互动、凝聚共生和营造环境的功能。

第4章　科普和创新生态的关系

2016年5月31日，习近平总书记在“科技三会”上指出，科技创新、科学普及是实现创新发展的两翼，要把科学普及放在与科技创新同等重要的位置[①]。2016年9月24日第十八届中国科协年会上，中国人民政治协商会议全国委员会副主席、中国科协主席、科学技术部部长、本届年会主席万钢在致辞中进一步表示，科学普及是创新生态的重要组成，大众化的科技创新与社会化的科学普及之间是相互协调的、相互促进的关系[②]。目前，科普和创新生态的关系呈现三大发展趋势：一是科普逐渐成为科学与社会互动的核心渠道。社会科学化和科学社会化的时代特征日渐突显。科学传播具有有效连接知识创新和知识应用的功能，通过将高端科研过程和成果有效的传播给公众，提高广大群众的科学素养。二是科普逐渐成为国家创新体系政策的重点举措。国际竞争逐渐体现为国家创新能力的竞争，各国政府纷纷加大了国家创新体系的建设力度，并深刻意识到社会公众整体的科学素养水平在很大程度上影响着国家创新体系的产出质量和效率。三是科普逐渐成为国际科技外交的重要手段。经济、社会和科技自身发展的需要不断推动着科技全球化的进程。在科技外交中占得先机，除了依靠日渐提升的科技发展实力，也越来越倚重成功、高效的科学传播。

4.1　科普是创新生态的重要组成部分

创新是一个民族进步的灵魂，是国家兴旺发达的不竭动力。要以

---

① 习近平.习近平“科技三会”讲话全文公布：为建设世界科技强国而奋斗.(2016-06-01)[2018-08-29]. https://www.guancha.cn/politics/2016_06_01_362433_1.shtml.

② 万钢：科学普及是创新生态的重要组成，(2016-09-24)[2016-09-24]. 来源：人民网：http://scitech.people.com.cn/n1/2016/0924/c59405-28737690.html.

互联网思维改造科普工作体制机制，建设众创、众筹、众包、众扶、分享的科普生态圈，促进颠覆式技术的迭代创新和商业模式创新。要强化传播协作，推动报刊、电视等传统媒体与新兴媒体深度合作，形成具有强大活力和竞争力的传播体系。要强化科普信息落地应用，依托大数据、云计算等信息技术手段，实现科普精准化服务。通过科普使大众掌握各种创新工具，进而更好地进行创新。科普之所以是创新生态系统的重要组成部分，其与创新生态系统的关系如图 4-1 所示。

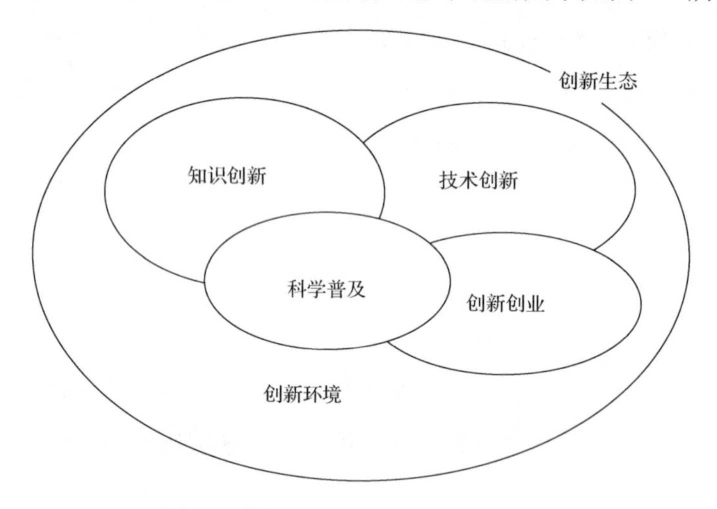

图 4-1　科普与创新生态系统的关系图

4.1.1　科普是知识创新系统高效运行的重要条件

科普活动能够促进个人的全面发展，而全面发展的创新人才是知识创新系统的核心部分。科学普及作为一种形式多样、内容丰富的非正规科学教育和素质教育形式，可以作为学校教育的有效补充，使受教育者获得更全面的发展，有利于培养知识创新者。一是科学普及在传播知识的同时，力求从知识产生的起源、历史、现在和未来的动态过程中，让学习者明白科学是有趣的、有用的，是可以参与和亲自体验的，而不是遥不可及的，而且新知识是可以被不断发现的，这为知识接受者进一步积极主动地认识新知识和进行知识创新打下了基础。

二是科学普及的内容不受专业界限的限制，方式灵活多样，能够丰富人们的知识，培养人们广泛的志趣，提高人们认识自然和改造自然的能力；可以使人们进一步认识社会和自然规律知识，具备充分发展自己的知识创新的能力，可以对迅速变化的世界做出及时的反应。所以科学普及是适应“终生教育”社会的最重要的方式，为知识接受者根据自己的兴趣和爱好自主进行知识创新打下了基础。三是学校科学教育重在培养学生的抽象思维能力和逻辑判断能力，强调运用科学的方法和认识改造自然，不断地发现和认识自然界的新规律和新知识。四是科普更有利于思想品德的培养。科普对人生的影响是比较全面、系统和深刻的，通过有计划、系统的正面教育，使人们形成科学的世界观、人生观和道德品质。总之，科普工作可促进人的全面发展，是构筑创新生态系统的重要组成部分，也是科技进步、经济发展、环境建设、精神文明建设的基础，只有大力推进科普事业，使其繁荣进步，才能真正促进我国知识创新系统的健康发展。

4.1.2　科普是技术创新系统完善优化的有力推手

习近平总书记指出科学技术是人类的伟大创造性活动。一切科技创新活动都是人做出来的。我国要建设世界科技强国，关键是要建设一支规模宏大、结构合理、素质优良的创新人才队伍激发各类人才创新活力和潜力①。利用科普活动有利于正确认识和培育创新人才，而培育创新人才是技术创新系统建设的基础。所谓创新，是指在前人或他人已经发现或发明的成果的基础上，能够做出新的发现、提出新的见解、开拓新的领域、解决新的问题、创造新的事物，或者能够超越前人、他人已有的成果，并将其进行创造性地运用。可以说，创新能力是人类普遍具有的基本素质，只要是思维正常的人，都具有创新的禀赋，都可以通过不断的学习、训练得到开发、强化和提高，每个人都

① 习近平：为建设世界科技强国而奋斗.(2016-05-30)[2016-05-30]. http://www.xinhuanet.com/politics/2016-05/31/c_1118965169.htm.

有可能成为创新型人才。创新教育已成为素质教育改革的主旋律。在全面推进素质教育的今天，培养青少年的创新能力成为素质教育改革重中之重。在科普活动中，科普对科学受众给予更多的人文关怀，帮助人们理解现代科学技术，使其具备欣赏现代科学技术和享受现代生活的能力，有利于培养、发现、正确认识和培育创新人才，从而有利于技术创新系统的建设。

培育专业技术创新人才是建设技术创新系统的重要组成部分，而科普活动有利于专业技术创新人才的培养。通过科普的科技教育功能，培养一批掌握科学技术专业知识、具备知识创新能力的专业技术创新人才，并将其补充到科学研究队伍中，可保证社会科学创造力能够续接并得以发展壮大，从而提高全社会的知识生产力和技术创新力。同时培养掌握科学技术基础知识、具备一定技术创新能力的科技劳动者。在今天这个主要靠技术密集型产业、知识智力型产业实现经济发展的时代，显然科普具有前所未有的重要性，它不仅给这些高技术产业的发展提供高质量资源的支持，而且直接提高这些产业部门的知识应用能力。科技传播的这些作用不仅仅体现在产业方面。在社会的各个方面、各个层次上，都会遇到广泛运用科学技术知识的问题，都需要大批掌握科学技术知识的人才，都需要科技传播帮助培养这样的人才，这是建设技术创新系统的关键。要围绕建设世界科技强国的目标，找准科普工作的方向和着力点，普及科学知识、弘扬科学精神、传播科学思想、倡导科学方法，着力打造技术创新体系。通过科普帮助科普受众培养科学兴趣、树立创新自信。要坚持科普为民、科普惠民，紧贴群众需求开展科普教育，更好地服务人们的生产生活。要创新科普方式方法，增强科普的吸引力和感染力，让人们在亲身感知中享受科学创新、体验技术创造。各级党委和政府要加大对科普工作的支持力度，推动形成社会化科普工作格局，才能打造区域技术创新体系。中国科协要当好科普工作的主力军，科技、教育和媒体工作者、科普作家要积极参与科学普及，为提升全民科学素质贡献力量。

4.1.3　科普是大众创新创业获得成功的基本保障

利用科普活动可以培养受众，特别是青少年一代的创新创业素质。科普教育活动是提高受众者创新创业素质教育的重要环节和关键部分，是和学校教学课程衔接的有效机制和重要部分。创新创业素质的教育需要课堂教学与科普教育的有机联动，科普不仅具有社会教育的重要功能，而且更主要的是在受众，特别是青少年中以普及科学知识、倡导科学方法、传播科学思想、弘扬科学精神为宗旨，以教育、宣传为目的。科普制定了普及科学知识的活动方案，阐述了活动的宗旨，组织的原则、采取的方式、运用的手段、参与的形式，激发了受众者，特别是青少年学科学、爱科学的积极性，扩大了科普教育基地的社会影响，使学生更进一步了解各学科领域中的新理论、新思维、新技术、新发明，为培养高素质的创新创业人才做出了积极的贡献。加强科普能力建设，提升受众者，特别是青少年的科学素质，可为大众创新创业奠定基础，确保青少年科学普及与科技创新工作“两翼齐飞”，进而对从事创新创业活动起到积极作用。

4.1.4　科普是持续建设良好创新环境的基础工作

科普是科技创新生态重要的有机组成部分，也是建设良好创新环境的基础工作。首先，科学技术事业需要源源不断的人才供应。科学社会学的研究表明，科学家一生中创造的高峰期是 37～39 岁，科学特别是攻坚部分的科学是青年人的事业，科学队伍需要不断补充新鲜血液，使科学能够从全体居民中，而不仅仅是从根据财产多寡武断地划分出来的一部分居民中吸收有才智的人①。要做到这点就需要向广大人民群众进行科普教育，让人们从小就养成学科学、爱科学的习惯，这样才能向科技事业源源不断地提供拔尖的科技创新人才。其次，科学创新研究必须有广泛的社会基础，必须得到广大社会公众的理解和支

① 马来平. 科学技术哲学视野中的科普. 山东大学学报(哲学社会科学版)，2001，(4)：68-76.

持。否则，在有些情况下科学创新研究就不能进行下去。因为它不仅需要国家、地方或企业给予相当的人力、财力和物力的保证和支持，以及法律政策上的保护，还需要得到全社会的理解和支持，特别是一些新的科学研究，尤其需要公众的理解和支持。国外科研教学单位都非常重视且善于宣传，让公众了解他们正在研究些什么，这叫做向社会开放，让公众了解；许多著名科学家在学术上有所突破和有所成果后，常常要写一本科普读物向社会介绍其学术成果，并且还要进行科普讲演、科普广播等，让大众理解最新的科学。他们做这些工作的目的就是要公众对科学研究的过程和条件、科学的方法、科学的本质、科学与社会的关系等有一定的认识。最后，科学成果应用也需要公众的理解和监督。科学成果的应用有其正面的效应，也有其负面的效应，尤其是负面效应必须得到公众的了解和监督。例如，转基因食品可以让公众享用味美价廉、多样化的食品，但也可能会对生态环境造成生物污染、对消费者的生命健康安全造成威胁，因此，应让公众全面了解到该领域目前正在采用的转基因食品的应用效果，监督转基因食品的应用。要达到这些目的就需要向公众普及科学知识，尤其是科学与社会方面的知识，得到公众的理解和监督，尽量保证科学技术朝着正确的方向发展，造福人类。

4.2　创新生态为科普提供重要的发展空间

科学普及是“双创”的重要社会基础，是创新生态的重要组成部分，同时“双创”本身也是非常有效的科学普及的途径。如果社会没有崇尚科学、乐于创新、鼓励创造的良好氛围，缺乏科学家与公众沟通交流的有效渠道，大众创业、万众创新的基础就不会牢靠，新知识、新技术、新产品也难以惠及人民大众。而创新创业也会让人们更加切身感受到知识和科技创新的价值所在，增强人们求知、求新、求变的愿望、动力和实际行动[1]。可以说，科技创新和科学普及相辅相成、相得益彰。科技创新是科学普及的前提和来源，科技创新生态有利于提升科普工作的水平和质量，改变科普的理念，丰富科普的内容，完善和提升科普的方式方法；科学普及是激励科技创新、建设创新型国家的内在要求，是营造创新环境、培养创新人才、培育创新文化的重要手段。

4.2.1 科普与知识创新系统

科普的自身特点和教育理念有利于知识创新系统的构建。科普教育的本质特点是再现科技实践。科普根据情境认知与理论学习，通过引导观众进行探索与发现科学过程，激发群众的科学兴趣，启迪观众的发散思维，引起群众探究和思考，进而提高创造力，为知识创新打下坚实的基础。因此，科普的特点和教育理念适应知识创新系统建设。

科普与知识创新系统存在互动性，因此要求努力做好科普工作：一要在科普的宗旨和指导思想上明确科普为知识创新系统的构建服务。二要在科普内容设置和科普形式的设计上，重视展示创新方法、创新案例和创新精神；同时，考虑科普与学校教育的有机衔接和全面互补性，全面打造知识创新系统。三要开设一定比例的适合受众者自主探索的开放实验室等，这也是构建知识创新系统的必要环节。反之，知识创新系统的构建反过来可以促进科普行业的进一步发展。此外，通过科普过程中的创造学和创新方法讲座、青少年创意、创新比赛及作品展览等多种形式，吸引更多科普受众者，特别是青少年参与科普的创新教育活动，人人参与知识创新，打造知识创新系统，为创新人才培养、青少年的创新能力的培养提供切实的帮助，为学校的素质教育改革提供有力的支持和支撑。

---

① 万钢：科学普及是创新生态的重要组成.（2016-09-24）[2016-09-24]. http://scitech.people.com.cn/n1/2016/0924/c59405-28737690.html.

4.2.2 科普与技术创新系统

科普的创新技术内容是科普教育的核心和基本载体。科普内容设计和实施过程体现了探究式学习理念，体现为对最新技术知识的普及。学校教育主要是通过书本间接传授知识，而好的科普工作是让参与者在亲身体验中自主探究科学和学习科学，了解甚至是掌握最新的技术，这种方式是一种特殊有效的“实践活动”，是一种认识技术、实体和真知的直接经验；这种“实践活动”可以激发和培养参与者的体验理念、探索精神和创新能力，有利于进一步培养科普受众者运用科学知识的能力和技术创新的能力，从而与技术创新系统进行有机互动。例如，在科普展品的概念设计阶段，应尽可能体现科普受众的探究式学习理念，而不是简单地向科普受众者展示一个知识点，这是科普区别于学校知识点讲解的地方。科普受众者能够亲自体验探究式的展品，这本质上就是一个动手实践、激发兴趣和探究学习的过程，科普受众者收获的不仅仅是展品所演示的现象和原理，而且还改进了自己的观察方法、思维方式，以及获得了探究和发现的乐趣，这些都有助于技术创新，都是技术创新的重要环节。再如，发射火箭航空航天展项过程，首先由观众摇动展示设备的手柄将机械能转换为电能，其次通过电能将水电解成氢气和氧气，最后将氢气和氧气混合后燃烧爆炸产生动力驱动，模型火箭发射。该科普展项的优点是集能量转换知识、化学知识和航空知识于一体，使科普受众者动手操作、实际观察、动画图解等，引导受众者进行思考和探究，是与学校教育相结合并发挥科普教育特点的科普展品。目前，国内许多科普中心的众多展项的概念设计来自国外设计理念，许多融入创意思想、引起思考的展品，将营造探究和创新的良好氛围及体验环境，有利于使科普受众者受到熏陶，特别是有利于培养青少年创新科学技术的意识。

4.2.3 科普与大众创新创业

创新创业教育是以培养具有创业基本素质和开创型个性的人才为

目标，不仅是以培育在校学生的创业意识、创业精神、创新创业能力为主的教育，而且是要面向全社会，针对那些打算创业、已经创业、成功创业的创业群体，分阶段、分层次地进行创新思维培养和创业能力锻炼的教育。创新创业教育本质上是一种实用教育。而科普往往展示现代创新方法、历史上重大发明创造及著名科学家的创新精神，同时，科普还展示人类运用这些科技成果所取得的重大创新成果，对改善人类生产生活具有重大意义，后者表明科普也是一种创新创业教育。通过展示著名创造发明及其过程，以及展示发明过程中“背后的艰辛故事”，让观众能更直观地学习各种创新方法和前人的创新精神，特别是那些以科学发现和科技发明过程为原型的形象展品，蕴含着科学家科学探索过程中所体现的科学精神、科学思想、科学方法，这可能给予观众心灵上的某种升华。这些内容和过程可以弥补学校创新教育资源不足的缺陷，培育和激发学生运用这些科技和发明创造的潜能和意识，从而有利于培养学生创新创业的意识。

4.2.4　科普与创新环境建设

做好科普工作，有利于创新环境的建设；反之，创新环境建设得好，也有利于科普工作质量的进一步提高。科学传播有利于科研人员智慧的启迪和知识的拓展，有利于研究灵感的产生和交叉学科研究的深入。卡尔·萨根在评价阿西莫夫的作品时提到我们永远也无法知道，究竟有多少正在科学前沿研究探索的科学家是因为读了阿西莫夫的某一本书、某一篇文章或者某一个故事而得到最初的鼓舞和激励；我们也无法知道，究竟有多少普普通通的公众基于同样原因而对科学事业给予同情和支持。科普规模化辐射力强的开放实验有利于创新环境的建设。科普可以开设一些反映社会热点或青少年喜爱领域的探索性开放实验室等创新实践场所。例如，青少年感兴趣的机器人实验室、无人机实验室、手工制作和发明工作室，以及反映社会热点的生态保护、低碳环保、太阳能利用等科学实验室。不同于学校教育的演示性教学实验，这些开放性实验室是要充分发挥青少年的创造性去完成某些特定的任务和达到一定的目标，同时许多实验需要多人协作共同参与才能完成，也锻炼了创新人才所需要的良好的协作精神。这些开放性实验室为科普受众者，特别是青少年提供了真正的创新实践的机会。例如，国内许多科普展馆开设了机器人、无人机、太阳能电池和科学探究工作坊等开发性实验室。这些开放性实验室可以为参与者，特别是青少年提供思维训练游戏、创意机器人、创意无人机和太阳能电池制作等项目，不少省(自治区，直辖市)结合自身科普展馆每年主办全省青少年创意机器人大赛，为青少年的科技创新实践提供了重要的平台，有利于提高青少年的创新能力。

加强创新环境建设和创新生态体系建设有利于促进科普持续发展与不断壮大。科普是创新生态系统中的重要一环，也是创新环境建设的重要组成部分。随着创新生态系统的发展壮大，科普的作用和功能不断凸显，科普事业呈持续发展与不断壮大的态势。实践表明，越是创新能力强的地区，该区域人员的科学素质越高，人们对科普的重视程度越高，对科普的需求越高，人们参加科普的活动也越多，科普活动支出占比也就越高。以新能源汽车的科普为例，通过新能源汽车的科普让人们懂得生态学知识和环境科学知识的问题，而且让人们参与决定我们需要什么样的科学，人类应该发展科学的哪一方面的问题，我们的科学应该在什么程度上、什么限度内大大有益于人类的生活和环境保护。这些都大大提升了创新环境建设的层次。

此外，人们之所以要学科学，除了获取科学知识、科学方法、科学思想和科学精神外，还在于科学教育有助于提升人们的修养及帮助人们开辟独特的人生之路。可以说，科学应该是一种生活方式，也是一门艺术，更是一种智识生活[①]。从教育的根本目的来看，现代教育理念不仅能给人传授知识、发展技能、培养正确的价值观，这是所谓教

① 鲁白.我的科学梦“赛先生”创刊感言.(2014-08-04)[2014-08-04]. http://wap.sciencenet.cn/blog-393255-817054.html.

育的三大支柱，即知识、技能及价值观，还能提升人的道德修养，特别是科学教育有助于提升孩子的修养，以及帮助其开辟独特的人生之路。例如，请科学家讲科学是学科学的有效途径之一：首先，从事科学研究、科学发现的过程，往往既有失败、又有成功，其间跌宕起伏，非常有趣。当科学家在讲科学课的时候，他们一定会把科学发现的过程，以及科学家从事科学的艰难挫折、快乐幸福等全部讲给学生，学生借此感受到的科学也一定是一种不一样的科学。其次，科学家讲求的是原创研究。即科学当中只有第一，没有第二。科学一直讲求研究的独特性，自己的发现要与他人的不一样。可以说，科学家是最讲求独特性的一个群体，他们一定会通过授课把这种思想和观念传递给我们的下一代，这些都是良好创新环境建设的重要组成部分。

案例 4-1　柴火创客空间：这里创客格外多

柴火创客空间的寓意为“众人拾柴火焰高”，为创新制作者(maker)提供自由开放的协作环境，鼓励跨界科普传播，激励跨界交流合作，促进创意的实现及产品化。柴火创客空间提供基本的原型开发设备，如 3D 打印机、激光切割机、电子开发设备、机械加工设备等，并组织创客聚会和参观各种级别的工作坊。

随着李克强总理巡视深圳并造访柴火创客空间，这个原本只属于创客的“创意会所”一时间变得街知巷闻。在被称为创客天堂的深圳，为何只有柴火创客空间颇受总理青睐？这一切都要从头说起。创客，指不以营利为目标，努力把创意转变为现实产品的人。“创客”一词来源于英文单词“maker”，是指出于兴趣与爱好，努力把各种创意转变为现实的人。创客以用户创新为核心理念，是创新 2.0 模式在设计制造领域的典型表现。创客作为热衷于创意、设计、制造的个人设计制造群体，最有意愿、活力、热情和能力在创新 2.0 时代为自己，同时也为全体人类去创造更加美好的生活。

柴火创客空间创始人、硅递科技有限公司CEO潘昊从小喜欢捣鼓各种硬件，热爱从手工制作到DIY电脑，再到大学里的各种项目和竞赛。他最终跟随着自己内心的兴趣及热爱，离开国际贸易领域，成功投身开源硬件的创意设计。其在美国参加Maker Faire期间，参观到了各地的创客空间(hacker space)，被开放轻松创意四射的创客环境深深吸引，并经由深圳本土的创客团队鼓舞，直接将自己的旧办公室改造成了创客空间。后来由于办公室气氛太压抑，他就把其办公室搬到了华侨城创意产业园。在硅递科技有限公司网站，任何人都可以找到其所需的全部商业秘密——图纸、设计文件及配套软件。“这就是开源硬件”，潘昊解释说，开源的好处在于创造不需要从头做一件已有的东西，“我可以在别人的基础上进行完善，别人也可以在我的基础上进行完善。”这说明，了解别人的想法对跨领域科普具有重要意义。最开始，硬件是开源的，打印机、电脑、甚至苹果电脑都如此，它们的设计原理图是公开的。20世纪六七十年代，很多公司选择了闭源，这种情况再加上贸易壁垒、技术壁垒、专利版权，引起了企业间不断地相互起诉。这在一定程度上有利于创新的存在，但也阻碍了很多更小规模创新的发展。

现代需要有想法的优秀人才，但要先通过科普，告诉他别人在做什么。需要通过对外宣传和科普工作带动公众对创客群体的认识。2011年，柴火创客空间为深圳首家创客空间。在这里，创客和准创客可以进行更多的交流和合作，科普、互动和交流对一个平台是至关重要的。

在柴火创客空间的发展过程中，从最开始的“独钓寒江雪”到后来的“门庭若市、络绎不绝”，人们已不记得有多少访客来到柴火创客空间去探求理想的东西。柴火创客空间经历与见证着中国创客与创新创业的起始与发展，在此过程之中其也一直不遗余力地扮演着自己该扮演的角色。创客空间经过两年的基础构建，终于在2013年迎来中国创客文化蓬勃发展的契机，各类媒体的关注、科技创新投资热潮都将中国的创客发展推向了一个新的高度。2014年被称为智能设备元年的纪元，智能硬件的火爆升温及互联网巨头的加入，让创客发展有了更长足的发展。同时，推动自下而上的科技创新概念，使得已经热度很高的创客发展呈现出了井喷状态。2015 年柴火创客空间迎来了第一个新加入的会员——中国国务院总理李克强。这代表柴火创客空间得到了高度的肯定与充分的支持，毫无疑问，该事件也成了柴火创客空间与中国创客的历史大事件。

2015 年 6 月，柴火创客创新教育计划发布会上，柴火创客空间与 42 所学校签约，并计划在未来的 3～5 年，与数百所学校建立合作关系，为学生提供一个可以将创意转为现实的梦想平台。通过创新教育计划，柴火创客空间希望可以吸引更多的国内外知名中小学及全国教育系统的专家的持续关注及对其创客理念的认同。柴火创客空间提供配件产品、工具、课程教案及对学校的老师进行专业培训来培育学生对创想、创造的兴趣，为学生提供一个可以将创意转为现实的平台，合作的学校安排课程、场地及授课老师，帮助学生把在校园内将各种创想转成为现实的创造。

相信在未来，创客与创新创业的发展必将一路高歌迎头猛进。

案例 4-2　芜湖科博会：科技与科普相随

中国(芜湖)科普产品博览交易会(简称科博会)以“创新驱动发展，科技引领未来”为主题，由展品展示和涉会活动两大板块构成，采用“科普+科技”的方式进行展示。以实物展示、技术转让、信息发布、商贸洽谈等形式，现场展示我国重大前沿科技成果和国内外科普类、科技类产品。展品展示版块包括科普产品展、前沿重大科技成果展、机器人等战略性新兴产业成果展等。参展产品包括各类科普教育类展品、科普出版类展品，科学艺术、玩具类展品，科普网站、科普游戏软件类展品，科普旅游及综合类展品，还包括我国部分前沿重大科技成果，国际、国内航天、航空成就展品，重大装备、新一代信息技术、智能终端、新材料、新能源与节能环保产品等。吸引了美国、法国、加拿大、俄罗斯、以色列、澳大利亚、日本的39家企业、科技团体参展。

2018年第八届科博会具有以下三大鲜明的特色。

第一，科技创新和科学普及融合度越来越高。中国(芜湖)科普产品博览交易会除继续保持科普产品展示这一鲜明特色外，还展示了人工智能、量子通信、新能源、新材料、通用航空、重大装备、产业互联网及分享经济产业等最新重大创新研究成果，并开展应用场景展示等相应的科普活动，搭建国内外最新科技成果和科普资源的展示平台，探索科技创新和科学普及融合发展的工作机制。

第二，科普企业的参与度越来越高，国际化程度越来越高。本届科博会参展的科普企业达309家，占全国现有科普企业的60%左右，与往届科博会相比，有较大幅度的提升。本届科博会有来自亚洲、欧洲、北美等国家和地区的39家参展商报名参展，国际化参与率与往届科博会相比进一步提高。

第三，社会认可度越来越高。本届科博会上，中国科技大学、浙江大学、哈尔滨工业大学等68所高校，中国科学院合肥物质科学研究院、广州海洋地质调查局等十余家科研单位及中国物理学会、中国通信学会、中国营养学会等全国学会携带一批具有自主知识产权、科技含量高的科普产品和科技成果参展。来自科普场馆、科学教育、智能制造企业和各地科学技术协会的1万多名专业观众云集科博会，进行研讨、交流和交易。

本届科博会期间还举办了院士专家报告会、科普产业发展论坛、机器人大讲堂、产需对接会、青少年科学教育发展论坛、海峡两岸中小学生仿生机器人比赛、优秀科普产品奖和机器人产品奖评审等丰富多彩的涉会活动，产生了良好的社会效益。

科学普及是一种社会教育。其基本特点是社会性、群众性和持续性。科学普及的特点表明，科普工作必须运用社会化、群众化、现代化和经常化的科普方式，充分利用现代社会的多种流通渠道和信息传播媒体，不失时机地广泛渗透到各种社会活动之中，才能形成规模宏大、富有生机、社会化的大科普格局。

第二篇　科普与知识创新系统

知识创新是指通过科学研究，包括基础研究和应用研究，获得新的基础科学和技术科学知识的过程。知识创新的主要目的是追求新发现、探索新规律、创立新学说、创造新方法、积累新知识。知识创新是技术创新的基础，是新技术和新发明的源泉，是促进科技进步和经济增长的革命性力量。知识创新为人类认识世界、改造世界提供新理论和新方法，为人类文明进步和社会发展提供不竭的动力。

第5章　科普催生和传播新知识

科学技术是第一生产力，也是推动现代生产力持续发展的重要因素，同时也是推动人类文明不断前进的巨大力量。坚持把抓科普工作放在与科技创新同等重要的战略位置，积极广泛地开展科普宣传和教育活动，不断提高科技知识传播效能和公民科学素质，既是激励科技创新、建设创新型省份的内在要求，也是营造创新环境、培育创新人才的基础工程。科普是催生和传播新知识的重要途径，主要是因为科普具有以下优势。

5.1　科普是新知识产生的土壤

青少年是国家的未来，加强青少年科技教育，培养他们的科学兴趣、创新意识、创新能力，使其树立科学思想，弘扬科学精神，是中华民族伟大复兴的紧迫需要。高尔基曾说过书是人类进步的阶梯，书也是承载人类知识和传承人类文明最方便、最可靠的载体。青少年时期精力旺盛，是学习科学知识的好时期。而学好科学知识，是促进新知识产生的前提和基础，科普则是获得科学知识的一种重要方式，也是促进新知识产生的沃土。科普往往需要建设一支由专业化人才、兼职人才和志愿者组成的庞大的中高素质队伍，为科普工作的广泛开展提供强大的人才保障和智力支撑[①]。

5.1.1　科普加快新知识的产生

传统计划经济体制下的科普模式以传播科学知识为重点，而在互联网时代，各种科普模式极为丰富，特别是网络科普非常便捷地传播

① 钱绿林, 姚婕, 汤成霞, 等. 网络时代背景下的科普创新探讨. 科学论坛, 2014, 7: 22-25.

给使用者各方面的知识。在海量知识和信息中，高效鉴别和利用科学知识变得尤为重要，在科普的过程中也有利于加快新知识的产生。因此，在新时代，科普应更加强调科学精神与方法，在传播知识的同时，通过加强集成网络科普资源和科学组织管理科普网站，来加快新知识的产生。要不断探索加强合作的新形式，努力使网络科普与其他形式的科普相结合。例如，科普电子博物馆、科普影视中心、电子科普书籍等网络科普与实体科普的配合，可更好地发挥作用。必须加快对发展科普网站和跨地区、跨部门合作问题的探索，促进科普网站的合作与发展。这样才能有效地利用科普加快新知识的产生。

现代互联网科普网站，特别是民办机构科普网站，只有得到各级政府的大力支持才能有更大的发展空间，才能更快更高效地传播和催生新知识。政府应尽快研究制定网络科普的法律法规、支持和优惠政策，鼓励科普网站、特别是社会组织科普网站的发展，依法解决工作成本费用和人员培训等问题，使专业科普网站能发挥其特色，增强竞争力。第一要重点扶持一些高水平的国家级科普网站，打造科普网站品牌，突显官方媒体的权威性。第二要鼓励各学科带头人、科学家开通个人科普博客、微博，在各种突发事件出现时，作为信息的“把关人”，在第一时间发出权威声音，对热点问题进行科学解读，消除公众不必要的恐慌情绪。第三要支持民办科普网站立足本地、面向全国、走向世界，以壮大科普组织和事业的规模，促进整个科普事业的发展和科普创新。第四要尝试摆脱目前科普经费主要依靠国家拨款的单一模式，可制定相关支持政策，支持和鼓励民间资本的进入，积极探索一些新型的运作模式，使网络科普走向市场，服务于社会；使“计划科普”转变为“市场科普”，扩大利用现代互联网技术传播和催生新知识的规模和能力。

另外，可以通过线上线下科普共享促进新知识的产生。各种科普网站之间应改变只重视自己资源的开发利用而轻视相互之间协作共享的局面。各自为政、互不来往、闭门造车必然导致科普网站大量重复性地开发建设，互补性和共享性较差，造成网络人力、物力、财力等资源的巨大浪费。所以，建立和完善网络科普信息资源共建共享机制是网络科普可持续发展强有力的支撑，也是共建传播和催生新知识的网络机制的必然结果。应加强各地区、各部门之间的联系，通过搭建技术平台，让更多人共享分散在不同权属的科普资源；促进并实现网络科普联盟，有效协调和利用好现有的科普资源，形成优势互补、信息共享、系统联动的网络机制；应鼓励“草根”网络科普的发展，集结网民力量使科普网络向更加广阔的领域延伸，全面推动网络科普事业的发展。科普知识竞赛、科普作品征集等线下科普活动可依托互联网平台开展，进一步强化网络科普设施的互动功能，激发公众参与科普的兴趣。例如，“菠萝科学奖”创新科学传播形式，使人们在“好笑”中关注科学。2015 年 4 月，菠萝科学奖的评选如期举行。菠萝科学奖是由浙江省科协支持，浙江省科技馆与科技媒体果壳网合力打造的科学奖项，和以往传统的科学奖项不同，菠萝科学奖通过广泛征集科学领域内有想象力、有趣的研究成果，让更多人体会科学有趣的一面。菠萝科学奖的所有奖项来自正规期刊发表的学术成果，组织者从中挑选出充满乐趣的部分，而评委则分成科学家评委和明星评委两部分，由此既确保了获奖研究的科学性，又保证了其的趣味性。可以说，菠萝科学奖是激发全社会对科学产生兴趣的一次象征性的代言活动。它集主题创新、形式创新、传播创新的特点，已经成为目前国内有影响力的科学传播活动之一。

在现代网络时代，利用现代互联网技术传播科普知识和催生新知识成为主流。可以说，科普创新前景广阔，只有充分利用网络资源，发挥网络科普创新的优势，才能创作出更好的科普作品，作品中才能蕴含更多的现代科技知识。同时加快科普知识的传播和催生新知识，才能实现网络科普效能的最优化，推进我国科普事业不断向前发展。

5.1.2 科普促进新知识的普及

专业化的科普创作团队有利于打造一支优秀的科普创作队伍。创作出优秀的科普作品，对科普的快速发展和科普受众者来说都至关重要。其能使科普受众者通俗易懂地获取新知识，快速理解跨界知识，特别是有利于快速提高新知识创新者的素质和能力，从而催生出更多的创新。要培养重点人群的科普自觉性，从传统灌输式的科普教育向公众参与、互动交流的科普教育方式发展，可以充分利用现代多媒体技术，制作一些互动效果良好的科普软件，让更多的人真正感受到科学带给我们的便利和乐趣，在参与中认识科学、了解科学，迅速提高新知识创新者的创新素质和创新能力。

5.1.3 科普壮大新知识的队伍

科学在发展，时代在前进，新时代产生了许多新的现实问题，这需要培育更多生产新知识、新技术的工作者来解决现实中产生的新问题。要培育生产新知识的工作者，就要大力发展科普事业。特别是在现代互联网科普的大背景下，要求政府应改变以往政府主导的科普模式，释放民间的科普能量，尊重互联网时代人人可以充当科普工作者的意愿，扩大科普工作者的人数规模，引导和促进民间力量在科普中发挥积极作用。依托社会力量在科普中发挥更大作用将是一种新思路、新机制和新尝试，这样才能促使科普传播更多的新知识，培育更多的新知识的生产者，有利于催生出更多的新知识。例如，据有关调查数据显示，在科普实体基础设施投入上，政府占据主导地位，但是在互联网网络科普中，政府的优势和作用明显不足。又如，民间微信科普的优势极为明显。亲朋好友的微信群就能进行生活、生产、科技常识等知识的科普，而且微信科普成本很低，科普传播者和受众者都能承担得起。而在其他科普媒体中，社团协会和各级科学技术协会组织占据了主体地位。只有动员更多力量加入科普工作中来，才能培育出更多、更优秀的广大的新知识创新者。这就需要政府大力支持科普创新，依据《中华人民共和国科学技术普及法》多渠道筹集科普资金。各级政府在抓科普工作时，都要重视对科普工作者的引入与培养，重视人人可以自愿做科普工作志愿者的形势，大力支持科普网站的建设和科普创新，要像支持其他民办事业一样，支持民办科普工作者、科普网站和科普创新机构的工作。

现代科普能够促使更多地参与公众成为新知识工作者。这一维度包含两个方面：一是对高精尖的现代科学而言，公众可以参与评价现代科学成果应用的社会后果，从而对科学发展方向、规模和速度方面起到一定的规范和制约作用。例如，转基因食品的推广种植和食用问题。美国《国家科学教育标准》中已经把理解个人和社会视野中的科学作为内容标准纳入科学教育评估体系，要让全体国民意识到新科技概念和新技术发明会影响到其他人，这种影响有时是好的，有时是坏的。力争预先弄清楚概念和发明对他人未来即将产生何种影响是有益的。科学对社会的影响既不是完全有益的，也不是完全有害的。技术的变革往往伴随着社会、政治和经济的变革，这些变革对于个人和社会来说可能是有利的，也可能是有害的。社会的需求、态度和价值观影响技术的发展方向。随着社会民主化的进程，预先弄清楚技术发展方向显得日益重要。二是公众直接参与科学知识的建构。这种知识不是现代高深的数理科学知识，也不是在现代实验室里才会产生的实验科学知识。许多民间科学爱好者由于缺乏现代科学的训练，试图解决现代科学的难题，而被世人讥笑为“想骑着自行车上月球”。在现实科学之外，确实存在其他科学形态是公众可以直接参与的，如日常生活常识中的科学知识，还有对本地区动植物进行采集、记录和分类的博物学，有时被称之为“公众科学”，因为博物学是“门槛最低的科学知识”，因而其能够成为公众直接与建构的科学知识。地方性知识是非常重要的科学知识，它是民众可以直接参与构建的，是民众生活经验和智慧的结晶。在消除广大农村地区的贫困和落后方面及生态环境和资源保护方面，地方性知识可以发挥强大的作用。

案例 5-1　科幻大片《星际穿越》，科普成为卖点

美国知名导演克里斯托弗·诺兰的科幻大片《星际穿越》上映时，很多人的朋友圈被《星际穿越》的影评覆盖了。黑洞、虫洞、高维空间、逆生长，这些专业名词以前所未有的热度在网络中被科普。一批专业机构和人士在观影后火速出炉滚烫影评，分析科普影片中的每一个细节和知识点。这些专业的科学知识在微博、微信、豆瓣、知乎等大型平台被大量分享，有助于“脑伤”的观众看懂大片。凭借超级丰富的想象力、震撼的视觉感及正能量情感，美式科幻大片再度推动网络自发开展了一次天体物理学的科学传播，天体物理学相关知识成为公众争相学习的热点。可以说，科普加快了新知识的普及和推广应用。

案例 5-2　全国科普日：营造全新的科普体验

全国科普日始于 2003 年 6 月 29 日，是中国科协在《中华人民共和国科学技术普及法》正式颁布实施一周年之际，为在全国掀起宣传贯彻落实《中华人民共和国科学技术普及法》的热潮，在全国范围内开展的一系列科普活动。从 2005 年起，为便于广大群众、学生更好地参与该活动，活动日期由原来的每年 6 月改为每年 9 月的第三个公休日，作为全国科普日活动集中开展的时间。北京科普日活动一直承担着全国科普日的主场活动，是全国科普日万余项重点活动中的一项。近年来，北京科普日活动立足首都热点难点问题，汇聚首都科普资源，凸显活动特色，以群众喜闻乐见的形式开展科普宣传，得到了各级领导的充分肯定，已成为全国示范性科普活动。

2014 年全国科普日北京主场活动，以“创新引领未来、创新改变生活、创新在我身边、创新圆我梦想”四个主题为主线，以现场活动、互联网、移动网络为平台，以“居家生活”和“城市出行”为主题，集成

创新家居产品 30 项，重点展示了与民生相关的科技创新成就，以及人们日常生活中已经和即将使用的科技创新，使公众了解到科技创新在生产。在全国科普日北京主场活动中，全国首辆“科学巴士”、百度“萌宠”和“神器”、民间科技“宠儿”、高科技的“居家生活”、中国科学院“前沿科技”等均亮相现场。走近现场，你会在“上天入地”的体验中感受到我国在科技上的重大成就和发展；你会在妙趣横生的创新展品中感受到普通老百姓的独特智慧；你可以在帅气酷炫的创客空间里感受创客的美丽，同时感受创新带给我们的不一样的生活体验；你还可以通过丰富的科普资料、身临其境的科技互动体验民族科学精神的大传播。2017 年全国科普日北京主场活动凸显互联网科普特色，围绕公众需要了解的科技创新内容和自主参与的科技创新活动，设计线上线下科普活动，为公众营造全新的科普体验。可以预测，科普将使参与公众成为未来新知识生产的工作者。

5.2　科普是传播新知识的途径

科普是面向广大公众的社会性活动。社会性科普的内容更广阔、形式更灵活，是重要的科普途径和手段，主要包括大众传播和科普活动。大众传播是指主要通过广播、电视、报刊、图书、戏剧、音乐、歌曲、表演、讲座等大众媒体，包括新媒体进行的科普活动。科普活动是指科普(技)展览、讲座、培训、体验、游戏、咨询与服务等群众性科学技术活动等，科普活动一般需要借助各种科普场馆、科普基地开展，以便与科普受众面对面地进行互动与交流[①]。

通过科技场馆、科普传媒、网络科普、科普活动和游戏科普等，宣传现代科学思想，传播现代科学知识和科学方法，不断培养创新精神与实践能力，提高科普受众者的科技意识和动手实践能力，能激发科普受众者爱科学、讲科学、学科学、用科学的热情。可以说，科普成为当代传播新知识的重要途径。

---

① 邱成利. 发挥新媒体优势创新科学普及方式. 科普研究, 2013, 6: 41-49.

5.2.1 科技场馆

科技场馆是科学技术与大众碰撞的场所，是科学与日常生活、科学家与普通民众沟通的桥梁。全民创新时代是众多科学家思想的“碰撞区”。科普场馆的科普过程是围绕科普场馆的产品，以知识学习为主要手段所开展的一系列活动。科普场馆不仅可以使观众从科普场馆(展览、活动的)参观中得到直接收获(使用价值)，而且还可以使观众从科普场馆学习到相关的其他文化知识(附加值)，从而弥补科普场馆的展示形式在传播“科学方法”“科学思想”“科学精神”方面的不足，使观众的需要得到更大的满足，甚至感动观众，达到科学普及的最终目的。

科技场馆的展陈教育方式以“言传身教”为主，即通过面对面的互动展览和参与性实验，让公众在“做中学”，在“启发式教育”中自主学习科技知识，能极大地提高科技场馆的运行效率，同时能给观众带来更加美好的参与体验，以及取得更加良好的学习效果。而数字科技场馆则是运用虚拟现实技术、三维图形图像技术、互动娱乐技术、特种视效技术等，将现实存在的实体科技场馆，以三维立体的方式完整呈现于网络上的科技场馆，是对实体科技场馆工作职能的虚拟体现，是以实体科技场馆为依托，同时又可反作用于实体科技馆，是对实体科技馆职能的拓展和延伸。它既要具有知识传播的基本功能，更要起到提高公众科学文化素养方面的独特作用。科普场馆展览的主要特点有以下三点：一是持续时间较长。公众以轮流方式进入展厅参观，有限的展厅能够容纳无限的观众，因而具有非常好的持续聚众效应。二是参观环境优雅。社会科学普及展览一般非常注重展厅设计，让展出的内容与精美的设计相互交融，形成感染、陶冶公众的科普氛围。三是讲解深入透彻。科普场馆展厅的讲解人员是学者型的精通科普知识的工作者，在科普中，可以根据观众的有关问题，做较深入的理论分析，让观众理解得更为透彻[①]。

① 张勇, 李静, 何丹华, 等. 社会科学普及读本. 广州: 暨南大学出版社, 2016.

随着科技场馆科普教育方式的发展，科普教育的发展方向注重公众参与、互动和体验，主要体现在科普展示过程中，公众积极参与互动，可实现从单向知识传播变为互动传播，把科普受众从一个知识接受者，变成一个知识探索者。科技场馆可尝试让观众一起来参与科技场馆产品的设计，使观众不仅可以接受科技场馆的科技普及、学习科普场馆的理念，而且也可以使观众成为“科技场馆的一员”。例如，发达国家有些小型博物馆设有地域特色的小型展览，尝试让观众参与展览设计的实践。科普场馆的展览与参与科普场馆的教育活动作为科普场馆“生产、营销”的终端，直接与观众进行面对面的接触，也能最快、最直接地接收到观众对科普场馆产品的要求与意见反馈，从而开发出更能满足观众需求的产品。这样，科技场馆和观众不仅有展品的互动，更有知识和信息的交流，有效地提高了公众对科学知识的理解与掌握，继而可提升公众对科技场馆的认识度和参与度，使之更好地服务于公众。在与科普场馆共同获得成功与发展的过程中，观众可成为科普场馆长期、忠诚的“粉丝”。

科普场馆开展科普创新活动，目前可以整合采取以下几种方式和途径进行：①研讨式。科普场馆可以组织有关人员，根据内容分不同对象，如理事、委员、会员、普通观众、跨领域的科学工作者及相关单位、部门负责人召开研讨会，通过邀请行业专家作科普报告，同时开设论坛，吸引更多的人参与、讨论科技发展、科普事业的前沿问题。②发布式。指对科技成果的发布。科普场馆可以定期或不定期地举办科技成果发布会，邀请网站、电视、报刊等大众媒体参与，向更大范围的公众集中发布科技成果，对社会公众形成更大的影响力，促进科技成果的传播并使其转化为生产力助力。③推介式。科普场馆可以利用专业知识和专家资源，建立产品和服务推介平台，并加强对行业上下游资源的整合，与协办单位(如产权交易所、科技产品转化中心)协力开展最新科技产品的推介会，并配以相关的技术服务，这对于新的科技产品来说是一个很好的展示机会，对于创新、创业者来说也是一种激励，同时可以发挥科普场馆的展示教育效应，提升科普场馆致力于助推科技创新、服务社会的良好形象。④评价式。利用科普场馆的行业资源和影响力对科技企业及其产品和服务进行公众评价。科普场馆可以通过专业、科学、客观、公平、公开的全面评价，为公众提供真实可靠的消费指南，同时将公众对有关企业及其产品和服务的真实评价反映出来，可以对科技企业的良性发展起到良好的催化作用，因而具备极高的社会价值。⑤培训式。可以充分利用行业资源和专家资源，主办或与一些科技企业、行业协会、教育培训机构合作共同开展相关培训，这些培训包括教师培训，最新产品、服务原理和技术培训，行业最新标准贯标培训，质量认证培训，从业资格、职称培训，入职和管理者培训，科技创新与创业孵化培训。这些培训不仅可以为行业内人士提供专业提升的机会，而且能为社会公众提供专业的科普教育培训。⑥增值式。科普场馆向公众提供增值服务可以包括邀请专家提供免费科普咨询，为学校提供学科拓展教育资源，为公众提供如何利用科普场馆资源的服务。在科普场馆中增加人文知识，让不同领域的科学家、普通观众参与学术交流，咨询服务，增加科普教育的文化内涵，包括拍摄科普影视产品、编排科普剧、增加馆外科普实验表演、出版科普书籍；开发展品的衍生产品等。⑦沙龙式。沙龙是知识分子活动的制度化环境之一，学术沙龙也因此成为知识分子的精神之家和创新之源。在中外学术发展史上，曾出现过不少著名的学术沙龙，一批当时的学术精英活跃在沙龙上，与此同时大量学术新锐在沙龙的熏陶下走向成熟，一些重要的创新性思想与学术成果孕育诞生。从理论上讲，科普场馆可以较快地获得各领域的新成果，有针对性地组织科学家沙龙，让不同领域的科学家在这个孵化器里产生思想“碰撞”，迸射出创新的火花。

科普场馆科普创新的关键是：科普场馆的科普创新通过与观众知识的传递与沟通，发现并创造需求，引导和改变观众的价值观，促进观众对新的科学思想的接受，同时积极回应观众的思想，时刻保持与观众的同步，实现市场导向和导向市场的统一。通过科普创新不仅能及时了解观众，满足观众，更能通过知识的传播和互动创造需求，影响和培育观众。为有效地实施科普创新，需要运用现代管理模式。第一，始终保持科普场馆产品的科学性、体验性、多义性、受众的广泛性。科学性，即真实性，通过真实的物件(或复制品)、真实现象(可以由特殊装置演示)来传递科学信息，诠释人文精神；体验性，即互动性，以调动观众的多种感官来激发好奇，催化学习为目的；多义性，是强调展示现象发生的过程，它能给观众提供自我发现的机会；受众的广泛性，是通过沟通交流达到信息的广泛传播，因而，观众的感受及其对信息的认可是展示效果的最终评价的重要指标，不仅仅是领导、专家和同行的评价。第二，要避免概念炒作。人们容易将科普知识宣传本身与科普场馆科普创新相混淆，直接将宣传、普及最新的科技知识，包装为科普场馆科普创新，误入“宣传新知识就是科普创新”的歧途。第三，做好对科普场馆科普创新团队的管理。科普创新最先要体现“以人为本”的管理创新，只有把人管理好，才能把科普场馆的各种资源管理好，人的因素在组织中是第一位的。第四，实现全员创新意识的贯彻与沟通。创新的成功与否取决于创新理念是否正确和明确。创新理念的更新需要通过沟通使组织成员达成共识，并使其积极付诸行动，使组织保持竞争优势。创新活动作为行事方式不是最重要的，创新追求提高受众思变和组织价值才是最重要的。第五，树立以受众利益为中心的科普创新观念。这个“受众”包括普通观众和科学家。第六，创造科普场馆内部充分的信息交流渠道和环境。只有管理者和操作者之间的沟通障碍消除了、信息交流畅通了，组织内部上、下的思想和行动才可能形成共同的价值观。第七，将以创新为核心的科普理念和科普过程相结合，在创新活动的过程中要把利用科普场馆进行科学传播的理念传递出去，让受众与科普场馆具有共同的价值观。

2017 年 11 月，科学技术部发布的 2016 年度全国科普统计数据显示，我国科普场馆数量快速增加，目前全国共有科普场馆 1393 个，比 2015 年增加了 135 个，增长 10.73%。平均每 99.26 万人拥有一个科普场馆，充分说明了科技场馆是科普教育活动的主要场所之一。科技馆是以常设和短期展览教育为主要功能的公益性机构，以参与、体验、互动性的展品及辅助性展示手段为主，其目的在于激发科学兴趣、启迪科学观念，对公众进行科普教育；也可举办其他科普教育、科技传播和科学文化交流活动。因此，科技场馆成为传播新知识的重要途径。

综上所述，科技场馆的科普教育是国家文化建设和社会发展的重要组成部分，是传播科学思想、科学方法的主要途径。科普教育对公众科学思想、知识、方法及创新思维的培养，以及对促进公众科学文化素质的提高有着独特的、不可替代的作用。加强科技场馆的科普教育形式和展示内容的创新，提升科普教育功能与作用的发挥，对经济社会发展和文化思想建设都具有重要意义。

5.2.2 科普传媒

科普传媒是用浅显易懂的通俗化语言、图像、动漫和动画等，正确而艺术地使用科学术语简明生动地介绍科技知识体系，深入浅出地说明一些深奥难懂的科学道理，且其内容短小精悍，非常适合青少年阅读、观看和参与。同时，科普传媒常常运用各类动漫、动画等文艺形式来介绍科技知识，具有一定的艺术性，如科学故事、科学童话、科学寓言、科普小品、科学散文、科学诗歌、科学电影等形式的科普文章，都博得了科普受众者，特别是未成年人的青睐。可见，科普传媒也是传播新知识的途径。科普传媒所载的内容基本上都是针对科普受众的需求，特别是符合青少年、未成年人的需求，科普内容和科普对象都具有广泛性。科普传媒所载的新知识内容多元化，主要是一些新领域、新学科、新进展、新发现等方面的科技知识，以新意引人深思，吸引科普受众者的积极参与；其次，就是选择的题材、内容广，像物理的广角镜一样，能不断地开拓读者视野；另外就是各种题材、各种形式的科普形式都可见到，尤其是知识性科普，为青少年学习和掌握科学知识创造了条件，扩大了他们的知识面。例如，在世界科普畅销书排行榜中，英国史蒂芬·霍金的《时间简史》连同它的电影纪录片深受广大科普受众者的欢迎。这些科普知识提升了公众的科技知识水平。可以说，科学家在科学道路上的每一个创举都令公众难以忘怀。科学是有趣的，科学还能带给人们崇高的情怀。它诚然是一种艰苦的发现活动，但也是一种高级的精神生活。从法拉第到爱因斯坦，从萨伊到霍金等，伟大的科学家毕生热爱科学，理性生活，在探索宇宙、未知世界和自然中领悟到了令人心醉神迷的瑰丽和神奇。他们想让公众与之分享这份愉悦和快乐，这份惊奇、奇异和虔诚，让公众了解和理解，甚至是掌握他们研究的科学知识。于是他们以无比的热忱投身于科学传播事业，就像当年他们投身于科学研究事业一样。

5.2.3　网络科普

互联网的发展给科普信息的传播提供了机遇，成为传播新知识的重要途径。网络科普既指以互联网开办的以普及科学知识为宗旨的科普网站，也指普及科学知识的网页，以及近年来出现的网络新媒体。网络科普有如以下几个主要特点：一是突破时空的限制。公众在任何时候都可以登录科普网站或网页，阅读科普的文献资料或复制、下载科普资料。二是高效快捷的链接。登录科普网站或网页后，可以随意浏览网站或网页的科普资料，甚至可以利用网络搜索引擎，进一步定向寻找所需要的科普资料。三是多媒体的广泛应用。新媒体的发展已经渗透到各种媒介的每一根神经，网络逐渐成为采集、传播科普信息的主要渠道[①]。目前的新媒体平台，适应阅读碎片化、分众化特点，积极以图文、H5 页面、视频等通俗易懂、喜闻乐见的形式，做好信息发布工作，每年发布各类政策解读、环保科普类信息达到万余条，开展各类科普知识微博转发活动，制作科普视频，策划微博话题、环保趣谈、绿色生活等，通过明确具体的认知和行为导向，有针对性地引导公众提升环境科学素养、践行绿色生活方式。

---

① 张勇, 李静, 何丹华, 等. 社会科学普及读本. 广州: 暨南大学出版社, 2016.

在“互联网+”的背景下，科技信息的传播形式和传播载体更加多元化，科普工作的环境、任务、内容和对象也变得越加复杂，这就要求科普工作要适应新形势、新技术发展的要求，在科普工作的内容、形式、方法等方面都要努力进行创新和改进。调查显示，2015 年公民利用互联网及移动互联网获取科技信息的比例达到 53.4%，比 2010 年的 26.6%提高了一倍多，已经超过了报纸（38.5%），仅次于电视（93.4%），位居第二[①]。“互联网+”科普形态可以从两个角度来看，从科普媒介角度看，传统科普形态以讲座、展览、科普竞赛、科技咨询等为主，以大范围科技活动周、科普活动月等活动为辅。“互联网+”科普形态开始转向以互联网上的科普平台为主，以线下科普活动为辅。各科普单位已开始加快建设科普网站、社交平台等一系列互联网科普平台。从科普信息角度来看，传统科普形态以文字和图片为主，而“互联网+”科普形态变得更加多元丰富，是一种集文字，图片，音、视频，虚拟技术等为一体的全方位、全感官的科普形态。“互联网+”科普形态之所以成为传播新知识的重要途径：一是互联网下的科普信息具有海量性和及时性特征，互联网上时刻都有大量的数据在传递，并且信息可以实时共享。二是互联网下的科普信息也具有高速扩散性特征，信息可以在很短时间内通过无数的互联网用户扩散开来。互联网的科普信息同时也具有形式多样化的特征，人们可以通过动态的影像来了解信息。

新媒体由于其依托信息技术成果而成为网络科普和科学传播的新形式和重要渠道，它具有的即时性、互动性、可视性、平等性等特点和优势使其有别于传统媒体而深受公众喜爱。科普要利用好新媒体网络就必须针对公众的需求变化，适应新媒体的特点，发挥新媒体的优势，制作新媒体科普节目，使之微型化，开展“微科普”；政府有关部

① 中国科学技术协会．中国科协发布第九次中国公民科学素质调查结果．(2015-09-19) [2015-09-19]. http://politics.people.com.cn/n/2015/0919/c70731-27608306.html.

门应认真研究新媒体的传播方式方法，分析并比较其效果，制定鼓励新媒体科普发展的政策和规划，促进其健康发展，使新媒体网络更好地服务于科普工作和全民科学素质纲要工作。可以说，利用现代信息技术、电子技术和网络技术是知识营销的重要手段，科普场馆网站可以担负起更多的责任。利用互联网，科普场馆可以以最少的资本投入将市场拓展到最大空间，观众利用互联网可以预先“探路”，节约时间，最大限度地满足参观需求，提高参观效率。以建设网上科普场馆、网上科普场馆残疾人通道为契机，建立“互联网+”科普体系，将对科普场馆的创新起到决定性的作用。

“互联网+”科普形态紧紧围绕受众的需求，及时地向他们传播最新的相应的科技知识和科技信息，这些科技知识和科技信息都具有很强的、及时的知识性。它主要是科普受众，特别是青少年所关注的科技新鲜事物、生活学习中出现的新问题、科技发展的新动向等信息和知识，都具有一定的新鲜性、科学性和及时性，特别是有关科学知识的比重较大，及时普及科学知识成为科技传播效果中最显著的一部分。因为，任何科技知识如果不能广泛普及，只有少数人知晓、只有少数人掌握，那么社会就不会进步，国家就不可能富强。例如，2017年，北京市围绕清煤降氮、高排放车治理、环境执法、秋冬季大气污染防治攻坚战等重点环保工作开展科普宣传报道。北京电视台、北京广播电台、公交电视、地铁电视每天播出北京市环境保护宣传中心自办音、视频节目共9档，截至2017年10月24日，共计安全播出2673期，安全播出率 100%。京环之声“一网两微”等新媒体平台同步联动，创新表达形式，普及环保科学知识。截至2017年10月24日，“京环之声”微博粉丝量达到255万人，发布信息8353条，阅读量突破6868万次；“京环之声”微信粉丝量突破6万人，发布信息1271条，阅读量达235万次。

推动科普从传统资源向数字资源全面转型，推动大数据、云计算等在科学传播领域的发展与应用，深化科普“互联网+”战略，是现代科普实现飞跃的重要环节。科普的“互联网+”战略，不是简单地对互联网的使用和资源互联网线上转移，而是以“互联网+”作为一种理念，依靠互联网思维来重新设计和规划我国的科普体制和整体事业发展，通过进行深度融合，创造新的发展生态，实现科普与科技创新的高度融合，引领移动互联网科普浪潮。

5.2.4 科普活动

科普活动主要是以科普为主题开展的一种有组织、有目的的群体性活动，旨在向公众普及科学技术知识、倡导科学方法、传播科学思想、弘扬科学精神，是促进公众理解科学的重要渠道。科普活动是在一定背景下，以开发公众智力和提高科技素质为使命，利用专门的科技普及载体和灵活多样的科技宣传、教育、服务形式，面向社会和公众，适时、适需地传播科学精神、科学知识、科学思想和科学方法，实现科学的广泛扩散、转移和形态转化，从而取得预想的社会、经济、教育和科学文化效果的社会化科学传播活动。因此，科普活动是提高公民科学素养的有效途径，也是传播新知识的重要途径。

科普活动具有生动、活泼、新潮等特点，具有很强的参与性和可视性，很容易唤起受众者的兴趣，引起受众者的注意力。此类科普已经突破了传统的科普形式、甚至突破了当代科普的设计规范和要求，有着强烈的动画、动漫、体验、声电一体、挂图风格，更符合科普受众的阅读能力和阅读心理。

目前，科普基地建设是对科技场馆、科普传媒、网络科普、科普活动和游戏科普等各种科普形式和途径的整合。为贯彻落实《北京市科学技术普及条例》，北京市 2007 年开始首批科普基地的申报工作。截至 2018 年 7 月底，北京市科普基地数量为 371 家，其中科普教育基地 313 家，科普培训基地 10 家，科普传媒基地 31 家，科普研发基地 17 家。教育、培训、传媒、研者这 4 类基地既有所分工，又互相协作，形成一个良性发展的体系。它们调动了社会各类组织参与科普的积极性，为服务社会、开展各类科普活动奠定了基础。371 家科普基地全年服务人数 9300 多万人次。科普基地展厅面积约 204.2 万平方米，每家科普基地展厅面积平均为5500平方米。全市已逐步形成以中国科技馆等综合性场馆为龙头，自然科学与社会科学互为补充、综合性与行业性协调发展，门类齐全、布局合理的科普基地发展体系。科普工作将为北京科创中心的建设打下了良好的基础。

案例5-3　上海科技馆：开创智慧场馆建设新篇章[①]

全球智慧场馆建设热潮迭起，上海科技馆作为全球最受欢迎的博物馆之一，如何实现智能化的空间、智能化的管理和智能化的服务，打造智慧生态系统？上海科技馆携手中国领先的“管理+IT”咨询服务机构——AMT，引进AMT多年在智慧城市、智慧场馆方面的研究实践，对智慧场馆进行共同规划，构建以人为中心，空间感知、数据融合、智慧交互、智能泛在的“空间形态、行业业态、网络生态”三位一体的智慧场馆新模式。

上海科技馆——全球最受欢迎的博物馆之一

上海科技馆自2001年建成开放以来，累积接待观众量超过5900万人次，年均接待量近400万人次，是全国首家同时获评国家一级博物馆、国家5A级旅游景点和全国研学旅游基地称号的科技馆，连续5次荣获全国文明单位称号，上海科技馆、上海自然博物馆、上海天文馆“三馆合一”的科学技术博物馆集群初具雏形。在2016年发布的“全球最受欢迎的20家博物馆”榜单上，上海科技馆排名第八。

全球智慧场馆建设热潮迭起

2012年4月，巴黎卢浮宫博物馆建设了欧洲首个智慧博物馆。此后，全球各地的智慧博物馆建设掀起了一股热潮，各种创新技术和服务被不断探索和应用，如基于定位的展品内容推送、流程化的设备和展品运营管理；基于可穿戴设备的人机互动；藏品的高保真3D扫描；智能环境监测和优化等。

---

① AMT经典案例. 上海科技馆：开创智慧场馆建设新篇章.（2017-06-15）[2017-08-10]. http://www.amt.com.cn/amtjdal/info_38.aspx?itemid=1704，有修改。

上海科技馆在信息化建设方面基础夯实，然而对于智慧场馆建设来讲，其依然面临如何“三馆合一”、提升场馆服务能力和应对场馆国际化发展等方面的挑战。

上海科技馆智慧场馆规划

面临以上挑战，上海科技馆选择携手中国领先的管理+IT 咨询服务机构——AMT，引进 AMT 多年在智慧城市、智慧场馆方面的研究实践，对智慧场馆进行共同规划。

AMT 认为，智慧场馆是以人为核心，通过新一代信息技术的智能化应用和场馆业务的知识化应用，通过空间形态、场馆业态和信息生态的高度融合，实现人物结合、人人结合和人机结合的智慧生态系统（图 5-1）。

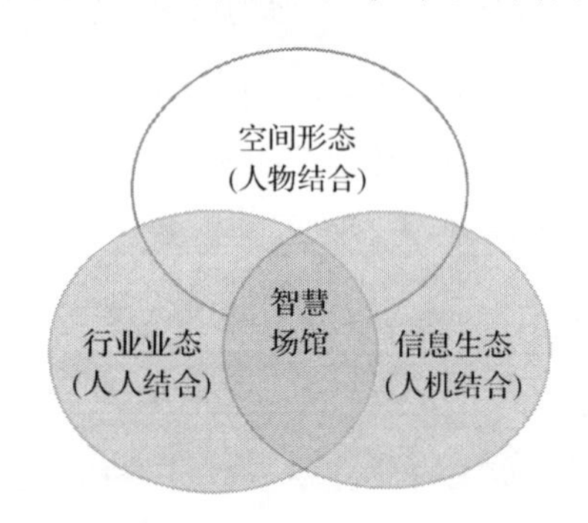

图 5-1　智慧场馆的内涵图

针对上海科技馆的行业特性和发展需求，要做到上海科技馆、上海自然博物馆和上海天文馆三馆合一、三态合一，需要从智能化的空间、智能化的管理和智能化的服务三方面入手。

AMT 和上海科技馆联合项目小组，设计搭建智慧场馆模型（图 5-2），AMT 提出需要从空间形态、行业业态和信息生态三个方面来建设，并实现三态的智慧融合。这一过程中涉及 9 个维度：空间域包括空间环境维度、空间地理维度和物品维度；业务域包括管理维度和服务维度；信息域包括数据维度、社交维度、本地维度和移动维度。每个维度都包括多个要素，多个要素的指标和标准的实现，使场馆的技术水平达到智能化，业务水平达到知识化。

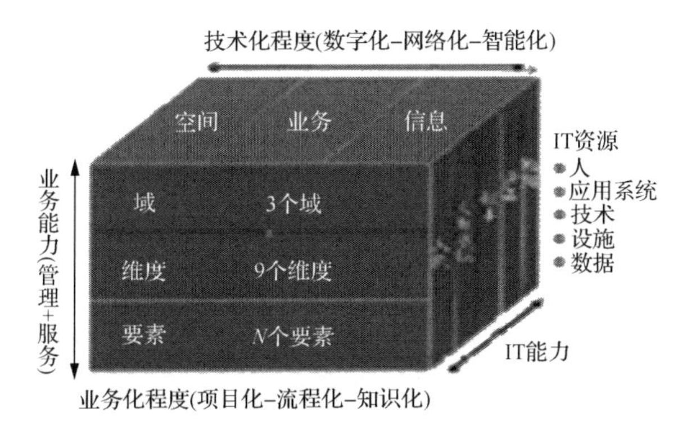

图 5-2　智慧场馆整体架构模型

上海科技馆智慧场馆畅想

未来的上海科技馆(包括上海自然博物馆+上海天文馆)，通过智慧场馆的建设，在空间环境上，能够实现智能化的空间一体化协同智能控制。例如，基于三维空间地理信息系统(3DGIS)的空间导览、基于建筑信息化模型(BIM)技术的空间运营管理，光照、温度和湿度等的智能控制和调节；再如，在智能服务上，基于虚拟现实(VR)、增强现实(AR)的技术应用，基于游客浏览信息、行走路径和人流数据等大数据的应用，均给游客呈现出虚拟与现实结合、数据和信息共享的智能化一体服务等。

上海科技馆创新开放，拥抱未来，开创了智慧场馆建设的新篇章！让每一个成功企业的背后，都闪烁着 AMT 顾问的智慧！

案例 5-4　鸟巢儿童职业体验馆

根据国家“十二五”青少年体育发展规划、《中国儿童发展纲要(2011—2020 年)》及《北京市全民健身实施计划(2011—2015 年)》等，在中国奥林匹克委员会的指导下，由北京奥运城市发展促进会、国家体育场有限责任公司共同主办了“我的奥林匹克”鸟巢儿童体验中心，其中 Rong 行销(大华智道品牌机构，2010 年更名为 Rong 行销)为总顾问，该中心致力于少年儿童体育运动普及，奥林匹克精神的弘扬与传承。

“我的奥林匹克”鸟巢儿童体验中心位于鸟巢火炬广场，占地近 2 万平方米，于每年的 4～10 月运营。它是全球首个奥林匹克情境式体验场馆，是一座按照真实建筑 2/3 比例缩微，专属于 3～12 岁少年儿童的奥运梦想之城。该中心通过高仿真的城市设施、运动器械、服装道具、社会体系和奥运会情境的模拟，为孩子提供集奥运体育、奥运职业、奥运文化在内的三大主题体验。

该中心除设有击剑、曲棍球、棒球、射击、皮划艇、篮球等奥运体育体验项目外，还设有奥运志愿者中心、火炬中心、场馆建设、奥运专列、医院、消防局等奥运职业体验，共 60 多个体验项目，近 100 种角色可供孩子扮演体验。让广大少年儿童体验奥运组织和运动夺金的历程，培养其的体育兴趣、感受工作的艰辛和运动的快乐，为其营造健康、阳光、快乐的成长环境，使其身心素质、体育知识和社会能力全面提升和增长。

案例 5-5　全国科普讲解大赛——科学知识的盛会

2017 年 6 月 9～10 日，以“科技强国 创新圆梦”为主题的 2017 年全国科普讲解大赛决赛在广东科学中心拉开帷幕。来自全国各地 56 个代表队的 180 余名选手参加了本次决赛。

决赛共历时两天，分半决赛和总决赛两部分。半决赛分 3 组同时比拼，由自主命题讲解、随机命题讲解和科技常识问答 3 部分构成，其中，随机命题环节设置了 VR、AR、空间站、可燃冰、人工智能、射电望远镜、生物识别、抗生素等 20 个科技热点命题，由选手现场随机抽选并作讲解，既考验选手的科学知识积累，又考验选手的表现力和临场应变能力，经过激烈角逐，共有 30 位选手脱颖而出，成功晋级总决赛。

总决赛由自主命题讲解、评委提问和科技常识问答 3 部分构成，30 位选手借助道具、图像、音乐、装扮、多媒体等多种辅助手段，运用最通俗易懂的语言将生涩难懂的科学知识、科学原理深入浅出、趣味横生地进行演绎。各位选手的讲解主题既有消防无人机、全息技术、胚胎冷冻、转基因、夏季爆流、心肺复苏等社会热点，又有褶纸、基站辐射、梦游、“空中幽灵”、脸盲症等冷门知识，各位选手借助大赛舞台，在短短 4 分钟的讲解时间里，让现场观众脑洞大开、掌声不断。

总之，科普已经成为现代传播新知识的重要途径。通过科技场馆、科普传媒、网络科普和科普活动等，传播现代科学知识，宣传现代科学思想，传承现代科学方法，倡导科学精神，不断培养创新精神与实践能力，提高科普受众者的科技素养，能激发科普受众者爱科学、讲科学、学科学、用科学的热情。可以说，科普已成为当代传播新知识的重要途径。图 5-3～图 5-5 为全国科普讲解大赛决赛中北京选手在总决赛舞台上的精彩展示。

图 5-3　北京选手陈倬在总决赛舞台上的精彩展示

图 5-4　北京选手陈倬(左边数第 6 位)等大赛一等奖获得者领奖

图 5-5　大赛优秀组织奖获奖单位代表领奖（北京市科学技术委员会代表左边数第 9 位）

科普讲解是科学传播的重要途径，是传播新知识的重要途径。科普讲解工作者作为沟通观众与科学之间的桥梁，其素质、能力的高低，将直接影响科普知识的传播质量。举办此次科普讲解大赛，就是要为全国科普工作者或兼职科普讲解人员及科学传播爱好者搭建学习交流的平台，引领公众领略科技之美，提升科学传播的能力，推动科普事业的发展。

案例 5-6　“蝌蚪五线谱”科普形式多样化

“蝌蚪五线谱”是一家具有北京特色的大型公益性科普网站。该网站开设了“热点科评”“探班实验室”等科普栏目，发布“每月科学流言榜”，帮助公众用科学的武器识别谣言，在运营主站的基础上，入驻今日头条、腾讯企鹅号、百度知道、网易等知名自媒体平台。该网站建设“科普中国”云平台北京节点，协调对接北京地区各类科普资源，建设北京科普资源集散服务平台，实现科普资源共建共享。

“蝌蚪五线谱”创设北京科普新媒体创意大赛。通过大赛，繁荣科普新媒体创意作品的创作，挖掘和培养科普创作人才，汇聚信息化科普资源，推动科普信息化建设工作。大赛设立以来，以“科技让生活更美好”为主题，围绕动漫等多媒体题材，已经收集各类作品数以万计，吸引了国内中央美术学院、清华大学美术学院等几十所高校及众多中小学选手参加，还吸引了来自俄罗斯、乌克兰等 22 个国家和地区的选手参赛。

支持北京科普微视频大赛等科普赛事。以加强科普能力建设为目标，加大原创科普作品的支持力度，鼓励系列科普微视频的创作，加大科技视频作品的宣传推广力度。

案例 5-7　科学松鼠会——科学知识的乐园

“科学松鼠会”是一个致力于在大众文化层面传播科学的非营利机构，成立于 2008 年 4 月。科学松鼠会成员由海内外优秀的华语科学传播者组成，其创始人是复旦大学的神经生物学博士姬十三(原名嵇晓华)。科学松鼠会自成立以来获得国内外一致好评，影响力极大，真正做到了“剥开科学的坚果”，与公众一起领略科学的美妙。

科学松鼠会网站分为原创、活动、译文、专题、训练营五大板块，原创和译文板块的内容涉及健康、化学、医学、天文、心理、数学、物理等 11 个学科领域，还包括科学漫画、松鼠快评、少儿科普及媒体导读；而小姬看片会、小红猪抢稿、科学一课、达文西行走中队、Dr. You、三研二拍等活动形式多样，贴近生活，互动性强，拉近了受众与科学的距离。此外，科学松鼠会的科普内容会发布在科学松鼠会的新浪微博上，受众可以通过微博对科普内容进行阅读、转发或者评论。科学松鼠会的新浪微博，截至 2015 年 3 月 24 日粉丝已经达 157.3 万人，与其他科普网站相比，可见其影响力之巨大。

近几年，在“互联网+”的背景下，科技信息的传播形式和传播载体更加多元化和现代化，科普工作的环境、任务、内容和对象也变得越加复杂和多元，这就要求科普工作要适应新形势、新技术发展的要求，积极主动地利用最新科技，在科普工作的内容、形式、方法等方面不断进行创新和改进。

第6章　科普丰富与完善创新网络

科学技术的迅速发展带来网络技术的不断革新，互联网凭借其交互性强、方便快捷等诸多优势已经成为普通受众传播和获取信息的重要途径和手段，尤其是随着智能手机、平板电脑等更为方便快捷的智能上网终端的普及，互联网已经从不同的角度渗透并影响着人们的生活。网络在人类社会生产生活中的地位和作用越来越重要。互联网对人类相互之间的联系、生产和生活方式的变革已经产生了根本性的影响，正向社会经济生活、生产的各个领域全方位地渗透和扩展。在互联网通信技术飞速发展的新形势下，充分发挥网络作用进行科普创新，是科普工作亟待研究与探索的问题。通过网络科普推动创新网络的形成，可加快时代的科技创新。因此，科普，特别是网络科普日益成为创新网络的重要节点。

6.1　创新网络是时代发展之需

研究表明，现代创新过程已经变成了一种网络过程[①]。企业的创新活动是一种网络过程，创新网络的优化可以提升企业的创新能力[②]。企业通过创新网络实现信息共享、研发合作及技术互补等。距离、文化等因素对企业合作的限制越来越小，不同地区、不同国家的企业联系日益密切，创新网络的"小世界性"已经凸显。创新网络主要指区域创新网络，它是发展高新技术产业所必需的社会文化环境，是某一特定区域内在业务上互相联系、在地理位置上相对集中的利益相关多元

---

① Dodgson M，Rothwell R. The Handbook of Industrial Innovation. Cheltenham: Edward Elgar Publishing, 1994.

② Koschatzky K, Sternberg R. R&D cooperation in innovation systems——some lessons from the European regional innovation survey（ERIS）. European Planning Studies, 2000, 8（4）: 487-501.

体共同参与组成的以横向联系为主的动态开放系统，它是在地理位置上相互靠近的经济主体之间通过某种方式而形成的一系列长期互动交易的集合。区域内的地方行为主体(企业、大学、科研院所、中介机构、地方政府等组织及其个人等)结成创新网络，有利于实现资金、知识、信息和创新技术等生产要素更快速地扩散、转移、创新和增值，同时有利于降低市场的不确定性，实现重要的创新协同作用和技术产品的交叉繁殖，保持区域持续的创新能力和竞争优势，从而推动区域经济乃至国家经济的发展。可以说，创新网络是一种进行系统性创新制度的安排，企业间的合作关系是创新网络的联结机制[①]。创新网络也可以看作是一种特定情境下的社会契约安排，是企业与政府、大学及科研机构等节点间的关系链接形成的网络。协同创新网络加速了信息流动，促进了知识交流，提升了企业内人才创新创业的能力。企业的共生行为则为协同创新网络内人才、资金、知识及信息等资源的流动提供了路径。协同创新网络既能对人才的创新创业能力产生影响，又能通过影响共生行为提升人才的创新创业能力。可以说，创新网络促进现代经济发展的动力。

创新网络的产生有其时代必然性，是时代发展的必然要求，因为其从以下三个方面支撑现代经济的持续发展：第一，创新网络为共享经济发展提供了思想基础和理论依据。创新网络的核心首先在于创意整合。网络创新是把每一个参与主体的创意集合到一起，经过网络内和网络外的接触、碰撞和升华，最终形成新的创意。最高境界的网络创新就是知识创新沉淀后形成的创意。在创意的基础上，创新网络通过物化要素平台，经济商业运作模式才得以诞生和应用，二者之间具有密切联系。创意是基础，但创意也离不开物化平台。以创意、创新意识作为核心要素，然后黏合其他要素，最终形成创新网络新的盈利模式，从而充实现代经济发展的内涵。

① Freeman C. Networks of innovators: a synthesis of research issues. Research Policy, 1991, 20(5): 499-514.

第二，创新网络为经济持续发展提供了人才和技术基础。一是协同创新网络首先是基于创新人才的培养。无论是政府技术创新投入，还是企业研发投入或者是高校的技术创新投入，其核心的要素是人力资本。没有人力资本的支撑，所有投入将失去原动力。因此，在创新网络内，人力资本的最终积累将会为经济持续发展提供人力支持，其可以发展更多富有个性化特征的商业运作模式，并保持其盈利性，否则经济持续发展将成为空谈。二是技术创新是协同创新网络的核心要义，当前共享经济的发展同样离不开技术支持。以共享单车为例，如果没有互联网信息技术、移动技术信息作为基础和平台，就不可能产生微信、支付宝等支付模式，那么共享单车的推广将会举步维艰，共享经济发展也无从谈起。因此，技术创新是支撑经济持续发展的核心动力。

第三，协同创新网络以整合资源的方式支撑经济持续发展。经济持续发展为进一步调整优化整个社会的经济资源提供了新的思路；同样，经济持续发展也需要将社会的经济资源纳入进来进行整体的统一筹划和运行。一是协同创新是基于区域内或整个国家范围的一种资源优化整合，而当前的共享经济也是以一种标的物作为调配资源利用效率的一种模式选择。因此，创新网络的资源整合方式对于推动经济资源整合效率具有重要意义。二是经济的发展过程也是资源重新配置整合的过程，而协同创新网络可以加速这一过程。当前共享经济的发展颠覆了传统的商业模式，并对其产生了巨大的冲击。此时，需要通过协同创新网络来对传统商业模式下的闲置资源、废旧资源通过新的创意、技术创新来进行重新分配和整合，从而弱化和解决共享经济发展的弊端，推动共享经济的快速发展。

当前，创新网络为共享经济的发展创造了动力机制。创新网络可以很好地嵌入共享经济发展模式当中，促进共享经济持续稳定的发展。在当前共享经济发展面临诸多问题的情况下，协同优化创新网络、共享经济与协同创新网络的协同发展及基于人工智能、大数据工作的开展，将有效推动创新网络和共享经济的不断发展。因此，创新网络是时代共享经济发展的必然要求。

案例 6-1　“百度迁徙”科普，便民春节择途回家

大数据是个新潮的概念，大家可能都知道这一概念，但很多人并不知道它有什么作用。2014 年春运期间，百度推出了一款应用——百度地图春节人口迁徙大数据(简称百度迁徙)，该应用为公众创造近距离接触大数据的机会，也更加方便了公众选择自己回家的最佳路径。

百度迁徙利用大数据技术，对其拥有的基于地理位置的服务(LBS)大数据进行计算分析，并采用可视化呈现方式，在业界首次实现了全程、动态、即时、直观地展现中国春节前后人口大迁徙的轨迹与特征。人们从哪儿来、又往哪儿去，全国总体迁徙情况，以及各地区的迁徙情况一目了然。百度迁徙通过创新应用科普数据价值，让人最直观地感受到了大数据的力量。

目前移动互联网高速发展，公众获取信息的渠道呈爆炸式增长，公众本身的素质、品位、要求不断提升，这对科学传播工作的创新性转型提出了新的要求。要求科普工作要以需求方为导向，围绕公众需求，精准传播，精准发力。

6.2　科普助推创新网络的形成

发达国家社会进步的一个内在动力是科学技术的进步和科学普及。科学技术的进步与科学普及密切相连，因此谈到科技创新、科普创新必不可少。可以说，在创新网络时代，充分发挥科普创新的优势，有利于推进创新网络的形成。当前，创新网络代表科学技术方面的创新和创造活动。创新成为主流，科学技术迅猛发展，要进一步加强科普工作，更好地使科普工作服务于大众，努力提高全体国民的科学文化素养就显得尤为重要，只有这样才能进一步促进科技创新网络的形

成和发展。

美国柯达公司从鼎盛到申请破产保护可以给我们带来一定的启示：大到一个国家，小到一个企业都需要有科学创新精神。历史表明，发达国家的现代化与社会现代化基本是一致、同步的。发达国家之所以发达和其公民的科学素质同步有关。科技创新和创新网络发展的动力包括科学教育、科技普及，发展与强盛离不开科技及文化，更离不开具有较高科技素质的从业者及他们紧密的交流与合作，科学教育及质量与科学发展之间存在密切的内在联系。

当今世界新的科学发展、新的技术突破重大集成创新的不断涌现，科技成果不断产业化与科普有着密切的关系，具体表现在以下两个方面：一是重视科技教育的普及与科技人才的争夺；二是科学家之间紧密的交流与合作，相互科普和紧密合作。科普是以提高公民整体科学文化素质，实现人与社会、人与自然和谐发展为目的的全民终身科学教育。科普的主要内容是基本科学知识与基本科学概念的普及，实用技术的推广，科学方法、科学思想与科学精神的传播。它的主要功能是通过提高公众的科学素质，使公众了解基本科学知识，具有运用科学态度和方法判断及处理各种事务的能力，并具备求真唯实的科学世界观。这些又有利于科技创新网络的形成与提升。

科技创新的原始动力应该是对科学的崇敬和兴趣。因此比科学知识、科学方法更可贵的是科学思想与科学精神的传播。而科学思想与科学精神的传播与科普工作紧密相连。在社会分工高度精细化的时代，创新离不开对前人经验的总结、消化、吸收、提炼、升华。鉴于人类个体认知能力的局限性，即使是复合型的科学家对于科学研究的领域范围也会有局限性。因此，现代科技创新更需要科学家之间的交流和合作。这种交流和合作在广义上也是一种科普活动。近几年，科学界时常发生的一些“伪科学”事件，这恰恰说明了部分科学工作者虽掌握了科学知识、科学方法，但科学思想与科学精神方面的素养有待提高。科普需要科学家，科学家也需要科普；科普需要创新网络，创新网络也需要科普。

公众广泛参与科普工作，可以提升创新网络的人才素质。随着信息通信技术的快速发展，网络互联实现了各类信息资源的共享，人们不再仅仅是简单的科普受众，而且逐步转换角色成为科普的传播者。每个人都可以通过网络平台发出自己的声音①，运用已有的科普知识发表对新事物的看法，并与他人之间进行多角度、全方位的互动交流，由被动接收科普知识转变为主动发布科普知识和主动运用科普知识，实现人人参与科普，人人传播科普知识和人人运用科普知识，全体参与者皆为科普链中的一环，这为人人成为创新网络的创新者奠定了基础。

案例 6-2　科学咖啡馆，畅想未来梦

科学咖啡馆是指在非正式场合下普通人和科学家进行面对面的交流活动。这些活动的目标是让非科学家参与到有关科学和技术发展的对话及决策中来。科学咖啡馆的目标是用普通公众和专家间对话的双向模式来取代陈旧的单向的科学传播模式。单向传播模式，有时被称作“缺失模型”，传统上认为普通人欠缺准确的科学知识，因而科学家和专业的科学传播人员应通过策略性的传播活动来补充这种缺失。参与模型则认为普通人和科学家可以通过对话互相学习，且不仅仅是科学家，普通人也能给这些对话活动带来有价值的知识、观点和问题。

1)未来人类要移民哪个星球

2017 年 11 月，著名物理学家史蒂芬·霍金在腾讯 WE 大会上通过视频介绍了他的一项宇宙探索计划——“突破摄星”。该项目希望在不久的将来能够验证超速光动力纳米太空飞船理念的正确性，同时为向半人马座阿尔法星系发射探测器打下基础。

① 钱绿林，姚婕，汤成霞，等. 网络时代背景下的科普创新探讨. 科协论坛，2014，(7)：23-25.

霍金相信地球终将不堪重负，人类为了避免世界末日的到来应该寻找其他宜居星球，移民太空。他说，在太阳系中，月球和火星是太空移民最显而易见的选择。而同时，他也把目光投向了离太阳系最近的星系——半人马座阿尔法星系。

从目前火箭推动技术来看，探测器需要几十万年才能到达半人马座阿尔法星系，而“突破摄星”计划若研发顺利，超速光动力纳米太空飞船将可以把这个时间缩短至20年，以这个速度去火星只需要不到1小时。

当然，超速光动力纳米太空飞船的研制和应用还面临着诸多挑战，不过正如霍金所说“如果人类想要延续下一个一百万年，我们就必须大胆前行，涉足无前人所及之处”。

霍金相信人类向太空的拓展会产生深远的影响，这将彻底改变人类的未来，甚至会决定我们是否还有未来。

2）科学家称可能存在水栖外星人，他们正在地下海洋里游泳

近日，美国趣味科学网站称，外星人可能存在，并且可能在厚厚的冰层或者石头下的海洋里游泳。

美国国家航空航天局“新视野”号探测器项目的主要调查员、行星科学家艾伦·斯特恩认为，或许银河系里广泛存在智慧生命，但它们大部分都生活在深深的、黑暗的冰下海洋里，与宇宙的其他部分隔绝。

斯特恩推测地下海洋在银河系里可能很常见，这为孕育智慧生命提供了可能性，而覆盖地下海洋的冰层和石头可能在保护这些生命的同时也将它们与宇宙的其他部分隔绝了，所以它们很难被发现，甚至无法感知外面的世界。

尽管这位科学家的推测暂时还无法得到验证，但是这种新的想法还是让大家为之一振。长久以来，人类一直抱着十二万分的好奇和敬畏之心揣测外星生命是否存在，而现代科技似乎缩短了现实与想象的距离，以至于大家的想象力被催生起来。

总之，从理论上来说，科学咖啡馆可以涵盖任意一个科技话题，任何人都可以组织科学咖啡馆活动；甚至有些人把科学咖啡馆活动比作是

“草根”活动。组织者和汇报人一般在这种活动中不获得任何报酬。当然，科学咖啡馆活动要适应当地的情境、文化及举办该类活动的社区的利益。对全球来说，科学咖啡馆活动有着多种多样且创新性的形式。在科学咖啡馆活动中，科学家通常就某个科学话题做简短的发言，然后同活动参与者进行讨论，通常是一边吃喝，一边讨论。鼓励科学家采用交互式的表现风格，而不是单向的报告和 PPT 展示，同时科学家也被要求采用没有科学术语的平实语言进行交流。

科学咖啡馆是让普通人和科学家就科技开展双向对话交流的网络，也是帮助公民提升其做出影响公共决策和政策的能力的一种机制，但是科学咖啡馆模式有更加适中的目标：通过提供非正式的、易获得的场合来促进普通人和科学家之间的对话，在这种场合下普通人和科学家可以自由地就科学议题进行交流和对话。虽然这些对话和公共政策没有直接的关联，促是可以促进普通科普受众从多元的视角和科学家产生共鸣，以及理解并批判地分析复杂的社会科学议题。

案例 6-3　科普旅游成为科普的重要形式

2017 年，北京市旅游发展委员会为加强旅游与科技融合发展，在旅游与科技产业的融合发展工作上取得突破性进展。

1) 组织开展 2017 年京津冀科普旅游活动

在北京市旅游发展委员会和北京市科学技术委员会联合开展的“2016 年北京科普之旅”的基础上，联合开展了“2017 年京津冀科普旅游活动”，组织社区市民、学生等组成科普分队，到河北、天津考察学习科普旅游资源，参观津冀的科普旅游开放单位，体验京津冀科普旅游线路，对京津冀三地科普发展起到了积极的作用，丰富了北京特色旅游产品，为市民和游客提供了可供选择的多种特色旅游产品。这种方式较好地将旅游活动与科学普及有机结合起来，把科学知识传播与旅游融为一体，以旅游的方式达到普及科学文化知识的效果，以科普旅游的形式大力宣传促进北京旅游开放日工作的开展。

2）组织开展2017年旅游开放单位商品设计提升活动

以“科普基地+旅游商品+大众创新”为解决手段，依托北京旅游业强大的客流基础与旅游消费能力，借助首都众多的人才资源和社会力量，开展科普旅游商品评选活动，使科普基地深度对接产品生产企业及直接消费市场，有效解决北京科普教育基地存在的产品研发欠缺、资源利用率不高引发的科普教育基地客流量不足、经济收入无法匹配基地发展等问题；促进开放单位探索科普旅游商品的新构思、新形式、新技术、新内容，深度发掘科普基地旅游商品的潜在优势，全面提升体验式科普旅游商品的科技及文化内涵；扩充“北京礼物”商品体系。全面盘活现有科普基地资源，提升科普旅游开放单位旅游商品的品质和知名度，推动旅游开放单位形象品质的提升，扩大科普商品销售渠道，从而带动首都科普教育休闲旅游行业经济收入增长，同时，实现科普旅游开放单位经济效益的目标。

3）加大科普单位旅游开放力度

为了加大社会资源旅游化，北京市旅游发展委员会组织了130多家社会单位向社会开放，设立了旅游开放日，其中开放单位中科普基地有50余家。2017年，加大科普单位开放力度，发挥科普基地作用。一是加大宣传力度。充分利用好北京旅游网和各种媒体对设立旅游开放日的单位进行大力宣传，在北京旅游网推出和展示北京地区设立旅游开放日的企事业单位和机关行政单位，让广大北京市民和游客进一步了解北京旅游开放单位和北京特色旅游产品。及时修订《北京地区旅游开放单位手册》，并向公众免费发放。在北京旅游网推出游客预约平台，使散客能在预约平台上实现自主预约，方便游客参观那些需要预约才能参观的旅游开放单位。二是加大对旅游开放单位管理人员的培训。2018年组织136家旅游开放单位的管理人员和北京市旅游发展委员会负责旅游开放的负责人进行旅游法律法规、服务质量等方面的培训，提高管理人员的综合素质，以及接待能力和服务意识，规避单位接待风险，促进各旅游开放单位以景区的标准加强管理，努力实现制度化、专业化、规范化管理。三是加强对旅游开放单位的指导和管理。充分发挥各区县在旅游开放日工作中的作用，对旅游开放单位实行属地化管理。进一步挖掘新的社会旅游资源，努力让具备开放条件的社会资源单位设立旅游开放日，使其成为旅游开放单位。协助或协调其他相关部门对旅游开放单位规范化建设提供政策上、资金上的有效支持，为开放单位在宣传、人员培训上提供便利条件。指导旅游开放单位参考景区的建设标准，对标识牌、游览线路、厕所设置等进行规范化建设，为游客提供便捷的参观设施和安全的服务措施。

第 7 章　科普培养创新人才

科技创新与科学普及是科技工作的两翼，科学普及是科技创新的土壤和基础，创新型人才的竞相涌现需要建立在公民科学素质整体提升的基础上。科普包括科学普及和技术普及两个方面。科学普及是指通过大众传媒和各种社会教育活动，向广大公众传播科学知识、科学方法、科学思想、科学精神的活动及其过程；技术普及是指对需要了解或掌握某些技术和技能的群众进行传播、传授的活动。科普是一种教育活动，其意义不仅在于科技知识、科学方法、科学思想、科学精神的普及，而且更强调培养学生的科学探索精神和科学探究能力。

中国社会经济的稳步发展需要创新，特别是科技创新，而创新就需要培养大批创新型人才。所谓创新型人才，就是指具有创新意识、创新精神、创新素质和创新能力并能够取得创新成果的人才。创新精神、创新思维、创新素质和创新能力并不是凭空产生的，而是需要通过创新性教育来培养。2016 年发布的《中华人民共和国国民经济和社会发展第十三个五年规划纲要》(简称“十三五”规划)中提出了到 2020 年“公民具备科学素质的比例超过 10%”的奋斗目标，这标志着公民科学素质建设作为一项基础性社会工程，在我国国民经济和社会发展全局中处在了更加重要的位置，也成了全面建成小康社会和创新型国家建设的标志性工作之一。研究资料表明，西方进入创新型国家行列的三十多个发达国家中，其公民具备科学素质的比例都在 10%以上。为有效支撑创新型国家建设和全面建成小康社会，我国将“公民具备科学素质的比例超过 10%”作为“十三五”国民经济和社会发展的目标之一。

7.1　科普激发创新热情

一般来说，创新精神主要缘于人们的好奇心理、求知欲望、探究兴趣，缘于人们对新事物、新知识较强的敏感性，对真知的执着不懈的追求，对发现、革新、开拓、进取的百折不挠的精神追求和积极探索，这是进行创新的原动力，也是培养创新能力的基础。科普活动形式灵活多样、内容丰富多彩，可以突破场地内容和形式的局限，密切联系实际，使人们亲历事物发展过程，探析事物发展的基本原理，反映最新技术发展成果，最大限度地唤醒大众的创新精神。例如，2015 年 3 月 9 日，全球最大的太阳能飞机“阳光动力 2 号”开始环球飞行，途中在重庆、南京短暂停留，并在名古屋和夏威夷之间创下了 118 小时不间断飞行的纪录。这一事件引起公众的广泛关注，为宣传普及新能源、新材料的相关知识和节能环保技术提供了有利时机。“阳光动力 2 号”中国巡游还倡导了探索精神，激发了公众，特别是青少年的科学探索兴趣和创新热情。又如，2016 年 9 月 25 日，被誉为“中国天眼”的 FAST(500 米口径球面射电望远镜)在历时 22 年后落成，开始接收来自宇宙深处的电磁波。这是具有我国自主知识产权的世界最大单口径、最灵敏的射电望远镜。FAST 建成后激起了广大公众的好奇心，人类真的能听到来自外星文明的声音吗？

少年兴则国兴，少年强则国强。现代社会十分重视科普受众者，特别是青少年的全面发展，尤其是青少年创新意识和创新能力的培养受到前所未有的重视。科学技术的高度发展为青少年创新能力和创造力的培养提供了优越的外部环境，因此，利用科普活动能激发他们的创新精神。例如，利用科普剧、科普小实验、科普大篷车等形式培养科普受众者，特别是青少年的创新能力和创造力。把学校教育与科普影响相融合，知识理论和社会实践相结合，促使青少年全面发展和创新发展，扩大他们的知识面和实践领域，不仅提高了他们的科学文化素质，激发他们对科学的爱好和兴趣，为其以后的发展奠定了很好的基础，还培养了科普受众者，特别是青少年严谨细致的科学态度和百折不挠的探索创新创造精神。可以说，现代科普活动大大激发了大众的创新精神。例如，2016 年 9 月 15 日，中国第一个真正意义上的空间实验室——天宫二号发射成功，其于 10 月 19 日与神舟十一号飞船自动交会对接成功。航天员景海鹏、陈冬在天宫二号工作、生活了 30 天后成功返回，这刷新了中国航天员太空驻留时间的新纪录。航天员在太空进行了一系列空间试验，还给全国青少年朋友录制了一堂“太空科普课”。生动的实验内容和通俗易懂的讲解让观众感受到了航天科学的魅力，激发了青少年投身于科学的热情。

北京市科创中心的建设要求北京地区应培养大量的创新人才，而创新人才的培养是与北京地区高质量、高水平的科普工作密不可分。2016 年度北京地区科普统计数据显示，科普经费筹集额继续领先居全国前列，科普人员增减平稳，科技场馆建设稳步增长，科普传播形式多样，以科技活动周为代表的群众性科普活动产生了广泛的社会影响。

北京地区科普人员数量平稳。根据《北京科普统计(2016 年版)》的统计显示：2011～2015 年，北京地区科普人员基本维持在 45000 人左右。其中，科普专职人员维持在 7000 人左右，科普兼职人员维持在 40000 人左右。中央在京科普人员维持在 9000 人左右，市属科普人员维持在 8000 人左右，区属科普人员 25000 人左右(表 7-1)。

表 7-1　2011～2015 年北京地区科普人员增减对比　(单位：人)

分类	2011 年		2012 年		2013 年		2014 年		2015 年	
	专职	兼职	专职	兼职	专职	兼职	专职	兼职	专职	兼职
中央在京	2472	6636	2617	9467	2925	9728	2157	5884	2352	7475
市属	1402	5741	1229	2961	1712	5718	1487	6123	1554	11324
区属	2273	19819	2882	23744	3232	25610	3418	22670	3418	22140
小计	6147	32196	6728	36172	7869	41056	7062	34677	7324	40939
合计	38343		42900		48925		41739		48263	

2015 年，北京地区拥有科普人员 48263 人 ，占全国科普人员总数(2053820 人)的 2.35%，北京地区每万人口拥有科普人员 22.24 人，是全国的 1.49 倍。其中科普专职人员 7324 人，占 15.18%，北京地区每万人口拥有科普专职人员 3.37 人；科普兼职人员 40939 人，占 84.82%，北京地区每万人口拥有科普兼职人员 18.86 人。

2015 年北京地区共有中级职称以上或大学本科以上学历的科普专兼职人员 31760 人，占科普人员总数(48263 人)的 65.81%，略高于 2014 年的比例。其中，中级职称以上或大学本科以上学历的科普专职人员 5070 人，占科普专职人员总数(7324 人)的 69.22%，比 2014 年的 69.60%减少了 0.38 个百分点；中级职称以上或大学本科以上学历的科普兼职人员 26690 人，占科普兼职人员总数(40939 人)的 65.19%，比 2014 年的 61.78%增加 3.41 个百分点。

2015 年北京地区共有 25849 名女性科普人员，占科普人员总数(48263 人)的 53.56%。其中，女性科普专职人员 3593 人，占科普专职人员总数(7324 人)的 49.06%；女性科普兼职人员 22256 人，占科普兼职人员总数(40939 人)的 54.36%。

2015 年北京地区拥有农村专职科普人员 956 人，占科普专职人员总数的 13.05%，比 2014 年的 14.08%减少了 1.03 个百分点；科普创作人员 1084 人，占科普专职人员总数的 14.80%，比 2014 年的 16.03%减少了 1.23 个百分点；科普管理人员 1536 人，占科普专职人员总数的 20.97%，比 2014 年的 22.37%减少了 1.40 个百分点；其他科普工作人员 2574 人，占科普专职人员总数的 35.14%，比 2014 年的 31.46%增加了 3.69 个百分点。

2015 年北京地区拥有农村专兼职科普人员 5459 人，占科普专职人员总数的 11.31%，比 2014 年的 11.51%减少了 0.2 个百分点。每万农村人口[①]拥有科普人员数为 18.65 人，与城镇地区的每万人口拥有科普人员 22.80 人数相比少 4.15 人。

---

① 根据北京市统计局数据，2015 年年底北京市农村人口 292.8 万人，城镇人口 1877.7 万人。

总之，重视科普激发创新精神、创新热情和强化实践能力是创新教育的核心所在。科普激发的创新精神主要包括：对未知世界的好奇心、兴趣性、探究求知欲，对新事物的敏感性，对真知的执着追求，对发现、革新、开拓、进取的百折不挠的精神[①]。这既是激发创新热情的动力，又是培养创新能力的基础。

案例 7-1　京津冀万名科学小记者活动：开启创新人才科技探险之旅

北京科技报社发起“京津冀万名科学小记者”实践活动，全力打造一项致力于培养青少年科学思维、写作和表达能力的科学探索活动和培养计划，陪伴孩子度过难忘的暑期科技探险旅程。

京津冀三地 8～18 岁的中小学生都可以通过“科学加”移动客户端公开报名。通过招募、培训、实践、展示 4 个环节层层选拔、优中选优，培养一支具有较强科学思维、观察能力、写作水平和表达能力的“科学小记者”团队。首都师范大学附中、史家小学、育才学校、天津科技活动中心、河北正定科技馆等学校、场馆及机构被授予“科学小记者培养基地”牌。

活动举办以来，科学小记者陆续走进科研院所、重点实验室、大型活动现场、大型国企进行探访，如全国科技活动周暨北京科技周主场、中国国际航空公司总部、清华大学汽车工程系实验室、中国科学院物理研究所、中国科技馆《皮皮的火星梦》科普剧及长城润滑油中国航天员体验营启动现场进行了实地采访和互动实践。科学小记者通过亲子写作的形式将科学知识传播出来，获得了社会的一致认可和好评。据统计，此次活动参与科学小记者实践活动的学生共计 120 余人，小记者报道稿件 80 余篇，媒体报道 20 余次，覆盖人群 100 万人。科学小记者将继续学习、实践，采访院士、专家，用一已之力传播推广全国科技创新中心

---

① 贺建.在生物科技活动中培养学生的创新素质. 生物学教学, 2001, 25(11): 37-38.

的重要成果。

7.2 科普培养创造性思维

2015 年 12 月，李克强总理在国家科技教育领导小组第二次全体会议上的讲话中提出："科技既要服务经济社会发展这个今天的'主战场'，加快研究成果转化为现实生产力，又要在基础研究方面培养出一批人才，向前沿迈进。""我们要下更大力气推动科教形成合力，取得新突破。""要打破条条框框的体制机制障碍，整合资源，推动科技和教育工作相结合，形成"科""教"合力[①]。刘延东提出，科学教育的三个转变：加快从以教为中心向以学为中心转变，从知识传授为主向能力培养为主转变，从课堂学习为主向多种学习方式转变[②]。随着知识经济时代的到来、科学技术知识的日新月异，科普已经成为让大众学习领悟科学技术的重要方式，也是培养和塑造创新人才的重要途径。科普塑造创新人才的真谛在于：在科普过程中，通过引导人们，特别是孩子亲自动手，让他们了解科学现象，感悟科学原理，学习科学知识，体验科学乐趣，激发科学热情，培养探究能力，增强创新意识和实践能力。科普工作不仅仅只是激起科普受众一时的兴趣，其亲身经历对有的人来说可能会是终生难忘的。科普工作成了播撒科技知识的播种机，播下的是科技的"种子"，科普受众收获的是丰富的科学知识和科学素养的提高。

所谓创造性思维，是指人所具有的一种主动地、自主地和独特地发现新问题、分析新问题、提出新见解和解决问题的新思路，具有创见思维，具有求异性、独特性、开放性、主动积极性等特点的思维。可以说这种思维是人类思维的高级水平，是一切创造活动的主要源泉，

---

① 李克强.科技教育要形成合力实现新突破.（2015-12-05）[2015-12-05]. http://www.ce.cn/xwzx/gnsz/szyw/201512/05/t20151205_7332158.shtml.

② 我国科学教育的发展正面临四大瓶颈.(2017-12-28)(2017-12-28). http://www.sohu.com/a/21321-6057_675868.

是创新创造能力的核心所在。培养科普受众者，特别是青少年创新能力的关键就是发展他们的创新创造性思维。

1. 有利于培养大众的创造性思维

科普活动作为探索未知领域的实践活动，必然要求科普受众者在活动中能联系实际、开拓思维和发现问题、广泛联想、大胆想象、灵活独特地解决实际问题，从而进一步培养创造性思维。创造性解决问题的成功激励和由之激发的浓厚兴趣又持久地起到了巨大的“内驱力”，产生强烈的再创造意识，推动创造思维的逐步形成和进一步发展。因此，在科普活动的探索学习中，要注意引起和激发他们的认识兴趣和持久爱好，鼓励人们不断积极探索求异，对于科普受众者，特别是青少年在活动过程中所表现出来的种种富有创造性的言行，要及时进行鼓励、引导、赞扬，对于他们的好奇心要尽量满足和细心呵护，形成人人讲创新、人人崇尚创新、人人参与创新的创新氛围，从而很好地培养他们的创造性思维能力。

近十几年来，我国政府高度重视科普活动。我国科学教育的政策依据体现在以下几方面：《中华人民共和国科学技术普及法》(2002 年)第十四条明确规定各类学校及其他教育机构，应当把科普作为素质教育的重要内容，组织学生开展多种形式的科普活动。科技馆(站)、科技活动中心和其他科普教育基地，应当组织开展青少年校外科普教育活动。《关于科研机构和大学向社会开放开展科普活动的若干意见》提出：要建立校外科技活动场所与学校科学课程相衔接的有效机制。《关于加强国家科普能力建设的若干意见》提出：促进中小学科学课程的改革与发展，以及支持、参与科学课程教师培训，加强中小学科学教育基础设施建设。《国家中长期教育改革和发展规划纲要(2010—2020 年)》提出，注重学思结合，开发实践课程和活动课程，拔尖创新人才培养改革试点。《全民科学素质行动计划纲要(2006-2010-2020 年)》《全民科学素质行动计划纲要实施方案(2016—2020 年)》提出，加强教师队伍建设，加强教材建设，改革教学方法，加强教学基础设施建设，充分发掘高校和科研院所科技教育资源，健全科教结合、共同推动科技教育的有效模式。《关于推进中小学生研学旅行的意见》提出，中小学生研学旅行，是学校教育和校外教育衔接的创新形式，是教育教学的重要内容，是综合实践育人的有效途径。《义务教育小学科学课程标准》提出，小学科学教育对从小激发和保护孩子的好奇心和求知欲，培养学生的科学精神和实践创新能力具有重要意义。以上政策是中国开展科学教育工作的主要依据，从理念、目标、方式、课程、教材、教师队伍、资源设施保障等方面都有安排部署，为相关科学教育资源的有效整合提供了指导性意见。

具体可采取如下几方面的措施：一是活动前对科普受众者进行预培训，提高他们对活动的重视意识，明确活动目的，提高他们对科普活动的兴趣，使其积极主动地参与活动。二是成立科普活动小组，选举活动小组长，由组长安排各成员的工作。三是指导科普参与者或青少年选择好课题、活动项目，如独立开展、集体合作等。四是指导科普受众者精心设计研究方法、合理利用科普资源，善于观察和记录活动的过程、结果和现象，同时对活动结果进行科学的分析。通过有计划、有步骤地实施科普教育活动能更好地培养他们的创造性思维。

2. 培养人才创新思维的重要途径

创新教育是旨在培养创新性人才或创造性人才的教育，美国著名学者奥斯汀于 1941 年开设的创造工程课，以及他撰写的《思考的方法》一书被认为是创新教育的起源[①]。早在春秋时期，墨翟(墨子)就已经明确提出了“述而且做”的创造教育主张。我国近代教育史上的陶行知将“创造”看作是人生的真谛，把培养创造力作为教育的宗旨，他提出的“行动是中国教育的开始，创造是中国教育的完成”[②]的名言和思想，要求广大教育工作者教育青年要运用双手与大脑去做新文明的创造者，而不是教他们仅袖起手来去做旧文明的安享者。目前，创新教育已成为我国全面实施素质教育的重中之重。没有创新教育就不是完

① 顾明远, 孟繁华. 国际教育新理念. 海口: 海南出版社, 2001.

② 张文华, 施琦. 生物科技活动在现代教育中的作用和意义. 生物学杂志, 2003, 20(1): 43-44.

整意义上的素质教育，也不是真正意义上的全面发展的教育。创新教育在本质上具有以下主要特征：一是创新教育是全面发展学生个性品质的新型教育。实施创新教育就要彻底改变不适应时代发展要求的培养观，着力培养学生的创新精神、创新能力和创新素质，使学生的个性得到真正的全面发展。二是创新教育体现学生的主体意识和自主精神。创新活动是以学生为主体的活动，学生可以自由地以发散性思维去提出问题、分析问题、寻求答案和解决问题。三是创新教育是面向全体学生的素质教育。创新教育提出的现代教育要符合社会经济的发展对培养人才提出的新要求，创造性是每一个学生都应掌握和具备的基本素质和主要本领。

科普教育正是培养人们创新思维、创新精神和实践能力的重要途径。现代科普教育的活动形式灵活多样、内容丰富多彩，且密切联系实际，可以突破学校课本教材内容和形式的局限，具有不同于课本的崭新天地。开展科普活动有利于培养学生的独立意识和自主意识，提高他们实践学习的能力和适应环境的能力；有利于因材施教，发展特长，形成学生个性中的独特性和自主性；有利于培养学生的探求意识和独立解决问题的意识，提高他们的创造力；有利于学生的身心健康和知识增长，使他们的个性和才能得到全面和谐的发展。所以，开展科普教育是实施创新教育的重要举措和途径，科普活动是推行创新教育最好的载体和形式。

在科技场馆一系列科普活动的实践过程中，着重引导和帮助大众在接受、理解知识的基础上领悟前人获取知识的方法，经历创造性解决问题的过程，从而培养他们的创造性思维，塑造其创造性人格，从而其创新能力、创新思维、创新人格得以逐渐形成，创新活动才得以完成，并最终促使他们的整体素质得到全面发展。所以，科技场馆在进行科普活动的过程中注重培养科普受众者，特别是青少年的创造素质能更好地与现代素质教育相融合，为培养大众，特别是培养新一代全面发展的高素质人才奠定了有力的基础。以节能减排的科普知识为例，通过一部分节能减排知识的科普，可以激发人们对创新节能减排方式方法的热情。因为节能减排的本质是节约使用资源，只要节约使用某一种资源，就可以达到节能减排的目的。

总之，当代社会需要的创新人才，需要立足于现实而又面向未来的创新人才。创新人才应具备以下几个方面的基本素质：一是以创新精神和创新意识为中心的自主和自由发展的个性；二是积极向上的人生价值取向和崇高的献身精神；三是专业化知识和广博知识的充分结合；四是以创新能力和素质为基本特征的高度发达的智力和能力等。要培养创新能力，就要从以上几个方面去努力和提高，其中特别关键的一环是实践创新能力。仅有知识的积累不可能形成创新，在实践的过程中争取不断有新的启迪、新的想象、新的创造。

7.3　科普提升科学素养

科学是人类社会前进的一把钥匙，创造力也是人类发展进步的一把密钥。科普教育工作不仅要教育人如何制造这把钥匙，还要教育人如何使用这把钥匙打开人类文明进步之门，解决人类发展中所面临的各种问题。只有不断地探索，才能为人类增加新的知识，只有持续地创造，才能为世界带来新的幸福。社会在不断发展，只有可持续发展的人才能得以生存和发展。因此，科普教育工作就是塑造可持续发展的人，开展创造性的科普活动，关注科普受众者，特别是青少年的发展，尤其是关注其个性心理品质和创新能力的发展，为他们的未来发展奠定基础。科普教育要体现科普内容的科学性、终身教育理念，以科学(science)、技术(technology)、社会(society)(简称 STS)教育模式为重要形式、研究性学习为最新形式等，着力培养和塑造创新人才。

1. 科普知识是培养创新人才的重要基础

科普教育内容的科学性是培养创新人才的关键基础[①]。1985 年美国促进科学会聘请和组织了科学、数学和技术领域数百名知名专家学者和部分教育实际工作者组成全美科学技术理事会，研究总结了科学、

① 阎金铎. 科学教育研究. 合肥: 安徽教育出版社, 2004.

数学和技术领域的深刻变化和未来的发展趋势，汲取了当时最新的教育改革和革新的研究成果，于 1989 年出版了《普及科学——美国 2061 计划》总报告及 5 个分报告，并将其作为美国实施科学教育的理论依据。“2061 计划”详细地阐述了美国实施科学教育的基本理念，并且就科学教育提出了有效的学习和教学应遵循的一些原则①。这些原则恰恰是科普需要遵循的原则：一是科学教学应不断培养并很好地利用学生的好奇心和创造性。教学应从学生感到有趣也比较熟悉的问题和现象入手。抽象的理论常常得建立在具体的例子上，而科普恰恰具有很强的实践性，解决了理解抽象的理论的问题。二是如果指望学生最终能在新的情况下，动用所学知识严密谨慎地思考问题，分析情况，把某些科学上的想法公之于众，能进行逻辑论证，能与他人共同合作，他们就必须有机会在多种多样的情况下亲自进行诸如此类的实践。三是学生们还需要有各种机会参与如搜集证据、观察现象、写概述、会见记者、使用仪器等与科学有关的活动。四是学生的科普学习经历不仅应有助于积累有关的世界科学知识，亦应有助于培养学生科学的思维习惯。学生应养成对证据、逻辑和科学见解提出疑问的习惯。学生应接触那些需要他们找出有关证据，并对这些证据意味着什么含义提出自己的合理解释的问题。这些原则对我国搞好科普工作有积极的借鉴意义和重要的参考价值。开展科普教育正是我国推行科学教育理念的重要途径，也是培养青少年科学素质和创造素质的正确途径。科普活动内容新颖，不同于课堂上简单的教与学，很容易将学生带入科学的殿堂，萌发他们对科学的热爱和追求，而科普的科学性确保每一个环节的严谨性、逻辑性和实验性，则要求学生独立思考、不轻言、不盲从、客观严肃地操作，在实践中帮助学生逐步具备科学的处事态度，就这一点而言，科普教育对于培养创新人才的创新素质具有的深远的意义。

图 7-1 显示了 2005 年与 2015 年公众对若干类科技信息感兴趣程度的对比变化。与 2005 年相比，2015 年公众对科技信息感兴趣程度提高的有：宇宙与空间探索、环境污染及治理和科学新发现，分别比 10 年

① 张光鉴，高林生，张菀竹. 科学教育与相似论. 南京：江苏科学技术出版社，2000.

前提高了 12.8、5.3 和 0.1 个百分点；公众对科技信息感兴趣程度不变的有：生活与健康；公众对科技信息感兴趣程度下降的有：农业发展、医学新进展、新发明和新技术，分别比 10 年前下降了 5.2、3.7 和 2.0 个百分点。

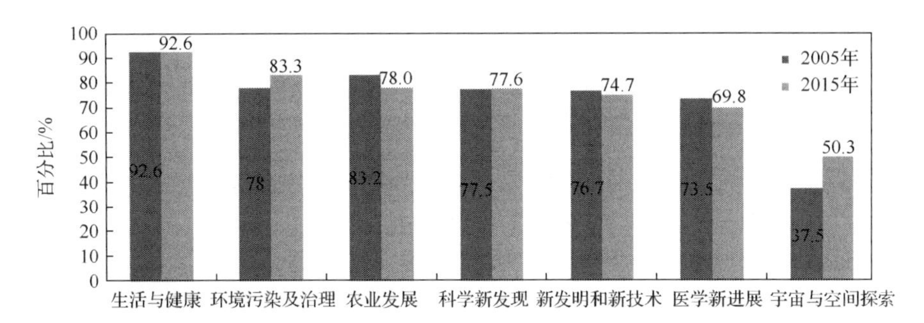

图 7-1　公众对若干类科技信息感兴趣程度对比分析图

资料来源：中国科学研究院，2017

科技资源内容的科学性满足了公众的求知欲。一是公众对科技信息感兴趣程度高。我国公民对科技新闻保持较高的兴趣，对生活与健康、环境污染与治理高度关注。基于北京市民对科技信息的感兴趣情况调查显示，北京市民对气候与环境、节约资源能源及健康与养生的兴趣排前三位，所占比例分别为 91.4%、90.7%和 89.9%，如图 7-2 所示。

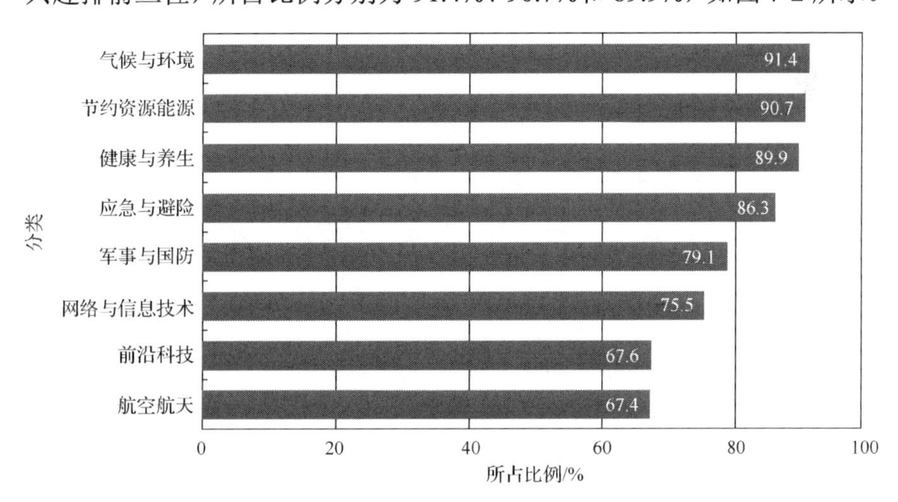

图 7-2　北京市民对科技信息的感兴趣情况

资料来源：中国科学研究院，2017

二是公民对科技的态度有很大的转变。公民对科技的态度调查显示：83.7%的公民认为现代科学技术将给我们的后代提供更多的发展机会；80.7%的公民认为科学技术使我们的生活更健康、更便捷、更舒适；77.3%的公民认为现代科学技术尽管不能马上产生效益，但是基础科学的研究是必要的，政府应该支持；75.3%的公民认为科学和技术的进步将有助于治疗艾滋病和癌症等疾病，如 7-3 所示。

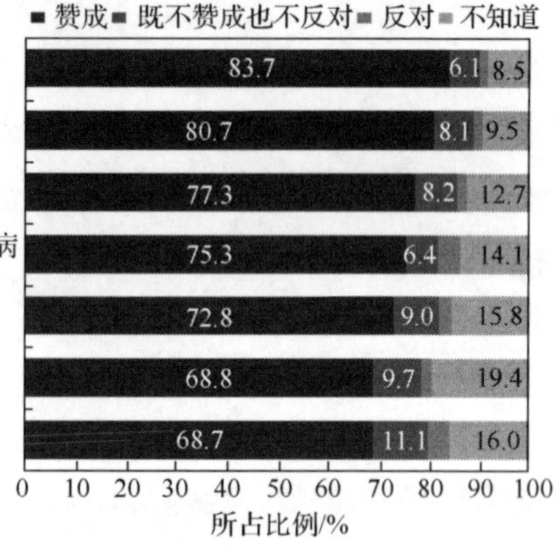

图 7-3　我国公民对科技的态度转变情况调查情况分析

资料来源：中国科学研究院，2017

三是越来越多的公民了解并珍惜自己参与科学决策的权利。我国公民明确知道自己拥有知情权和参与决策的权利。这种权利的意识和参与的意识不受地域、经济状况和受教育水平的限制。公民参与决策的主要目的与自身利益密切相关：研究项目给我们的生活带来什么好处，是否有副作用、科学研究结果与我们的生活密切相关。

2. 终身科普是培养创新人才的精神理念

终身科普教育的思想最早形成于 20 世纪 60 年代中期。1965 年，法国成人教育学家保罗·郎格让编著的《终身教育导论》一书的出版标志着终身教育思潮的形成。郎格让指出，教育和训练的过程并不随学校学习的结束而结束，而是应贯穿于生命的全过程[①]。终身教育已经成为世界各国教育事业发展的主流方向，国际社会及各国都先后按终身教育理论调整自己的教育体制，对教学、课程做出了必要的改革。基础教育处在个体终身教育整个系统的青少年时期，它是终身教育的序曲，为人的终身发展奠定基础。而科普教育是基础教育的一项重要内容。开展科普教育的目的是要促进每个人身体、智力、情趣和社会性等方面得到和谐发展，开发人的潜能，培养其创新精神和实践能力，使其适应社会、理解生活，为其终身发展服务。因此，开展科普教育是培养人具有适应终身学习的基础知识、基本能力和基本方法的途径之一。

3. 研究性科普是培养创新人才的重要方法

20 世纪 80 年代，特别是进入 21 世纪以来，探究式学习作为一种先进的教学方法的科学性越来越被认可，研究性科普也逐步成为培养创新人才的重要方法。教育家施瓦布曾指出，如果要学生学习科学的方法，那么有什么学习比通过积极地投入到探究的过程中去更好呢？这个思想对科学教育中的探究性学习产生了极为深远的影响。2000 年初，教育部颁布了《全日制普通高级中学课程计划(试验修订稿)》，其将研究性学习作为综合实践活动的一项主要内容和重要形式，并纳入了新一轮扩大试验的课程计划之中[②]。这是当前我国基础教育课程改革中最具影响，也是最有吸引力的措施。同时，研究性科普或探究式科普也应成为科普的一种重要方式和方法。

研究性科普是指科普受众者在科普教师的指导下，从日常生活和社会生产中选定和确定研究内容和专题，以个人或小组合作的方式进行研究探索，主动地获取科学知识、应用知识，解决问题的学习活动[③]。

---

① 顾明远, 孟繁华. 国际教育新理念. 海口: 海南出版社, 2001.

② 国家教育行政学院. 基础教育新视点. 北京: 教育科学出版社, 2003.

③ 陈玉琨, 程振响. 研究性学习概论. 上海: 少年儿童出版社, 2003.

研究性科普过程是充分发挥科普学习者的积极性和有意义的学习过程。它可以激发科普受众者学习的兴趣和求知欲望；重视运用科学认知方式和策略，尊重科普受众者学习认知规律；关注知识表征，认知结构的发展及问题解决；注重学习创造性及主体性人格培养。它改变了科普受众者学习的方式和方法，使科普受众者从传统的单纯接受知识转变为主动地参与和探究科学知识，这对提高科普受众者创新精神、获取知识和探究能力都具有十分重要的意义。

研究性科普本身具有开放性、实践性和探究性的特点，是科普受众者和教育者共同探索获得新知识和获取新能力的学习过程，是双方围绕着要解决的问题共同完成分析思路的甄别、研究内容的确定、方法的选择及为解决问题相互合作和不断交流的过程。其特别注重科普受众者对所学知识的实际运用和亲身体会，特别注重学生的学习过程、实践过程和体验过程。科普教育本质上就是一种研究性或探究式的学习过程，它常常围绕一个需要解决的实际问题展开。研究性科普从身边实际出发，解决了现实存在的问题，而且不需要花费大量的资金成本，具有实用的推广价值。科普受众者通过教育者积极引导、科普受众者自主参与课题研究活动，进行亲身实践和亲身体验，逐步形成善于质疑、乐于探究、勤于动手、努力求知的积极态度，产生积极情感，激发其探索、创新的欲望，培养其发现问题和利用信息解决问题的能力，使其学会与人交流和沟通，学会关注人类与环境和谐发展，形成积极的人生态度，培养其的社会责任感，有利于其今后的发展。

综上所述，科普为科普对象创造了动手、动眼、动脑的基础条件，提供了参与实践体验的机会，这是开展科技素质教育的主要特点和优势，大大弥补了学校教育动手少、实践少、理论联系实际严重不足的缺陷，与课堂教育形成了有利的互补，成为青少年课外学习重要的第二课堂。科普为学校开辟了科技教育的第二课堂，科普对象通过观看图片、体验展品、操作展具等，能学到很多科技知识。科普以最易于接受和理解的形象化的手法，启迪青少年的思维，激发其探索精神和创作灵感，造就符合时代要求的有科学精神、创造智慧、开拓能力的新一代创新型人才。

案例7-2 北京“翱翔计划”：创新人才的摇篮

“翱翔计划”于2008年3月31日正式启动，是全国首个以面向中学生培养拔尖创新人才为目的的教育计划，采取中学与大学联合培养的方式。自2008年3月启动以来，建成培养基地29个，课程基地31个，形成了一支由750位学科教师、416位专家构成的培养工作团队，累计培养1500余名学员，获得首届基础教育国家级教学成果一等奖。“翱翔计划”的总体思想是稳步推进普通高中课程改革，发挥首都教育资源优势，在青少年中培养拔尖创新人才。其主要目的是让学生通过实验室特有的氛围熏陶，形成持久的科研兴趣。让学生亲历一个完整的“感受科学研究和科学家—理解科学研究过程和科学家素养—对科学研究和成为科学家感兴趣—立志投身科学研究和成为科学家，为人类可持续发展做出卓越贡献”的过程。

“翱翔计划”面向全体中小学校，对科技成果资源进行课程转化、博物馆与科普场馆资源进行教学化开发，不断积累和丰富基础教育阶段创新人才培养的课程资源，同时面向全市中小学生开展建言，全市所有区400余所中小学校及幼儿园的累计10余万名学生积极参与，主动发现身边问题，形成30个主题方向的建言5万余条。“小创客”培育活动蓬勃开展，全市16个区、61所学校、480余名小创客提交318项创意作品，激发了青少年的科学探索热情。支持有条件的中小学校和科普基地创建“科学探索实验室”，2018年新增5家、累计达到78家，参加科学探究的中小学生约20万人。

“翱翔计划”针对学有余力、兴趣浓厚、具有创新潜质的高中生，充分挖掘和利用北京丰富的社会和教育资源、文化与科技资源，建立让高中生“在科学家身边成长”的机制，有利于激发高中生对科学的兴趣，使其养成探索科学、热爱科学的习惯，增强其的创新意识、科学精神与实践能力。学生参加“翱翔计划”，通过实验室特有的氛围熏陶亲身经历感受完整的科研过程，可形成持久的科学研究兴趣，为培养未来的创新人才奠定了基础。

第8章　知识创新引领科普前沿发展

8.1　知识创新壮大科普队伍

科普人才是指具备一定科学素质和科普专业技能、主要从事科普实践并进行科普创造性劳动且做出积极贡献的工作者。科普人才队伍由科普专职人才队伍和科普兼职人才队伍构成。其中科普专职人才类型包括科普场馆专门人才、科普创作与设计人才、科普研究与开发人才、科普传媒人才、科普产业经营人才和科普活动策划与组织人才等。科普兼职人才类型则包括进行科普(技)讲座等科普活动的科技人员、中小学兼职科技辅导员、科普志愿者等。近年来，随着北京科普工作的蓬勃发展，以高端科普专家人才、专兼职科普人才、科普志愿者为主体的科普人才队伍逐步发展起来，形成了推动北京科普事业发展的中坚力量。

科普人才建设是科普工作开展的重要保障，实施科普人才队伍建设工程是国家发展的战略要求，是推动科普事业发展的重要支撑。为加快科普人才的培养，2010年6月，中国科协在贯彻落实《国家中长期人才发展规划纲要(2010—2020年)》的基础上，制定了《科普人才发展规划纲要(2010—2020年)》，对全国科普人才队伍的建设和发展进行了统筹规划。

8.1.1　知识创新能够凝聚科学普及人才

建立和完善科普人才培养体系是确保科普人才队伍不断成长和持续发展的基础，是科普人才资源可持续开发利用的根本保障。知识创新能够凝聚科学普及人才，壮大科普专兼职队伍。近几年来，北京针对科普人才依然匮乏及缺乏科普人才培养专门机构的问题，在不断凝聚科技科普人才的同时，大力实施首都科普人才培养工程，完善科普人才培养体系，促进科普专兼职人才队伍稳定发展，如图 8-1 所示。

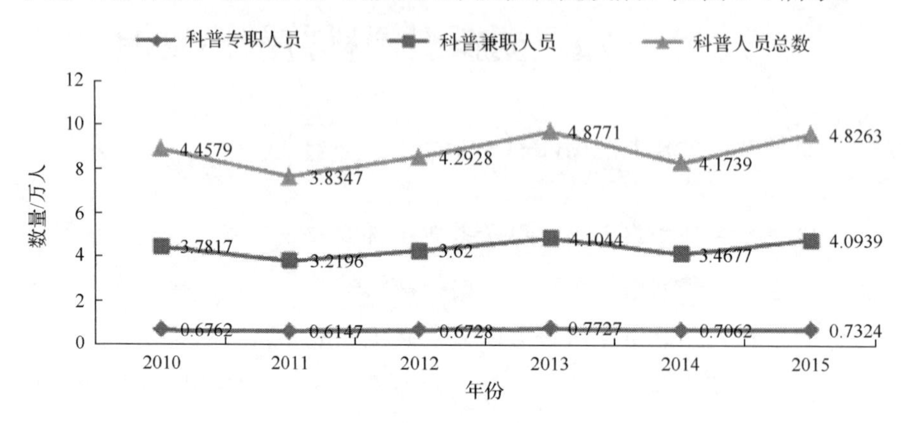

图 8-1　2010～2015 年度北京市科普专兼职人员发展情况趋势图

资料来源：《中国科普统计》2016 年版

2015 年，北京市拥有科普专兼职人员 48263 人，比 2014 年(41739 人)，增加了 6524 人；全市每万常住人口[①]拥有科普人员 22.24 人，比 2014 年增加了 2.84 人。其中科普专职人员 7324 人，比北京 2014 年的 7062 人增加了 262 人，占科普人数总数的 15.18%，相比 2014 年的 16.92% 降低了 1.74 个百分点；科普兼职人员 40939 人，比 2014 年(34677 人)增加了 6262 人，占科普人员总数的 84.82%；2015 年科普兼职人员投入工作量 46936 个月，平均每个科普兼职人员年投入 1.15 个月。

8.1.2　知识创新推动高端科技人才从事科普

知识创新能够吸引高端科技人才，强化专家群科普队伍。“知识就是力量”不仅取决于其本身价值的大小，还取决于掌握该知识的人数的多寡，即取决于它是否被传播及传播的广度和深度。因而科普源头的科研人员从事科普传播工作，是科普工作必不可少的重要环节。只有让科研人员积极参与到科学普及工作中来，才能把他们掌握的最前沿的科学知识、科学方法等传播出去，让创新知识真正为广大人民

① 根据北京市统计局数据，2015 年年底北京市常住人口为 2170.5 万人。

群众所掌握，让知识的力量真正发挥出来，让广大公众便于学习科学知识、运用科学知识。卡尔·萨根在《魔鬼出没的世界》中提出，在科学的所有用处中，培养出少量的、专业知识水平很高、高报酬的牧师式的专家是不够的，事实上也是危险的。相反，某些最重要的科学发现和科学方法必须在更大的范围内使公众得到了解。因而，应该鼓励更多的科学研究工作者参加科普。

科学家和其他优秀科技工作者应成为科普的重要力量。科普专家队伍是一支水平高、知识领域广、创新知识丰富、职业素质过硬的科技人才队伍，是科学传播的重要力量和核心力量。当今，科技社会化和社会科技化的特点和趋势在特定方面反映了科技与社会公众的密切关系，科学家和技术研究专家的工作对社会产生越来越大的影响，他们的工作需要公众的理解和支持。因此，他们有责任将自己的科研工作介绍给公众。例如，美国非常重视科学家参与科普工作，各种基金中都有资助科普项目的内容；大学教授的年度考核把是否参与公众科普活动作为一个重要的评估因素。科学家和技术研究专家处于科技发展的最前沿，他们比其他人更加了解科学或技术的状况，包括科学或技术对社会可能产生的各种影响，因此他们可以及时、准确、全面地将科学和技术的最新成果，用公众能够理解的语言介绍给公众，积极承担起科普的责任。

目前，发达国家的很多科研机构都要求其成员与公众探讨他们的研究工作，如英国皇家学会、法国科学院、澳大利亚联邦科学与工业研究组织、美国国家科学基金会及英国研究理事会还出台了传播指南，成立了新闻办公室或者聘用从事传播的工作人员，推动各种类型活动的展开，包括具有教育功能的网站、纪录片、科技表演和研究中的志愿服务等。总之，这些做法主要是鼓励科研人员更多地参与科普工作，把他们所掌握的科学知识传播给广大公众。

为了吸引高端科技人才，强化专家群科普队伍，我国应积极借鉴发达国家在科研项目申报、执行、验收和成果发布中对科普工作制定要求的经验。例如，欧盟要求科技项目完成和成果提交后的60天内，提交对公众广泛参与科技的影响报告；英国则要求科研人员汇报和提交与媒体接触情况，并将科普作为一项验收指标。美国则要求在科研项目验收阶段评估项目的广泛参与度和影响力，其中科普是一项重要指标。广大科技工作者积极投身科普写作、科普讲座、科普活动、科普评选等科普活动，壮大了“双能”人才队伍，即“科技人才+科普人才”队伍，并能够快速取得公众的信任，与媒体工作者深入交流，利用自媒体和新媒体平台快速传播普及科学知识，加快科普事业的发展。北京科技创新资源丰富，坐拥众多高校、院所、企业等单位，其在理论研究、作品创作、展品设计、场馆建设等各个方面拥有大量的科普专家，为北京科普的发展发挥着重要的战略指导作用和科学传播作用。2013 年，北京市科学技术委员会特聘科普专家李象益教授，获得联合国教科文组织科普大奖——卡林加奖，其是该奖项自1952年设立以来，第一个获奖的中国人。北京健康科普专家团自2011年组建以来，共遴选出两批累计 474 个健康科普专家，在全市范围内开展健康知识讲座262场。中国科协2013年聘请了5批首席科普专家，国土资源部2017年聘任了12批国土资源首席科普专家。2014年，北京市科普惠农兴村计划和社区科普益民计划表彰农业科技服务专家 8 名、专业技术指导员15名。目前北京市通过科学讲堂、科学名家讲座、校园科普、野外科学考察和优秀项目资助活动，已建立起由院士、长江学者、特聘教授、省部级教学名师为主的科普专家队伍。

8.1.3　知识创新能够广泛吸纳社会力量

知识创新能够广泛吸纳社会力量，壮大科普志愿者队伍。科普工作不只是专业科普工作者的事情，同样也是科学家和其他科技工作者的责任和义务，也是全社会的责任和共同任务。一方面，要积极培养一批科普专业化队伍，另一方面还要激励社会力量参与科普工作，吸引科技人才充实科普队伍。可以说广大的科普志愿者是科普工作的重要力量之一，其人数众多，知识面非常广泛。加强科普志愿者队伍建设是贯彻落实《中华人民共和国科学技术普及法》和《全民科学素质行动计划纲要》的具体举措。

北京自组建科普志愿者队伍以来，广大科普志愿者积极参与，科普志愿者队伍总体在不断壮大发展(图 8-2)，科普素质不断提升，科普能力不断增强，其已成为全市科普队伍中不可或缺的重要力量。2014 年以来，北京进一步加强科普志愿者队伍建设，激发科普志愿者参与科普志愿服务的积极性，效果十分显著。组织首都保护知识产权志愿者、大学生及街区志愿者分队开展知识产权服务、培训等活动 128 次，受众人数超过 2500 人次。组织“守护天使”志愿服务合作签约活动，近 5000 名“守护天使”志愿者和候选者在“志愿北京”注册登记。成立首都科技志愿服务联合会，聚集首批志愿服务团队人员 100 名。2014 年，全市科普志愿者超过 25 万人。据最新统计，2015 年注册科普志愿者人数达到 2.0132 万人。

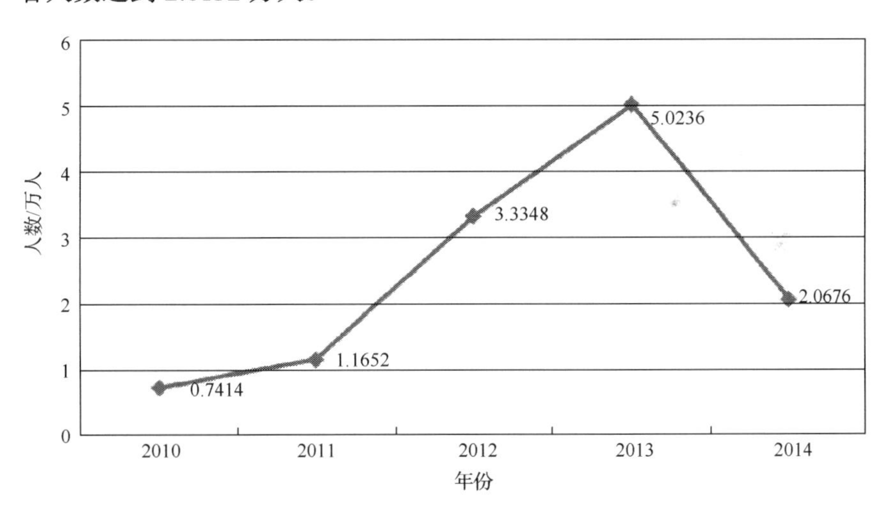

图 8-2　2010～2014 年度北京地区注册科普志愿者数量变化情况

数据来源：《中国科普统计》2015 年版

北京未来将动员全社会力量共同推进科普事业发展。动员政府机关、社会团体、企事业单位、农村基层组织等全社会力量开展科普工作，形成政府引导、全社会共同参与、科普事业发展大协作的格局。北京科技部门要明确牵头职能，其他行政部门要按照各自职能分工，做好本职工作。要重视发挥科学技术协会作为科普工作社会力量的作用，充分调动工会、共青团、妇联等社会团体的积极性和创造性，大力开展群众性、社会性、经常性的科普活动。科普工作联席会议制度是推动北京科普工作发展的有效形式，应将近年来涌现出来的开展科普工作富有成效的一些部门吸收到科普工作联席会议之中，充分发挥科普工作联席会议在研究协商重大科普问题、开展大型科普活动中的重要作用。着力搞好科普志愿者队伍建设，要在社会各行业中都培养一些愿意为科普事业做出无偿贡献的优秀人才，并把他们吸收到科普队伍中来，通过对其进行科学培训，使其承担一定的科普任务。

8.1.4 知识创新能够吸引企业参与科普

传统科普被认为是政府职能之一，即由政府包办的一项社会公共事业，没有产业化发展的空间。尽管在未来很长一段时期，科普仍将是一项必须由政府支持的社会公益事业，但是我们应看到科普事业在其发展过程中，存在企业化运作的巨大空间。从投入、产出角度看，政府若通过有效政策激发以盈利为目的的企业化的科普活动，所收到的科普成效将会远远大于政府直接着手此项工作的成就。知识创新能够吸引企业参与科普，强化科普援助体地位。

当前美、日等发达国家，除政府和非营利组织(主要是科技团体和基金会)是主要的科普投入主体外，企业为了自身形象，满足长远发展需要和盈利目的，也以多种多样的形式参与科普投入，成为推动科普文化产业发展的一支重要力量。由于科普投入主体的增多和科学自身的特点，发达国家逐渐形成了由大众传媒、科技博物馆、科技社团及科普非营利组织组成的多样化科普运作主体机制。发达国家科普文化产业快速发展的一个重要经验，就是政府对科普高度重视，并在科普文化产业市场化运作过程中，构筑起一个广泛吸引社会力量投入和参与的机制和氛围[1]。

科普企业化包括两方面的内容：第一，企业直接生产科普产品，如出版发行科普图书、杂志、报纸、数字音响制品，制作科普教具、学具，开设科普场馆等；第二，科普企业为了推销自己的产品，通过各种方式向公众普及与其科普生产产品相关的科技知识。例如，《宇宙与人》走向市场的巨大成功，充分说明了市场这只看不见的手在推进科普事业中发挥的巨大作用。《中华人民共和国科学技术普及法》第 25 条规定国家支持科普工作，依法对科普事业实行税收优惠；同时，财政部、科学技术部、新闻出版总署共同制定了《关于鼓励科普事业发展税收优惠政策》，这一政策将为科普的企业化运作创造一个优良的外部发展环境。

市场经济是竞争经济，本质上是科技竞争，企业技术支撑能力取决于企业员工科学素养的高低。所以，加强对企业员工的技能培训和创新意识培养，不仅有利于推动整个国家公民科学素质的建设进程，同时也有利于企业技术创新能力的提高。因此，企业科普是国家、社会和企业本身的一种三赢选择。鼓励企业出资建设科技场馆设施，在宣传展示企业科技实力和企业文化的同时，也参与和支持了科学技术知识的教育与普及工作活动，成为科技传播事业的援助主体，无论对企业本身的发展，还是对推动科技传播事业的发展，都会产生重要作用。可以说，企业科普是企业充分发挥自身技术和资源优势，融于社会、回报社会的一种手段，是其实实在在承担社会责任的体现。在企业科普公益行为得到公众赞赏的同时，随之而来的必然是企业的商业效益。因为企业科普作为技术创新产品的传播载体，可以提升企业形象。科学技术通过产品这一载体传播给公众，推动了科普宣传的持续发展。例如，海尔空调的“变频”概念等，这些隐含在产品中的科技知识和科技原理，随着产品销售与消费已逐渐为公众所认知与理解。

---

① 蔡鹏，陈琳，张平. 成都市科普文化产业发展现状与走向研究——发展科普文化产业，促进科技服务民生. 产业经济，2016，(32)：288-290.

企业科普的目标就是要紧紧围绕技术创新、产品创新，开拓市场，促进经济和科技的结合，促进企业自身的品牌、形象建设。企业应认识到积极开展科普活动对提升自身潜在商业价值的巨大效应，用先进的手段和形式履行自己应尽的社会责任。随着我国社会主义现代化建设的不断深入，企业科普必将成为科普事业中的中坚力量，为激发全民的创造热情和创新活力增添强劲的能量。

中国科协科普部部长杨文志认为，企业参与全民科学素质建设、履行企业社会责任是培养和扩大未来市场的有力途径，企业应该以开放的胸襟迎接企业科普。科普还应重视我国广大的西部地区和农村地区。那里的人们更需要通过科普来改善目前的经济状况。所以国家科普政策应对这些地区有更多的关注和支持。科普是一个事关民族创新发展的大事业，它需要全体社会成员的共同协作和努力。发展科技传播事业，政府、企业和科研单位、个人、媒体人人有责。

案例 8-1 都市知识创新典范：北京市级职工创新工作室

北京为了进一步深化和推进市级职工创新工作室和首都职工自主创新成果。2016 年 12 月 26 日，在“助推岗位创新创造，提升技能人才成匠”助推职工职业发展工作推进会上，北京市总工会和北京市科学技术委员会联合将北京现代汽车王志伟创新工作室、燕山石化谷长吉创新工作室等 30 家工作室认定为市级命名创新工作室，对奔驰 M274 发动机及自动变速箱剖解台架、残疾人服务一卡通等 60 个首都职工创新成果进行授牌。

自 2009 年起，北京市总工会和北京市科学技术委员会联合认定市级职工创新工作室，推动首都职工自主创新成果落地。从 2009 年首次认定 10 家到 2010～2014 年度每年度认定 100 家，6 年累计认定市级职工工作室 510 家，其中有 190 家以领军人名字命名。累计涌现创新成果 2400 余项，申请创新专利 584 项，480 余项创新成果获得市级以上科技奖励，领域涵盖信息技术、航空航天、节能环保等战略性新兴产业，创新成果覆盖万余人。北京市科学技术委员会通过对一线职工发明专利和市级职工创新工作室创新项目的支持，进一步激励本市职工焕发劳动热情、释放创新创业潜能，更好地满足首都产业结构优化升级和企业创新发展需求。

2018年9月，北京市总工会和北京市科学技术委员会联合联合公布了2017年度市级(示范性)职工创新工作室暨首都职工自主创新成果名单。市级职工创新工作室认定工作是服务京津冀协同发展大局，提升职工的创新文件意识和创新水平，加强企业创新能力建设与管理，充分发挥技术人员和技能人才优势，解决生产经营管理中的技术难题，促进大众创业、万众创新的重要举措。经过组织申报、专家评审、现场答辩等环节，张进红创新工作室被评定为“超高层综合施工技术与管理”领域的北京市级职工创新工作室。

案例8-2　鲁白：我的科学梦“赛先生”[①]

在科学进步发达的今天，科学已融入我们日常生活，人们一天都离不开的手机、网络和药品，这些都是科学成果，来自于科学研究和转化，来自科学家和工程师们辛勤工作。科学就像饭和水一样，平常、普通，但又必不可少。我们不是没接触，但是今天的平民百姓还没有很强的科学意识。对科学、科学家的追求和尊重，反映了一个国家的文明和进步程度。“赛先生”用微信这种新媒体的方式，来推动科学的传播和交流，是一种“时尚”的科学探讨和分享的平台。我们专注于科学及其相关的各领域，在这里，大家可以交流探讨与科学有关的任何话题。我希望它有“微信”一般的生命力和影响力。

我想谈谈我对“赛先生”的三方面的理解:

① 我的科学梦“赛先生”创刊感言. (2014-08-04) [2014-08-04]. http://wap.sciencenet.cn/blog-393255-817054.html.

科学应该是一种生活方式！科学带来的不仅仅是知识本身，还有对未知世界的探索所带来的快乐，一种对好奇心的满足。就像体育，比如足球，它不应该仅仅是运动员的快乐。这种美妙无比的喜悦，值得全民全社会的分享。

科学也是一门艺术，而从事这门艺术的科学家，往往是个顶个的武林高手、演员和极具创造力想象力的艺术家。在他们获得重大科学发现的背后，常常有着的跌宕起伏的故事。而这种丰富精彩的人生，是多么值得我们探寻，分享啊。

科学更是一种智识生活(intellectual life)，它是创造、想象、观察、分析、推理、演绎、归纳等等智识生活要素的综合体现，代表了更高阶段的生活追求。人类的文明，需要更多的智识生活。

8.2　知识创新丰富科普的内容

新知识丰富科普的内容，其本质上就是创新科普的内容。通过紧紧围绕知识创新体系生产的新知识和社会需求开展有针对性的科普工作，能够显著增强科普工作的内容和实效性。可采取多种科普方式，推广新技术、新产品，促进科技创新成果转化和产业化。知识创新丰富科普的内容体现为以下三个转变。

8.2.1　知识创新扩充科普内容

传统的科普模式以传播科学知识为重点，但在互联网时代，网络异常便捷地给使用者提供各方面的知识。在这种情况下，在海量知识和信息中如何鉴别和利用科学知识变得更为重要，由重视科学知识向着力提高科学素质转变。因此，在网络时代，科普应当更加强调科学精神、方法与基本素质的培育。在传播知识的同时，要花更大的精力去关注具体知识背后的理念、精神、方法、思想及评价等基本素质，进而推动公民科学素质的实质性提升。总之，现代知识创新大大地变革了科普内容，由重视科学知识向着力提高科学素质转变。

8.2.2 知识创新完善科普方法

传统的科普概念有一个潜在的预设，即科普主要是科技工作者向知识贫乏者传授科学知识和技术方法的活动。事实上，一个人无论知识多么广博，都无法完全掌握生活所需的科技知识，所以每一个人都应是科普的对象，而且随着科学技术的发展，每个人都有必要了解和熟悉与其生产生活相关的最新的科学技术知识。同时，由于网络的便捷性及其对传播主体的门槛较低，每一个科普受众者，都可以成为科技知识的提供者。在这种格局下，需要有源源不断的新知识丰富科普内容，改进科普传播的方式方法，科普的主体和受众变得交叉和重合，科普活动变得更为多元和广泛。与之相对应的是，传播的路径也由原来的单向传播转变为双向甚至多向互动，由原来的传播与接收关系转变为互动式的分享关系。

8.2.3 知识创新改进科普方式

知识创新改进科普方式，由重实体空间到实体和网络空间并重转变。传统科普比较强调特定的实体空间，如科技场馆、博物馆、图书馆、文化站、宣传栏等，主要是通过实体的展示、讲解，或受众的阅读、感受，进行科普宣传。这种科普方式虽然能够收到较好的效果，但由于需要大量的经费而显得步履维艰。同时，这种科普方式只能在特定空间，给特定民众提供特定的知识，受众范围较小。随着各门科学和科学技术的迅猛发展，特别是互联网技术的应用，网络从根本上改变了传统科普的方式和内容，人们足不出户就能够通过图片、视频、文字，甚至模拟操作等方式了解科学技术的最新进展、最新的基本知识和科学技术的最新使用方法，增强了科普的生动性、可及性和广泛性。

当前，面对大众创业、万众创新的社会大局势，未来科普工作应不断运用新知识丰富科普内容，着重培育首都创新精神，加大对创新创业的服务引导，着力培养大众的创新创业意识，不断优化创新创业环境，形成崇尚创新创业、勇于创新创业、激励创新创业的价值导向和文化氛围。

第三篇　科普与技术创新系统

技术创新指生产技术的创新，包括研究开发新技术，或将已有的技术进行应用创新。科学是技术之源，技术是产业之源，技术创新建立在科学发现和知识创新的基础之上，而产业创新主要建立在技术创新的基础之上。

技术创新体系是指科技企业与高校、科研机构结合，通过技术、科技成果的流动、转移和扩散，将科技成果转化为现实生产力的体系。其组织形式是以企业为主体，市场为导向，产学研相结合。其目的是完成科技成果的增值和应用，推动科技进步与应用创新的良性互动，实现科技与经济的结合，促进区域经济社会的发展。

技术创新是经济发展的原动力，科学普及是经济发展的助推器。虽然科学普及对经济发展的助推作用比较间接，但仍从以下三个方面推动着经济、社会发展：一是科学普及促进科研人员研发实力的提升，加快发明创造和技术创新进度，从而推动新一轮科技创新；二是科学普及加速创新成果的外溢效应，助推经济成长；三是科普产业正逐步成为新的经济增长点。

目前我国的技术创新正处于“跟跑”到“领跑”的关键时期，要实现“领跑”，需要做出配合的不仅仅是教育领域和科技领域，科技与社会的广泛融合，社会公众的合理参与及科研成果的有效传播都是必要条件。科技与社会的广泛融合可以让公众更多地享受科技成果，同时也能形成社会需求对科技发展的有效拉动。科学普及与科技创新，作为科技创新的两翼，共同推动科学技术的进步与发展。没有全民科学素质的普遍提高，就难以建立起宏大的高素质创新大军，难以实现科技成果快速转化。科学普及既为技术创新提供思路、创造条件、提出需求，也有助于实现科技成果转化的社会经济效益最大化，还是培育创新人才的基础工程，更是建设创新型国家的内在要求。

第 9 章　科普促进发明创造

发明创造是指运用现有的科学知识和科学技术，首创出先进、新颖、独特的具有社会意义的事物及方法，来有效地解决某一实际需要的活动。广义上的发明创造活动包括科学上的发现，技术上的创新，以及文学和艺术创作等；狭义上的发明创造是指科学方面的发现和技术方面的创新。按《中华人民共和国专利法》第一章第二条对“发明创造”进行定义：本法所称的发明创造是指发明、实用新型和外观设计。发明，是指对产品、方法或者其改进所提出的新的技术方案。实用新型，是指对产品的形状、构造或者其结合所提出的适于实用的新的技术方案。外观设计，是指对产品的形状、图案或者其结合以及色彩与形状、图案的结合所作出的富有美感并适于工业应用的新设计。根据《中华人民共和国专利法》，我们可以得出授予专利权的发明应当具备新颖性、创造性和实用性。所以，创造发明必须具备以下 3 个条件：①新颖性，即前人所没有；②创造性，指与现有技术相比，该发明具有突出的实质性特点和显著的进步；③实用性，指该发明或者实用新型能够制造或者使用，并且能够产生积极效果。由此看来，发明创造虽然是前人所没有的物品或方法，但是它不是凭空出现的，是在前人知识的基础上按照科学方法，经过坚持不懈的实践研究出来的。

世界上任何发明创造都有其连续性和继承性。发明创造的成功与发展，取决于当时的社会条件和客观需要，除了发明人的刻苦钻研外，前人的知识对其影响也不可忽视，这些知识的传播途径和效率直接影响着创造发明。例如，瓦特发明的蒸汽机。发明人在学习了解、认同、掌握前人研究成果知识的基础上，与实践情况相结合，运用知识进行创造发明。所以，发明人掌握运用知识的情况作为创造发明的基础，取决于科学普及的途径、方式和效果，同时发明人的创新意识和坚持不懈的创新精神更是科普的重要内容。

9.1 科普引导发明创造

9.1.1 科普是发明创造的基础

科学普及是“知行合一”的创新过程，既促进公众对科技知识的理解，又推动科学技术和各种技能的推广应用。科学普及过程在给公众带来科学知识的同时，也能激发公众的创新灵感，刺激他们产生更多、更高的需求。这种需求是他们进行发明创造的内在动力。

1. 科普促使理论之树结硕果

已有的理论性科研成果的广泛传播，是其转化为各种技术原理或技术成果，创造发明各种创新产品的基础和必要途径。在此过程中，原有知识必须普及和传播给发明人，发明人才能在理解的基础上，消化吸收再将其转化为实物形态的东西。例如，肖克莱、巴丁、布拉坦等对晶体管技术的发明是建立在量子力学、固体物理学、能带论、扩散理论和导电机理模型等科学理论的基础之上，从而为微电子技术、通信技术、电子计算机技术奠定了基本的技术原理，使人类进入信息网络时代。基因工程技术、蛋白质工程技术的产生及其在医学、药学、农业、食品加工业等领域的应用，则是人们在对于生物体的遗传变异规律、生物遗传物质 DNA 双螺旋结构模型、中心法则、三联密码、基因结构的认识及对工具酶、基因载体发现的基础上，通过对 DNA 的切割和重组而实现的。如果没有前期相关知识的积累和人们对遗传现象在分子水平上的认识结果，没有现代分子生物学理论的指导，那么基因工程技术、蛋白工程技术、克隆技术的发明及其在人类社会生活中的应用是根本不可能实现的。事实上绝大部分技术创新都是通过这种方法实现的。例如，原子核技术、激光技术、空间技术、海洋技术、新材料技术等高新技术的出现无一不是在科学理论成果的基础上产生和发展起来的。

2. 科普促进技术更新换代

科普可以促使老技术的更新。很多技术发展都是如此，如电视，它的基本技术原理不变，科研人员在已有技术原理的基础上对产品的结构、外形、特性和功能，进行技术革新和改造，从而研制出形态好、功能多、效率高、成本低、使用方便的新方法、新材料、新工艺、新产品。最典型的技术史例，莫过于瓦特对蒸汽机的改进。制冷技术、微电子技术、计算机技术、无线电通信技术，尽管经历了无数次的改进和革新，取得了长足的进步和发展，但其基本的技术原理仍然是遵循空气压缩制冷技术原理、晶体管单向导电和放大技术原理、二进制数码技术原理和电磁波编码的发送和破译技术原理而进行的。汽车发动机虽然经历了数百次的创新与改进，但其内燃机的技术原理仍然没有变。在这类发明创造过程中，只有将原有的基本技术原理等传播给发明人或参与发明人，发明人对这些基本原理充分理解、改进、提高，才能研发出新的技术和产品。事实上，在生产领域，由于新技术的传播，很多企业都借助于新技术不断改进旧产品、老工艺和老的生产技术，从而提高其自身的生产效率和市场竞争力。这类技术创新虽然没有颠覆性创新震撼，但它不仅可节省大量的人力、物力、财力，而且易在短期内取得成果，达到以最小的投入获取最大的产出，实现了技术创新成果社会效益的最大化，同样具有价值和意义。

3. 科普推动引进技术消化、吸收、再创新

作为某一领域的后来者，引进吸收先进技术是其赶超“前辈”的必由之路。引进技术的消化、吸收也是建立在引进技术的基础上的。首先是将购买设备等带来的新技术，传播给本土技术人员；其次这些技术人员在充分学习、理解并掌握新技术的基础上，经过吸收、消化将其“为我所用”，开发出更适合企业发展的新技术、新产品。所以，技术引进本身就是一个科普过程。它不仅提高了企业的产品质量和生

产效益，而且接受新技术的科研人员经过解剖“麻雀”，分析研究，攻克难关，提高了他们的科研能力和技术水平，培养了更多的科研人才，为企业以后的创新发展储备了强大的后劲。同时，一项技术的引进不仅可以促进单一产品的吸收、消化、研究开发，还可用于其他产品的研究开发。

导致这种技术引进或转移的主要原因是国家或地区间的技术发展的不平衡，这种不平衡也给科普带来了机会。第二次世界大战后，各国技术发展不平衡，许多国家通过各种方式引进先进技术，然后将这些技术进行吸收、消化、再创新，从而实现了技术的发展和进步。日本是最典型的范例。第二次世界大战结束时，日本在电力、钢铁、汽车、电子、化工、机电等领域的技术相对于欧美等发达国家和地区还十分落后，为此，它采取了慎重精选，重点引进，吸收、消化，自我设计，不断创新的理念，不断引进欧美技术，使其在短短的几十年内赶上或超过了欧美等发达国家和地区的技术，实现了欧美国家和地区需要百年才能建成的工业技术体系，一跃成为技术、经济大国。以至于有人说，日本的技术是三分欧洲和七分美国技术引进和结合的产物。韩国、泰国、新加坡等国家及中国的香港和台湾地区自 20 世纪 60 年代后之所以能实现经济腾飞，与它们的技术引进关系密切。我国自改革开放后，也是靠技术引进发生了日新月异的变化，电子工业、钢铁工业、家电工业、纺织工业、服装工业、玩具工业等能在国际市场上占有一定的份额，这与我们的技术引进、吸收、消化、再创新是分不开的。

9.1.2 科普可以防止伪科学，提高创造发明效率

曾经，我国把广大青少年和受教育程度比较低的大众作为科普对象，所有的科普活动也主要是围绕这些对象展开的。以系列丛书《十万个为什么》《科普画刊》《科普画王智慧岛》为代表的经典科普著作，主要面向广大青少年，而农村科普和企业科普主要面向广大农民和工

人。在过去，这无疑是正确的。但如今，科学技术的发展日新月异，领域越分越细，并且渗透到社会生活的方方面面，任何人都需要不断地学习新知识，才能紧跟时代前进的步伐。因此，科普对象也从主要面向广大青少年和一般大众转向面向社会各阶层，包括政策决策者和科研人员在内。法国科普作家协会将科普对象确定为“从幼儿园童稚到诺贝尔奖获得者”。科普不仅要使科盲脱盲，而且要使专家、学者了解本行以外的知识。科普的对象不应仅仅包括青少年和一般大众，也应包括专家、学者、科学家等知识分子。

一般说来，知识分子具备较多的专业知识、有专长，似乎是最懂科学的群体，但有时他们在某些方面也会不及普通人。例如，有些知识分子写了一些伪科学的书，这其中虽然有商业利益上的考虑，但更暴露出其认识上的问题。曾经出现科学家相信“水变油”，专家痴迷“特异功能”等现象，影响了其他科研人员对相关技术的研究路径的选择，使科研人员的研究多走很多弯路，甚至陷入死胡同，因此对这些科学家和专家普及正确的科学知识迫在眉睫，及时出版一些能专门讲解科学历史、科学方法、科学思想、科学精神的科普作品，有助于减少对这些科学家和专家，特别是对青年学生的毒害程度。当前，同样迫切需要接受科普的还有国家机关工作人员和传媒工作者，他们对社会的影响非常大，特别是传媒工作者。因为公众对科学的认识大部分来自于媒体，一个记者或者编辑的科学素养提高了，比成千上万老百姓接受科普教育还重要。大众媒体的一个伪科学宣传，就意味着必须付出相应的巨大的代价，承担相应的后果，对受众进行大量的纠正性科普。

9.1.3　跨学科间的科普可以给科研人员以灵感

目前，学科高度分化又高度融合的趋势凸显，科学技术的发展和重大社会问题的解决越来越依赖于多学科专家的通力配合及学者个人多学科的知识、积累和跨学科研究能力。科学家是科研人员中的佼佼者，具有深厚的专业研究功底，但在专业领域以外，科学家其实与大众并无明显区别，随着学科分类越来越细，科学家本身也需要通过其他专业知识的科普来启迪自己的科研创新。一些科研人员甚至能根据其他专业领域的新进展，使自己的项目取得重大突破。例如，查尔斯·达尔文(Charles Darwin)正是因为读了马尔萨斯(Malthus)的《人口原理》，才引导他提出了自然选择理论。再如，20 世纪 60 年代以前，生物学家沃森(Watson)与物理学家克里克(Crick)受 X 射线结晶学的证据的启迪，推断出了 DNA 的结构。每个研究领域都有一些科研人员像沃森和克里克这两个科学家一样，善于从其他可能对其专业有启发的领域中捕捉灵感，接触其专业外的思想，从而对科研人员自身产生积极的影响。表 9-1 列举了 1901～2000 年，因为运用跨学科理论或方法获得诺贝尔奖的科技成果[①]。这种跨学科研究的核心是不同学科之间的知识技术的相互普及，即不同领域科学家和工程师之间的交流、联系和联合是一些新技术产生的源泉。

表 9-1　1901～2000 年运用跨学科理论或方法获得诺贝尔奖的科技成果

获奖年份	获奖原创性成果	获奖成果运用的跨学科方法或理论
1903	用聚焦光纤的方法治疗疾病	不同性质光线作用时间和强度不同
1905	研究结核病、发现结核杆菌素	化学方法对细菌染色
1906	神经系统方面的研究	化学方法对神经系统染色
1908	免疫学和血清疗法方面的研究	化学反应解释免疫过程
1910	细胞核物质在内的蛋白质研究	化学方法研究细胞蛋白质、核蛋白
1911	对眼的屈光学的研究	用数学和生理学对眼成像基础进行研究
1920	毛细血管的调节机制	物理学方法研究溶解在血液中的气体张力
1922	肌肉能量与物质代谢的研究	数学、物理方法研究肌肉活动中的热量变化
1924	发现心电图机理	物理学理论方法在医学上的应用
1931	发现呼吸酶的性质和作用方式	运用化学理论方法在生物学中进行研究
1932	发现神经细胞的功能	将物理学技术运用到脑电波的研究上
1933	发现染色体在遗传中的作用	将物理分析与化学分析运用在医学上
1934	发现贫血病的肝脏疗法	同位素标记研究胆色素和血红蛋白形成关系
1936	神经冲动的化学传递	化学物质理化性质在神经冲动中的作用
1939	发现百浪多息的抗菌效应	将化学染料合成应用到新药研究
1943	发现与凝血有关的维生素 K	运用化学方法制备、纯化、鉴定维生素 K
1944	对神经纤维作用机制的研究	电子技术研究神经活动

① 刘仲林，赵晓春. 跨学科研究：科学原创性成果的动力之源. 自然辩证法，2005(6)：105-109，有修改.

续表

获奖年份	获奖原创性成果	获奖成果运用的跨学科方法或理论
1945	发现青霉素及其治疗效果	化学理论方法应用于抗菌药物研究
1946	用 X 射线诱发基因产生突变	物理技术应用到遗传领域
1948	发现高效杀虫剂 DDT	化学技术应用到农林业、卫生保健业
1949	发现间脑有协调内脏器官活动的机能	物理学技术应用到脑科学研究
1950	发现肾上腺皮质激素的结构和生物效应	将化学合成应用到新药研究
1955	发现氧化酶的性质和作用方式	设计制造电泳仪,结合超离心方法研究酶结构
1956	发现心脏导管插入术和循环系统病理研究	运用工程技术改进心脏导管插入术
1957	发现并合成抗组胺药物	运用化学合成方法研究新药
1958	遗传基因通过一定化学反应起作用	物理技术应用到遗传领域
1961	发现耳蜗感应的物理机制	物理及工程技术应用到听觉领域
1962	提出和建立 DNA 的双螺旋结构模型	X 射线衍射分析应用到遗传领域
1963	研究神经细胞之间的信息传递机制	数学、物理技术应用到医学领域
1964	研究胆固醇和脂肪酸的代谢过程运用	用同位素标记方法研究生物机体的新陈代谢
1967	视网膜的电生理研究	物理及工程技术应用到感觉生理领域
1968	确定核酸的技术并测定一种 RNA 核苷酸顺序	将工程技术运用到遗传领域
1969	发现病毒的复制机制和遗传结构	物理学思维方式和实验技术运用到遗传领域
1970	肾上腺能神经递质的功能	化学技术应用到神经系统研究领域
1972	研究抗体的化学结构	运用化学方法对蛋白质结构进行研究
1973	研究动物的行为	比较学、行为学应用到研究动物领域
1974	研究细胞内部成分的结构和功能	电子显微镜和生化技术应用到细胞领域
1977	发现和发展放射性免疫分析法	核物理学运用到临床医学中
1978	发现限制性内切酶及其在分子遗传学中的应用	应用物理、数学的理论应用到遗传领域
1979	发现计算机控制的 X 射线断层扫描仪	计算机和物理技术运用到临床医学
1981	研究视觉系统的信息处理	物理学技术应用到大脑机能研究
1982	前列腺素及其相关生物活性物质研究	气体层析、质谱仪及 X 射线分析纯化前列腺素
1984	提出三个免疫学说	物理、化学技术应用到免疫学领域
1985	胆固醇的代谢及其和有关疾病关系的研究	应用到化学及电子显微镜技术领域
1990	人体器官、骨髓移植方面的突破性成果	放射性技术应用到器官移植领域
1991	细胞膜上存在离子通道	物理学技术在细胞生理学上的应用
1994	揭开细胞传导信号的奥秘	采用传感器和放大器技术研究细胞传导信号
1998	发现一氧化氮是心血管系统中的信息分子	化学气体在心血管系统中新作用

案例9-1　科普引发了电视机的发明

电视机的发明最初就源于知识的普及和传播。电视机是由费罗·法恩斯沃斯、维拉蒂米尔·斯福罗金和约翰·洛吉·贝尔德3人各自独立发明的，但是3人发明的电视机是有区别的，约翰·洛吉·贝尔德发明的电视机是机械扫描电视，费罗·法恩斯沃斯和维拉蒂米尔·斯福罗金发明的电视是电子电视。人们通常把1925年10月2日英国的约翰·洛吉·贝尔德在伦敦的一次实验中“扫描”出木偶的图像看作是电视机诞生的标志，因此他被称作“电视之父”。

其中机械扫描电视机是由英国的电子工程师约翰·洛吉·贝尔德于1925年发明的。1923年的一天，一个朋友告诉约翰·洛吉·贝尔德：“既然马可尼能够远距离发射和接收无线电波，那么发射图像也应该是可能的。”这使他受到很大启发。约翰·洛吉·贝尔德决心要完成“用电传送图像”的任务。他将自己仅有的一点财产卖掉，收集了大量资料，并把所有时间都投入研制电视机上。1925年10月2日是约翰·洛吉·贝尔德一生中最为激动的一天。这天他在室内安装了一具能使光线转化为电信号的新装置，希望能用它把比尔的脸显现得更逼真些。下午，他按动了装置上的按钮，一下子比尔的图像清晰逼真地显现出来，他简直不敢相信自己的眼睛，他揉了揉眼睛仔细再看，那不正是比尔的脸吗？那脸上光线浓淡、层次分明，细微之处清晰可辨，嘴巴、鼻子、眼睛、睫毛、耳朵和头发，无一不一清二楚。约翰·洛吉·贝尔德兴奋地一跃而起，此时浮现在他脑海的只有一个念头——赶紧找一个活的“比尔”来，传送一张活生生的人脸出去。约翰·洛吉·贝尔德楼底下是一家影片出租商店，这天下午，店内营业正在进行，突然间楼上“搞发明的家伙”闯了进来，碰上第一个人便抓住不放。那个被抓的人便是年仅15岁的店堂小厮威廉·台英顿。几分钟之后，约翰·洛吉·贝尔德在“魔镜”里便看到了威廉·台英顿的脸——那是通过电视播送的第一张真人的脸。接着，威廉·台英顿得到许可也去朝那接收机内张望，看见了约翰·洛吉·贝尔德自己的脸映现在屏幕上。实验成功了！接着，约翰·洛吉·贝尔德又将他的新发明推荐给英国皇家科学院的研究人员。1926 年 1 月 26 日，英国皇家科学院的研究人员应邀光临约翰·洛吉·贝尔德的实验室，放映结果完全成功，这引起了极大的轰动。这是约翰·洛吉·贝尔德研制的电视机第一天公开播送的日子，世人将这一天作为电视机诞生的日子。科普让人们了解更多的知识，这些知识为人们插上想象的翅膀，也为人们提供了需要努力的方向，也让人们敢于去实践，去发明创造。

9.2　科普提升发明创造实力

科普不仅是具体科学知识的灌输，或某种技术的掌握和运用，更重要的是渗透在科学知识里的科学方法、科学精神的普及和传播，其能推动人类对科学精神素养的追求，以及崇尚科学、全面发展能力的进一步提升。所以，科普不仅仅是科学技术知识的普及，更应该是科学方法的普及、科学思想的传播和科学精神的传承。

9.2.1　科普扩大发明创造人才队伍

科普可激发公众发明创造的兴趣。科普与国家富强息息相关，当公众获得了科技知识，得到了智慧启迪，他们能够根据自己的条件和经验，运用科学的创新理念创造新的事业，为国家和社会创造财富。劳动者的创造性是社会繁荣的基础。

人们普遍认为科学知识晦涩难懂、似乎离人们的生活很远，如黑洞、量子通信等，但通过科普可让人们发现，科学不一定是枯燥乏味的，也可以是生动有趣的，它可以离我们很近，在公众心里，尤其是青少年的心里播种科学的种子，可培养他们对科学的兴趣。这些种子会生根、发芽，促使越来越多的人开始投身到科技创新之中，成为未来新一代的科学家和工程师，为科学技术的可持续发展提供源源不断的后备军，增强发明创造的实力。更何况好的科普作品，不仅带给人们知识，激发人们的好奇心，更重要的是它能培养人们缜密的逻辑思维、锲而不舍的科学精神。

宿迁学院学生姚成就是在一次偶然情况观看了南京航空航天大学学生的无人机表演，激发了他对航模的热爱。在学长的带领下，也开始自己的航模制作。虽然屡败屡战，但是他们通过课堂学习、网络论坛交流，不断改进技术，两人的飞行器研究取得了很大进步，可以用飞行器进行稳定拍摄。于是他们开始帮助学校拍摄一些宣传片，也因此得到了学校的肯定与帮助，获得了学校的一些赞助资金。之后，姚成开始带着航模队的成员参加国内的大小比赛，先后获得了2014年全国航空航天模型锦标赛电动滑翔机项目男子组二等奖，他设计的无人机规避系统先后两次获全国科研类项目比赛三等奖。渐渐地，姚成开始接一些商业航拍项目，目前他的无人机“植物保护”，即“植保”项目已经启动，2016年暑假完成了为400亩农田喷洒农药的任务，这一项目已经入驻宿城区耿车镇创业孵化基地。姚成已经成了无人机领域的一名新兵。平日里，只要有时间，姚成和他的同伴还会到一些中小学去表演，让更多孩子认识航模，激发他们对航模的兴趣和热爱。

科普激发了孩子的好奇心，培养了他们的学习兴趣，在不断的科普教育中，一代孩子成长为各方面的人才，加入到创新人才大军中，成为新一代的创新血液，从而提升了社会的创新实力，形成了一个创新—科普—创新的螺旋式上升过程。

科普激发公众的创新欲望，提高其创新能力。创新型国家建设要求社会营造一个良好的氛围，科普能够不断为公众提供创新的营养。北京市海淀实验小学在学校教育的同时，还鼓励学生参加各种各样的校外实践活动，在活动中不断培养学生发现问题、解决问题的创新意识和能力。同时还为学生设置小课题研究，这些课题从随机灵散到特色系统，从实践活动到校本课程，如二胎、雾霾成因、单双号限行、中国足球怎么办等，七年多的时间，学生累计做了上千个小课题。例如，海淀区皂君庙路口一直很拥堵，自行车流量大，右转车道却基本没车，一位学生认为车道设计得很不合理，于是把它做成了小课题，用车流量、红绿灯时间、路口等要素建模，用数学公式最后得到了一个非常有益的建议结论，最终得到了该专业领域专家的认可。

9.2.2　科普提高科研人员创新能力

目前，社会公众对科研人员参与科普工作的重要性认同度很高，但科研人员对参与科普工作的意愿呈两极分化。调查显示，在科研人员，尤其是科学家产生影响力的途径方面，公众对科学普及活动的认同度高达 69.1%，仅次于对科研成果发表或转化的认同(91.0%)；而只有 36%的科研人员总是或经常参与科普活动，34.9%的科学家偶尔或从不参与科普活动。一些院士和学者十分重视科普，非常乐于走进学校、走进课堂；但科普尚未被纳入学术评价体系、被社会的认同度不高等原因，使部分科研人员缺乏科普动力。科研人员对科普态度的两极分化是当前我国科普工作的现状，这在一定程度上影响了科研人员群体在公众心目中的形象。

实际上，对科研人员来说，科普与科研从来都不可分割，虽然科普会占用科研工作者的时间和精力，但不应将两者对立起来看待。首先，科研人员将艰涩难懂的科研成果转化为科普作品，对于科研人员来说，本身也是一个高度总结、凝练和再创造、再提升的过程，能让别人听得懂这些专业性强的东西并对之感兴趣，不仅要求其对专业的理解十分透彻深厚，而且也是对其逻辑表达能力的强化训练，反过来又能促进其科研能力的提升。其次，科研人员在科普过程中，通过与受众的互动、思想碰撞，可以发现新的问题，接收到一些好的建议，这也可能成为科研人员的下一个研究议题。

发达国家的经验也告诉我们，科学技术的进步和普及构成社会进步的一个内在动力。也就是说，科普不到位，科技创新难。近年来，我国也在逐步加强科研人员参与科普工作。2007 年 1 月 17 日，科学技术部等八部委出台的《关于加强国家科普能力建设的若干意见》中明确提出，国家科技计划项目要注重科普资源的开发，并将科技成果面向广大公众的传播与扩散等相关科普活动，作为科技计划项目实施的目标和任务之一。对于非涉密的基础研究、前沿技术及其他公众关注的国家科技计划项目，其承担单位有责任和义务及时向公众发布成果信息和传播知识。2016 年 9 月，教育部出台的《关于深化高校教师考核评价制度改革的指导意见》强调，综合考评教师社会服务，突出社会效益和长远利益。综合评价教师参与学科建设、人才培训、科技推广、专家咨询和承担公共学术事务等方面的工作。鼓励引导教师积极开展科学普及工作，提高公众科学素质和人文素质。建立健全对教师及其团队参与社会服务工作相关的经费使用和利益分配方面的激励机制。《上海市科学技术进步条例》(2010 年)第三十五条明确规定，利用财政性资金的科学技术研究项目适合科学技术普及的，项目管理机构应当在项目合同中要求项目承担者提交关于科学技术研究成果推广应用的科学技术普及报告。这是全国首次将科研成果科普化上升到法律层面。通过立法强调将科研成果知识化、应用化、社会化，让科学成果惠及于民。

9.2.3　科普优化科研活动的方法

《中华人民共和国科学技术普及法》第二条明确规定，本法适用于国家和社会普及科学技术知识、倡导科学方法、传播科学思想、弘扬科学精神的活动。开展科学技术普及，应当采取公众易于理解、接受、参与的方式。从中不难看出，科普不仅包括对科学技术知识的普及，也包括对科学方法、科学思想、科学精神的普及。美国的《国家科学教育标准》也提出，对学生科普教育的目的不仅是使其学到科学知识，更重要的是使其学到科学的方法。对学生进行科普教育，使其不仅可以学到具体的、现成的科学知识，而且可以学到科学的方法，使学生更具有洞察力。培养其批判精神，学会利用已有的知识。而不是只学到一些作为现成结论的知识片断。美国著名天文学家、被称为世纪最知名的科普作家和教育家的卡尔·萨根也曾说过：“科学方法似乎毫无趣味、很难理解，但是它比科学上的发现要重要得多。”国际科普理论学者认为，科学方法是科学素养中最重要的内容，公众理解科学，最重要的就是要理解科学方法并应用这些科学方法解决自己生活和工作中遇到的各种问题，研究方法是人们认识客观事物内在规律的手段和工具。

科研人员掌握了科学方法，可以使发明创造活动取得事半功倍的效果。在科学史上这类例子屡见不鲜。关于生物遗传的孟德尔定律是1865年由奥地利生物学家孟德尔在经过 n 年的豌豆杂交实验后提出的。孟德尔出生在一个贫苦的农民家庭，祖辈几代以种植葡萄为生。他中学毕业后因经常生病和家境困难，没有考入大学。1843 年，孟德尔进入修道院当修士，后又到维也纳大学学了两年数理化和生物学知识，1854 年他开始在修道院的一块园地上搞杂交实验。在做杂交实验时，他很注意实验方法：选择了植株的高和矮、豌豆颜色的黄和绿、豌豆表皮的圆和皱、花的颜色的红和白等成对性状作为观察指标。这些成对性状不会同时出现，因为其中一个性状为显性时(高、黄、圆、红花)，另一个性状就为隐性(矮、绿、皱、白花)。当只考虑一对成对的性状时，如高株与矮株杂交，在子一代中全部是高型，在子一代杂交后所得的子二代中，高与矮的比例是 3∶1，这就是孟德尔的分离定律。同样，其通过同时考虑两对性状如黄—绿和圆—扁，并将其进行杂交，发现了独立分配定律。

孟德尔定律表明，生物的每一性状是由一个遗传因子负责传递的。他的两条定律已被证明，是生物遗传的基本规律。孟德尔还提出了遗传因子的概念，揭开了近代遗传学研究的帷幕。

孟德尔为什么能取得成功呢?在他之前也有人做过大量实验，并且所做的实验比孟德尔所做的多得多，但却没有找到这些规律。究其原因，就是没有掌握和运用科学方法。例如，法国的诺丁，在 1861 年前后进行了万余次杂交实验，涉及 700 个品种，共获得了 350 个不同的杂交植物，在实验过程中他也看到了后来引起孟德尔注意的许多现象，但因其研究方法不得要领，最终如坠烟海，不解其意。而孟德尔则不然，他取材得当、方法正确、善于推理，最终取得了重大的发现。单就科学的研究方法而论，这是一个很典型的范例。

纵观世界科学史，很多科学家由于没有掌握和运用科学方法，而与本来可以创造、发明、发现很多新东西的机会擦肩而过。著名的物理学家胡克，具有出色的实验才能，在物理、化学、生物等领域里都有出色的贡献。然而，他没有像牛顿那样运用科学的发明创造研究方法，致使他虽然走到了万有引力定律前，却没能抓住它。相反，哈维并不是第一个提出血液循环假设的人，达尔文也不是第一个提出进化论的人，巴斯德也不是第一个提出疾病的细菌学的人，但是，为什么发明的桂冠偏偏落到他们的头上?这是因为他们具备并发挥了创造因素，特别是运用了科学的研究方法。因此，目前国际上在培养高级研究和建设人才时，特别注意对其创造力和研究方法的培养。美国纽约布鲁克林的亚伯拉罕·林肯中学(Abraham Lincoln High School)是一所专门从青少年中培养科学人才的学校。它因为培养出了 3 名诺贝尔奖获得者和许多著名科学家、工程师、政治家和医生而闻名全国。

历史上许多科学家就曾以自己的亲身体会指出研究方法的重要性。法国生理学家贝尔纳说，良好的方法能使我们更好地发挥运用天赋的才能，而拙劣的方法则可能阻碍才能的发挥。因此，科学中难能可贵的创造才华，由于方法拙劣可能被削弱，甚至被扼杀；良好的方法则会增长、促进这种才华。弗兰西斯·培根说得更富有哲理：“跛足而不迷路能赶上虽健步如飞但误入歧途的人。”

9.2.4　科普培育公众创新精神

传统的科普概念，立意较低，着力于“扫盲”。多年来，人们习惯于将科普理解为具体科学知识的灌输，或某种技术的掌握和运用。其实这只是知识普及，还不能算是科学普及。科学普及更重要的是渗透在知识传播中的科学精神的普及和传播。科学精神是人类一切创造发明的源泉，也是为人处事的根本。有了科学精神，人就会勤于思考，不轻信盲从；有了科学精神，人就会追求真理，不随波逐流。科学精神的前提是正确的世界观和方法论，这也正是社会科学所承担的重要历史使命。因此科普具有了人文意义，关乎人类心灵。只有真正普及了科学精神，科普才能真正走进入公众的心里，使其形成新的世界观、价值观和思维方式。硅谷之所以成为世界著名的创新中心，关键因素之一就是硅谷聚集着一群具有创新精神的人，他们有着对改变世界的追求和爱好技术的狂热，他们通过不断探索来改变着周围的世界。这体现在从创新文化到创新精神再到创新理念的传承与发展。

人们的世界观、价值观和思维方式一旦形成，影响极为深远。它会在很长一段时间里，对社会、经济的发展产生主导性的控制。一种观念或思想，如果得到了从领导阶层到广大公众的普遍认同和接受，那么整个社会就会爆发出强大的精神力量和持久的奋斗热情，从而使社会历史的发展进程发生剧烈的变化。改革开放理论的提出，得到了全国人民的理解、支持和积极参与，社会经济各个层面都焕发出蓬勃生机，从此中国走上了经济腾飞、社会繁荣的发展道路，揭开了中国经济社会发展的新篇章，具有划时代的历史意义。这充分说明了社会公众的科学精神是推动社会快速发展的坚实基础和坚强后盾。

9.2.5　科普提升公众创新素养

高度重视科学普及，是习近平总书记关于科学技术的一系列重要论述中一以贯之的思想理念。他提出，科技创新、科学普及是实现创新发展的两翼，要把科学普及放在与科技创新同等重要的位置。没有全民科学素质普遍提高，就难以建立起宏大的高素质创新大军，难以实现科技成果快速转化①。

公民科学文化素养是科技创新的基础，也是创造平等机会、改善民生的基础。按诺贝尔经济学奖得主舒尔茨的人力资源理论，人力资源素质差异是贫富差距的根源，也是科技落后的症结所在。发达国家把

---

① 南方日报：把科学普及放在与科技创新同等重要位置——三论学习贯彻习近平总书记在“科技三会”上重要讲话精神(2016-06-02)[2017-03-05] http://opinion.people.com.cn/n1/2016/0602/c1003-28405979.html.

科普纳入国家科技战略规划，美、英、日等国家在科学普及方面的投入每年都以 20%的增幅增长[①]。加拿大、韩国等国家制定了 21 世纪科技发展规划和政策，日本将科技创新立为国策，都力图以提高公民科学素质使其成为科技领先国家。2000 年，美国公众的科学素养水平已达 17%，科学普及的高投入和公民科学素质的提高也为发达国家的科技创新发展奠定了基础。而我国 2018 年公民科学素质水平为 8.47%，虽然较 2010 年的 3.27%提高了 1.6 倍，但与发达国家之间还有一定的差距。

科普对于提高公众科学素养和推动社会发展具有重大作用，它是科技事业自身发展的客观需求，也是社会主义物质文明和精神文明建设的重要内容。纵观几千年来的世界科技发展史，每一项重大科学理论的创立或每一项重大技术的成功发明，紧接着便是一场关于这种新理论或新技术的广泛传播与普及。正是这种传播与推广使人类从蒙昧和禁锢中解放出来，从而推动着社会健康的发展。当今科学思想和科学精神越来越强烈地主导着社会的价值取向和行为准则。在科学技术已成为社会变革的决定因素的今天，科学技术正是通过科普将潜在的知识形态的生产力转化为物质形态的现实生产力，产生着巨大的物质力量，推动社会不断地向前发展。21 世纪，一个国家能否在科学技术这场全球竞争中充分地把握自己的命运，既取决于整个社会对现代科学技术的理解、掌握和运用能力及建立在科学思想、科学精神基础上的世界观和人生观，也取决于公众的科学素养。一个国家的公众科学素养水平是一个国家综合国力的重要组成部分，是国家科技发展的重要基础，科学素养低的国民群体是不能承担自己国家经济发展重任的。社会的进步证明科普是提高公众科学素养的重要途径和有效方式。科普一方面对经济建设起着促进作用，另一方面也成为实施科教兴国战略和可持续发展战略及社会主义精神文明建设的重要内容，科学技术被亿万社会公众所掌握，就能更好地成为利用和开发自然、推动社会文明进步的巨大力量。

---

① 金太元. 创新呼唤科普 科普助推建设新辽宁. 科技与生活, 2012, (3): 229-230.

案例9-2　深圳华大基因研究院：扩大发明人才队伍

深圳华大基因研究院倡导“以项目带学科、带人才”的教育理念，探索符合基因组科学发展的新型教学和研究模式，通过与多所国内外知名高校联合培养本科生、招收实习生、开展国际教育合作、项目合作式研究生联合培养等方式，如建立中国科学院大学华大教育中心[①]、本科创新班、香港中文大学-华大基因跨组学创新研究院、香港大学-华大基因联合创新实验室，培养了大批基因组学领域的后备领军人才。一大批学生通过华大基因研究院的教育培训迅速成为能够跟踪科学前沿发展、掌握先进技术、具备实战经历和能力的优秀的生命科学创新人才。

为培养更多适合未来生物经济时代需要的创新人才，华大基因研究院还为大学生设置了暑期实习项目，使学生了解华大基因研究院及生命科学前沿知识，体验华大基因研究院“基因项目带人才”的培养模式。为高中生举办夏令营/冬令营，激发高中生对生命科学领域科研探索的兴趣。同时华大基因研究院倡导“开放、平等、协作、分享”的互联网精神，开设了网上“开放课堂”科普窗口，分享华大基因研究院的优质课程资源，为中国创新人才的培养和前沿科技知识的传播做出了自己的努力。

2005 年起，华大基因研究院还积极举办了生物信息学技能实操培训班、群体遗传学专题培训班、前沿技术专题培训班等系列研讨班，着重从工作的实际需要出发，立足实践，选取研究中的真实案例加以分析，给参加学习的人员带来最直接有效的帮助。迄今为止已成功举办 100 多期生物行业类高端培训，国内学员达 3000 人次，国际学员达 300 多人次。

---

① 华大集团官网. (2018-10-11) [2018-11-12]. http://www.genomics.cn/Institute.html.

第 10 章　科普促进产学研合作

产学研合作是企业(产)、高等院校(学)、科研院所(研)三方或两方组织为了市场需求和共同利益联合起来的合作活动。产学研是国家创新体系的一部分，同时也是企业进行技术更新和技术创造的重要途径。国务院总理李克强对第十一届中国产学研合作创新大会作出重要批示，指出，加强产学研合作是打通创新链条、促进创新发展的重要支撑①。产学研合作的实质是促进技术创新所需各种生产要素的共享和有效组合，目的是实现创新效率最大化。

随着高校功能从人才培育、科学研究到社会服务的延伸，高等教育、科技、经济一体化的趋势越来越强。尤其是在知识经济社会，高校院所和企业被推向社会发展的中心，产学研协同创新成为促进经济社会快速、高效发展的关键环节。以信息技术为标志的第三次科技革命对产学研合作起到了推波助澜的作用，它推动知识、技术和资金等相关信息在产学研之间快速流动、传播、扩散和共享，提高产学研协同创新效率和效益。所以，科学普及不仅是提高产学研合作效率的主要路径，还是联合共建研发基地，建立产业技术战略联盟，协助企业进行继续教育、职业培训等产学研合作的重要内容。

10.1　科普加强产学研合作之间的联系

由于产学研各组织之间存在异质性，他们有各自的优势和劣势，产学研合作的过程往往是一个技术信息相互交流、共享的过程，即科学技术扩散传播的过程，或各创新主体相互进行科学普及的过程。这

---

① 李克强对产学研合作创新大会作出重要批示. (2017-11-13)[2017-11-13]. http://www.gov.cn/xinwen/2017-11/13/content_5239169.htm.

里的科学普及实际上就是产学研各方把自己掌握的知识、技术等信息在不同的组织间进行扩散、传播、转移。产学研之间的科普过程往往也是产学研形成合作的过程。

科普促进产学研各方相互了解。高校院所一般通过发表论文、申请专利、举办或参加讲座、专业学术研讨会、讨论会、成果交流会及其他技术推广形式等传播他们的学术成果和新技术。企业通过这些渠道了解所需要的专业技术、主要的研发机构和研发人员，对他们感兴趣的技术会专门拜访相关的研究机构或科研人员，进一步深入了解研发机构的实力、技术的来源、条件、创新点、市场适应性等，从而判断出其市场价值和相互合作的可能性。高校院所会为企业耐心地科普相关知识，同时也会借此机会了解企业情况。在深入了解的基础上，双方判断是否适合产学研合作，是长期合作或是短期合作，或者采取什么形式的产学研合作方式，如横向课题研发、技术咨询服务或者共建实验室等。高校院所的科普为这些产学研合作创造了条件。当然，企业产品展销等也促进了高校院所尤其是部分科研人员对企业生产方向、市场需求等的了解，引导他们开始这方面的研究，为以后的产学研合作打下基础。

科普能够促使产学研三方进行优势互补。在科技实践过程中，企业能够做的事情科学家未必搞得定，科研人员能够做的事情企业家也未必能做好，因此，产学研各组织间需要发挥各自的优势，进行组织间知识、信息等的相互科普，以实现产学研各方的知识、信息的共享。实际上，产学研合作过程中，产学研各方将他们掌握的科技、商业、市场等相关信息传递给其他组织，包括技术方与学校掌握的科技理论知识、研究方的科技成果相关知识和他们的设计理念、企业熟知的市场、经营运作等相关知识及中介服务方的商业化、相关法律、交易程序的相关知识等。产学研各方相互科普的效果决定了他们合作的可能性和效果，只有对其各方知识进行相互融会贯通才能实现产学研高效协同创新。

案例 10-1　科普助推北京市安全风险云系统的诞生

北京市劳动保护科学研究所一直从事北京市安全风险方面的研究工作，“北京市安全风险云服务系统”是其与北京市计算中心产学研合作的产物。它由北京市劳动保护科学研究所科研人员负责需求分析和功能设计，北京市计算中心科研人员负责平台架构设计和功能开发，具有完全自主知识产权。在合作过程中，北京市计算中心科研人员向课题组成员不断介绍和普及科普大数据、云计算、地理信息、二维码等技术，北京市劳动保护科学研究所科研人员不断传播和推广科普风险管理理念和方法及相关的理论和制度，课题组经过充分调研和多次研讨，几易其稿，共同设计开发完成了“北京市安全风险云服务系统”。为了提高风险管理相关知识，北京市计算中心分别到北京市住房和城乡建设委员会、中国石化集团北京燕山石油化工有限公司和北京市轨道交通建设管理有限公司等单位，就风险源、风险等级、应急资源调查、系统填报等具体问题进行调研，不断完善系统功能，编制用户使用手册和录制信息系统培训视频，实现了“北京市安全风险云服务系统”与“北京市安全生产监督管理局企业台账系统”的有效对接。“北京市安全风险云服务系统”的成功研发，不仅使双方的知识体系更加完善，而且使北京市劳动保护科学研究所和北京市计算中心的产学研合作更加紧密。

10.2　科普是产学研合作的重要手段

知识经济时代，知识已成为重要的战略资源。越来越多的企业认识到，仅凭自身力量创造知识远远不够，企业必须不断与其他组织尤其是大学和科研机构开展深度合作，提升协同创新能力。在产学研协同创新过程中，各参与主体需要不断从组织外部汲取大量知识以增加自身知识存量。知识转移不仅为创新活动提供资源保证，还可以通过知识在转移过程中建立的隐性通道对合作产生润滑作用，为协同创新注入活力，提升协同创新绩效。这种知识转移主要通过各组织间的相互科普来实现。

产学研合作的目的是提高创新能力，或生产出适合市场的创新产品，所以把供需双方的设计理念和技术在组织间相互传播、并被对方接受也成了产学研合作的重要内容。

产学研合作的主要形式包括：高校院所和企业自主联合科技攻关与人才培养；共建研究中心、研究所和实验室；共建博士后工作站；建立产业技术联盟；建立科技园区，实施科研与成果孵化；建立基金会，设立产学研合作专项基金；吸纳企业公司和社会资金成立高校院所董事会，建立高校院所的高科技企业；高校院所与地区实行全方位合作等。其中，大学科技园作为教学、科研与产业相结合的重要基地，已成为高校与科研院所技术创新的基地、高新技术企业孵化的基地、创新创业人才培育的基地和高新技术产业辐射催化的基地。

产学研之间的科普是一种特定供需双方的知识转移，知识供需双方科普目的和自身特性的不同，形成了不同于其他科普形式的渠道。主要包括出版物、专利、咨询、非正式会议、人才流动、许可、科研合同和个人交流等。

建立产业技术创新战略联盟也是一种产学研合作的主要模式。产业技术创新战略联盟是指由企业、大学、科研机构或其他组织机构，以企业的发展需求和各方的共同利益为基础，以提升产业技术创新能力为目标，以具有法律约束力的契约为保障，形成的联合开发、优势互补、利益共享、风险共担的技术创新合作组织。产业技术创新战略联盟的主要任务是组织企业、大学和科研机构等围绕产业共性技术创新的关键问题，开展技术合作，突破产业发展的核心技术，形成产业技术标准；建立公共技术平台，实现创新资源的有效分工与合理衔接，实行知识产权共享；实施技术转移，加速科技成果的商业化运用，提升产业整体竞争力；联合培养人才，加强人员的交流互动，支撑国家核心竞争力的有效提升。这些任务的实现都是以企业、高校、研究机构之间的知识、信息的相互传播、交流、共享为基础的。共性技术研发是产业技术创新战略联盟的主要目标，由各成员单位组成专门的研发小组，共性技术研究需要各组织将他们现有的技术、知识及其进展情况通过课题组讨论、个人交流等形式传播给研发小组其他成员，并较他们接纳，同时也通过头脑风暴等方式激发研发小组成员提供新的创意，这样才能推动共性技术研究的不断深入和最终完成。所以产学研各方研究人员之间的科普和知识共享是达到他们共同研究目标的前提和基础，也是其产业技术创新战略联盟的主要内容。

高校、科研机构和高新技术企业通过开放实验室，进行科技联合攻关，开展科技咨询交流，在参与和推进产学研协同创新过程中，相应地丰富和深化了科技传播和普及的内容，优化了科技普及活动方式。

案例 10-2 科普促进 3D 打印产业联盟成立

北京市计算中心是我国最早的计算中心之一，近年来一直致力于云计算服务和高性能计算，2012 年北京市计算中心工程计算和咨询、科学计算、渲染、三维扫描及快速成型、虚拟仿真等加大平台建设和市场宣传。主题为“3D 打印梦想，创新、创造”的 3D 打印科普活动已经成为近年来北京市计算中心主打的特色科普品牌，北京市计算中心自我研发出了一套3D打印培训课程，结合线上线下的科普服务模式，通过一系列市场活动，对接、整合了 3D 打印行业上、中、下游产业链资源，包含行业媒体、3D 打印材料供应商、桌面级 3D 打印品牌、3D 打印集成服务商等，活动几乎覆盖行业全产业链目标对象。近两年来，以 3D 打印为主题的“请进来、走出去”活动共计 50 余场，涵盖工业、医疗、教育和文化创意等领域，辐射近万人。2017 年，北京市计算中心牵头，和正大集团、清华大学、机械工业信息研究院联合成立了 3D 打印技术开发应用联盟，该联盟凝聚了京津冀地区产学研的 3D 打印力量，将着力推进 3D 打印技术的应用和发展。

第11章　科普推动成果转化

科技成果是在已有探索的基础上进行的理论与实践创新、形成新的产品和技术。科技成果转化是实施创新驱动发展战略的关键环节。科普促进公众对科技成果的认可，可以提高科技成果转化效率；反过来，科技成果的成功转化又为科普增添了更多的内容，可推动新一轮的科学普及。

11.1　科普提高公众对科技成果的认可度

科技创新已成为当前社会经济发展的驱动力，从原始创新到其变成社会生产力基本都要经历从基础研究、应用研究、实验室产品、中试、成果转化、产业化到商品化的完整链条，需要研究机构和企业共同参与才能完成。在创新链条的不同环节，创新活动的任务、性质、关键要素、参与者都有所不同，其中应用实验室产品、中试、产业化、商品化等环节需要科研机构和企业共同参与。在实验室产品环节，科研机构起主导作用，但企业的参与可以为技术转化作铺垫；在中试环节，科研机构依然是主要力量，但企业的参与可以加快技术应用步伐；在成果转化、产业化、商品化等环节，创新活动发生了质的变化，从科研机构内部的研究活动演变为企业整合技术、人才、资金等创新要素开发市场的经营活动，是创新链条中最惊险、最关键的一跳。要想跳好这关键一步，需要科研机构和政府部门在基础研究、应用研究、中试等环节就开始向社会公众进行相关知识的普及，这些普及不仅能推动相关技术信息的传播和宣传，还能为相关行业配套等对接做准备。毕竟产业需求是科技成果转化的直接动力，了解科技成果的企业越多，有需求、有能力吸纳科技成果的企业越多，接受这些技术理念的人就会越多，越有利于科技成果转化和商业化应用。因此，科普与创新息息相关，通过科学技术知识的普及和传播，公众就会对科学知识、新技术、新产品感兴趣，创新土壤就会更加肥沃。

11.1.1 科技成果科普化提高研究成果熟悉度

在创新链的前端，高校院所和科研人员应积极科普其科学成果。从基础研究开始，借助学术期刊、电子数据库、互联网（专业科学网站、综合网站科学栏目、传统科技媒体的网络版等）、报纸、电视、广播等载体介绍传播其最新的研究成果、成果的应用情况等。随着电子移动终端（智能手机、平板电脑、笔记本电脑等）的普及和各类无线网络的广泛覆盖，移动互联网使用人数约占整个网民总数的九成。很多科研人员通过专业科学网站、传统科技媒体、微博、微信等主要的传播方式传播相关知识。例如，2016 年 8 月 16 日，我国科学家自主研制的世界首颗量子科学实验卫星“墨子号”的成功发射，吸引了世界科技界的目光。该卫星的发射能极大地提高通信保密性。而其中的关键人物就是这个项目的首席科学家——中国科学院院士潘建伟，通过网络、报纸等各种媒体对潘建伟院士的介绍和量子通信的科普，现在，虽然公众对量子通信的保密性机理等不是很清楚，但对量子通信的保密性特点、优势及可能的应用领域已经耳熟能详，这对于将来量子通信相关产品的问世及产业化、商品化打下了坚实的基础。

11.1.2 科技成果科普化提升社会公众接受度

将科技成果进行加工使其易于被公众理解的过程即为科技成果科普化。科普化后的科技成果更易于被社会公众理解，加上政府相关部门的宣传和各种媒体的传播，这种科技成果会更快地被公众接受。所以科技成果科普化使科技资源转化为科普资源，物化了科普能力，提高了公众的科学素质。科技成果科普化既是公众理解科技、掌握知识、提高公众科学素质的需要，也是科技创新的需要。

科技成果科普化的过程也是作为科普事业主体的公众和作为科普

事业客体的科普内容的交互作用过程。在这个过程中，科技成果凝聚了创新精神、蕴涵了创业意识、具有创意特征、甚至拥有知识产权，通过多种形式进入产业系统、公众观念系统，在提高公众科学素养的同时，也增强了科技成果转化的势能，使科技成果获得更多技术转移的市场机会，缩短技术转化周期，推动技术成果向现实生产力转化，从而实现其综合社会价值。

科技成果科普化充分尊重“惠益分享”原则，可实现科技成果发明人、科技成果所有人、社会公众、政府部门等多方利益的共赢和共享。为了加快推进科技成果向生产转化，营造促进科技成果转化的社会环境，普及新技术、新工艺、新产品应用，培育和支撑产业发展，政府部门做了大量工作。

例如，贵州省科学技术厅采取各种措施加快推进科研成果的普及。一是在立项时要求科技成果科普化。2012 年 11 月贵州省科学技术厅专门发文，重点在省级年度基金、科技攻关、成果推广、中小企业创新基金、重大科技专项等科技计划项目下达和验收结题时必须提交科研成果科普作品，以加强省级科普资源能力建设，提高广大科技人员科学传播意识和传播能力，使其依法履行普及科学技术知识的责任和义务，将科研成果知识化、应用化、社会化，促进科研成果转化应用，让科学成果惠及于民。二是允许科研成果科普化作品参加全省科普作品创作大赛。为推动科研成果科普化，从推进科技与文化产业融合发展、繁荣科技文化产业和培育创意产业着手，将科研成果科普化纳入全省科普作品创作大赛参赛内容，提高科研成果的社会影响力。三是大力宣传。通过组织科研院所以科普化方式推介科研成果，引导科研成果向中小企业进行转移转化，提高科研成果转化应用率。2014 年贵州省举办的第三届科普作品创作大赛、产品创新设计大赛中，24 项科技成果科普化作品、一批优秀产品设计成果和科研成果被中小企业采用并投入生产，取得了良好的经济效益和社会效益。

11.1.3 科技成果科普化促进企业技术市场化

科技成果的转化和商业化的关键是公众对新科技成果的认可度和接受度。近年来，创新创业不断掀起热潮，透着“高冷范儿”的新技术、新产品越来越多，如何让“高大上”的科学知识变得特别“接地气”，成了它们转化为现实生产力、被市场接受的关键。

科普营销是企业开展科普活动的动力之一。企业技术创新的目的是获得利润，提高市场竞争力，其实现路径是通过其自身需要不断地推广和普及新知识、新技术、新工艺、新产品，创造市场新需求，以提高市场对其产品的接受度。科普与营销的有机结合是高科技产品推广的有效途径。

科普营销有助于人们认识科技前沿型产品和科技含量高的产品，提高新技术、新工艺的社会认可度，培育和扩大高科技产品的消费群体，实现创新的市场价值。北京市计算中心一直承担北京“工业云服务平台”的技术攻关和对外服务创新，其通过展板、视频和现场活动体验等丰富的现代化科普形式，展示云计算技术和服务解决方案在模具制造、生物医药、机械电子、数字文化等多领域的应用；同时还借助北京市人力资源和社会保障局开办“精益研发与体验时代的制造业”高级研修班的机会，按照“以智能制造为主线，以精益研发为理论支点，以虚拟现实、人工智能和3D打印等为技术手段”的思路设计课程内容，在向学员普及精益研发理论知识的同时，展示各种技术手段在智能制造转型中的应用，让学员深刻认识虚拟现实、人工智能和3D打印等技术手段对于智能制造、精益研发和转型发展的重要作用，以推动这些技术实现市场化。

案例11-1 汉能清洁能源展示提高科技成果的接受度

“走进汉能展厅，一个巨大的太阳映入眼帘，能量聚变的声音萦绕在耳边，‘太阳主题’清洁能源展厅从这里拉开序幕。”北京电视台财经频道的《科普之旅》节目在报道北京市科普基地——汉能清洁能源展示中心时，主持人如此介绍。汉能清洁能源展示中心是全球首个“以太阳为主线，清洁能源为主题”的专业科普展馆，整个展馆分为 8 个展厅和 1 个影院，依次展示了能源的变革历史，中国清洁能源的成就与优势、太阳能技术与应用及未来的智能电网。

汉能清洁能源展示中心是科技创新、绿色环保设计理念的载体，建筑外观采用薄膜发电建筑一体化(BIPV)设计，将太阳能薄膜发电组件集成到建筑幕墙、屋顶，使之成为绿色发电主体，实现“自发自用、盈余储能、余电上网”的三级能效理念。同时，汉能清洁能源展示中心采用汉能自主研发的智能微网管理系统，在实现自身发电、用电、储电、售电的智能化管理和最优化运行的同时，实时与汉能移动能源控股集团(简称汉能集团)总部进行能源互联和共享。

汉能清洁能源展示中心集中展示汉能的太阳能应用产品，包括全太阳能动力汽车、太阳能无人机、太阳能衣服、太阳能背包、太阳能帐篷、太阳能除尘烟囱、太阳能运动头盔、太阳能移动式高速服务站等移动能源产品，同时展出的还有多种类型的高效铜铟镓硒和砷化镓柔性薄膜电池，其是世界上最先进的薄膜光伏电池，也是构成汉能集团移动能源产品的核心元件。各借助大屏显示、交互展示、多媒体沙盘、信息汇聚形象化展示等先进的技术，通过多角度、立体化的感官视觉手段，为访客打造了一个沉浸式的清洁能源体验中心，让观众进一步了解汉能集团“用清洁能源改变世界”的梦想。

充满科幻感的汉能清洁能源展示中心坐落于北京奥林匹克森林公园北园，由全球领先的薄膜太阳能企业汉能集团投资建设，作为全球清洁能源公众教育平台，面向公众开放，讲述人类利用能源的历史、现状和未来，全面展示了汉能集团清洁能源的成果，引来了国内外公众前来参观学习，有效提高了公众对清洁能源的认识和理解，以及对清洁能源产品的认可。

2017 年，汉能集团开始为四川绵阳、山西大同、山东淄博、贵州铜仁等多地新建的产业园出售生产线组合产品。这些产业园由地方政府、第三方投资者共同投资建设，对于薄膜电池组件的需求极为可观。例如，绵阳市人民政府和大同市人民政府，鼓励其辖区内的新建建筑、分布式发电系统、薄膜发电建筑一体化(BIPV)楼宇应用、农业设施、城市照明、公共交通和扶贫、公益项目，使用产业园提供的薄膜发电产品。

在建筑领域，汉能集团研发的汉瓦已经被香港、北京和外国的瑞典等国的建筑项目采用，北京第一高楼——中国尊的屋顶便使用了汉能集团的产品。2018 年 4 月，汉能集团推出更轻更薄的单玻汉瓦和具备离网供电、储电、照明、充电功能的汉伞，推出发电纸、发电包、发电背包等便携式的移动能源产品，迅速引发市场购买热潮。与此同时，汉能集团不仅为共享单车提供车筐芯片，还为京东的首批太阳能智慧配送车配置薄膜组件，大力推动绿色交通、绿色出行的发展。

此外，汉能集团先后与中国第一汽车集团公司和德国奥迪公司签订战略合作协议，将薄膜太阳能车顶技术应用到汽车领域，研发出来的全球航时最长的工业级太阳能无人机已经应用在工业、农业和安全等诸多领域，等等。2018 年 8 月底，汉能集团公布了年中财报：2018 年上半年，集团实现营收 204.15 亿港元，盈利 73.29 亿港元，相比去年同期分别增长了 7 倍和 30 倍。下游业务收入 13.3 亿港元，同比增长 17.9%。

案例 11-2　通州社区科普体验厅：让新技术“飞入寻常百姓家”

北京市科学技术委员会在通州区建设的前两个科普体验厅是北苑街道新华西街社区和于家务乡北辛店村委会科普体验厅。这两个科普体验厅组织开展了以“科技让生活更美好”为主题的科普宣教活动，两个社区数千名居民通过走进社区科普体验厅，亲自动手、亲身体验、人机互动，在享受科普互动体验设备带来乐趣的同时，也学习到了相关的科普知识。2015 年 3 月，北京市通州区这两个社区科普体验厅正式向社区居民开放。这两个科普体验厅的建设融合高科技人机互动、情景体验和艺术化展示等多种形式，围绕“防灾减灾”“低碳生活”“疾病预防”“食品安全”等普通百姓关心关注的热点问题，配置了“科学影吧”“科普书吧”“农机科普”等 40 余件科普互动体验设施。

至此，北京市通州区科普体验厅建设走上了快速通道。2015 年 12 月，通州区梨园镇公庄村科普体验厅、张家湾镇小北关村科普体验厅正式开放，两个村庄有了自己的科普场所。两个村的居民纷纷走进科普体验厅，读科普书籍、观科普电影、享科普乐趣，在科普互动中亲身体验、学习科普知识。通州区这两个村庄在体验厅建成后的一年中，梨园镇、张家湾镇分别与社区联动，共组织居民开展了 8 次科普活动，两村居民参与人数达 400 余人次，周边村民参与人数达 80 余人次，扩大了社区科普传播范围，提高了居民的科学生活意识，营造了学科学、用科学的良好社会氛围，在镇域内形成了明显的辐射带动作用。

2016 年，北京市通州区人民政府加大力度，完成了漷县镇漷县村、宋庄镇辛店村和北苑街道果园西社区共计 3 个社区科普体验厅，既增加了科普体验厅的数量，又加强了情景式科普氛围建设，其内容也更加丰富多彩。北京市通州区这种科普教育方式，提升了科普教育质量，多角度、全方位地推进了科学普及工作，创新性打造了公众身边的科普活动场馆，为社区居民带来暖暖科学春风，也受到老百姓的热烈欢迎，对提高社区居民及周边群众科学文化素质、助力全国文明城区创建发挥了积极作用。

到 2017 年，通州区已建成科普体验厅 15 个，使更多的居民和青少年能够近距离地接触科学，体验科学和科技创新成果，真正让新技术新产品“飞入寻常百姓家”。

11.2 科普降低成果转化中的沟通成本

科技成果产业化将科技成果转化为实体产业并生产出产品、商品，以体现科技成果的社会效益和经济效益。科技成果产业化包括科技成果转化环节和生产环节，新技术成果的产业化主要是由企业、资金对技术研发组织传播信息的接受度和企业内部负责各生产环节的人员对相关生产信息的接受程度决定的。

11.2.1 科普有利于技术转让双方的沟通

科普能够让技术转让的转、受双方快速决策。科技成果产业化的主要路径包括：自行投资实施转化；直接向他人转让科技成果；许可他人使用科技成果；以科技成果作为合作条件，与他人共同实施转化；以该科技成果作价投资，折算股份或者出资比例。除第一种转化方式外，其余几种转化方式都需要了解科技成果的潜在价值。由于新媒体传播具有互动性、整合性和多样性等特点，高校院所通过新媒体设计对自己拥有的科技成果进行普及和宣传，借助多媒体技术，将文字、图片、音乐、动画和视频等多种艺术表现形式相结合，通过视频剪接、编排等手段进行加工和艺术创作，模拟科技成果的潜在前景和技术优势，或者企业将自己的形象、管理制度、优势等拍成短视频或微电影，利用互联网等渠道，如计算机、手机、数字电视等终端进行宣传，不仅可以使科技成果转、受双方更直观地了解科技成果和双方情况，拥有更多的自主权，同时通过第三方互联网技术转移平台，还可以让转、受双方建立安全有效的沟通机制，扩大了转、受双方相互之间的选择范围，有利于转、受双方的快速决策。

科普有利于扩大成果转化的合作渠道，加快科技成果产业化。企业通过新媒体对公众科普最新的科技成果，不仅可以扩大技术成果的影响，建立政、产、学、研的沟通渠道，发挥各自的优势，互相通信，以此挖掘潜在的消费者，创造新的市场需求，同时，还可以在研发中通过数字媒体的交互设计，了解用户对产品的需求及期望，对产品进行增强和扩充，让产品与使用者建立一种有机关系。这样能够寻找到相关的合作对象，扩大合作渠道，使科技成果快速产业化，也有利于科研机构了解市场行情，及时调整研究方向。对于科研机构和企业而言，也能获取相关外部科技信息，在学习和共享中进行自身成果的创新，从而使自己处在科技研发、产业应用的前沿。

11.2.2　科普有利于社会资本对科技成果的理解

科技成果通过技术服务、技术咨询、技术许可、技术转让等方式转化后，经过发展进入产业化阶段，产业化涉及政、产、学、研、金、介、贸等多个主体和资金、技术、人才、信息等多种要素，这些要素对应着若干个创新主体。以技术入股为例，科技成果完成人在成立公司后，还需要通过孵化、借力资本发展等环节才能实现其商品化。所以科技成果产业化不仅需要技术的不断发展，而且更重要的是资金的支持和市场的接受，这需要与资金相关的各主体的积极参与，他们对科技成果的认可决定了科技成果产业化能否顺利进行。对这些创新主体进行专业技术知识的科普成了其是否能够顺利融资的关键。

企业获取资金支持有直接融资和间接融资两种方式。直接融资是从股权投资者和资本市场获取资本支持，以出让企业股权的方式获得资金支持。间接融资是以资产抵押或者机构担保为前提，获得银行的资金支持。近年来，还出现了众筹融资方式等。这些融资都是建立在出资方了解科技成果项目的基础上的，因此，加强技术和项目的科普，有利于出资方更加快速地了解技术的潜在价值和发展前景，也更利于融资的完成和科技成果产业化的实现。企业如果借助数字媒体等手段，还可以在产业化过程中提供产品可视化展示，利用视频、3D 动画、图像等形式将科技成果进行演示，让出资方有更直观的判断，缩短科技成果产业化的时间和周期。

11.2.3　科普有利于提高企业成果转化效率

员工技能素质提高是企业成果产业化和创新发展的基石。科技成果相关技术的普及和推广可以提高团队成员之间的创新能力和协调能力，尤其是员工的创新意识、创新技能。科普可以促使团队成员及一线生产人员尽快掌握新产品、新技术的核心内容；提高他们对科技成果及其产业化目标的理解和接受程度，充分发挥他们的创新技能，形成统一的认识和创新合力，集思广益，促进科技成果快速产业化。所以，许多企业除开展一般性科普活动，如科普画廊、知识橱窗、举办科普讲座、产品展示、图书专刊、科技咨询、科普活动日等之外，还可根据业务需求和岗位特点，利用自身积累的科技条件，紧密结合本企业技术创新和科技成果产业化项目的实践进展情况，设计员工培训体系，开展从基础知识到专业技能的员工培训，传播科学思想、前沿技术知识和创新方法，形成提升员工科学素质的内部动力。企业科普所传播的科学精神和科学方法，不仅直接提高了企业的自主创新能力和企业进行科技成果产业化的效率，同时还能够激发员工形成尊重科学、崇尚理性、敢于创新的价值观，营造勇于创新的良好文化氛围，促进企业加强自主创新和管理创新，也为企业进一步的技术创新发展和更多成果的产业化奠定科学文化基础和人文精神基础。

科普的快速发展培养了计算机技术领域的消费者，创造了市场需求。随着科普方式的不断发展，科普手段和技术也在增多，这为计算机领域技术成果的应用提供了发展空间，促进了 AR/VR、4D 电影、可视化等技术成果的产业化。

11.2.4　科普促进产业化相关主体的协调对接

科技成果产业化涉及政、产、学、研、金、介、贸等多个主体和资金、技术、人才、信息等多方面要素，这些主体和要素对应着若干个政府部门，这些环节能否衔接好，各主体之间能否协调配合好，各要素资源能否有效配置，决定了科技成果产业化能否顺利地进行。然而，高校、科研院所、科技企业和科技人员在实施科技成果产业化中遇到问题时，往往不是一个部门能够单独解决的，在需要多个部门协同解决时，因各部门考虑问题的角度不同、适用的法律法规不同、工作人员对政策的熟练程度不同，有时会产生对立的局面，导致科技成果转化无法顺利地进行下去。这就需要相关政府部门通过不断将自己的理念和问题及可能的解决办法、途径等进行沟通、协调，才能形成密切配合与协同的局面，才能促进科技成果的落地转化。

如果相关主体的沟通协调不到位，高校、科研院所就会出现这些现象：一是有的高校内部管理部门上下不配合，职能部门之间衔接存在障碍，科技成果无法有效地转化为现实生产力；二是决策者担心落实国家科技成果转化政策对正常的科研、教学活动造成冲击，如科研人员离岗创业造成政策落实不下去；三是单位领导因主管部门没有出台明确的指导意见或者对科技成果转化没有任何表态而不敢擅自行动，又不愿向主管部门请示；四是单位领导担心给予完成、转化科技成果做出重要贡献的人员奖励和报酬，造成单位与科研人员、科研人员之间分配不公，致使各种矛盾变得突出，影响单位的正常运行等。这些顾虑或问题，导致高校、科研院所推进科技成果转化的积极性、主动性不高，甚至是明里支持，实则反对，影响了这些高校院所科技成果的顺利转化。

11.3　科普有利于扩大科技成果应用领域

科普对于科技成果转化应用的作用主要包括两个方面：一是科普有利于促使科技成果跨领域应用。科技成果往往有很强的专业性，一般只应用于本领域。二是有利于推动多项科技成果跨领域集成应用。一个领域的科技成果通过传播被另一技术领域借鉴吸收，甚至移植，这种跨专业、跨学科、跨领域的技术转移大大拓展了科技成果的应用领域，推动了更多领域的技术进步。正是科普和科技传播，促使第三次工业革命带来的以电子计算机技术、微电子技术、信息通信技术、核技术、激光技术、新材料技术、空间技术、海洋技术等为主导的现代高技术群不断向社会生活的各个领域渗透、传播和移植，使得社会整体技术水平取得了很大的进步和发展，从而把人类社会引入了一个崭新的技术时代。例如，核技术的应用从军事扩展到航运、发电、医学等领域；激光技术从应用于军事领域向医学、机械加工、无损检测等领域渗透；生物工程技术被广泛应用于工业、农业、医药卫生和食品工业等领域。近年来，互联网、大数据等现代高技术的广泛传播和普及，使得交通运输工业、机械加工业等传统产业不断进行技术升级改造，出现了现代物流、大数据精准营销、精密制造(3D打印)等，使得暗淡的夕阳工业重现光彩，增添了新的市场竞争能力。另外，科普推动多项科技成果跨领域集成应用。不同领域之间技术的科普或者相互传播，使得不同类型的技术被组合应用于同一产品之中，形成了一种新产品的创新模式，称为组合式创新或者集成式创新。新技术的广泛传播，使得新产品科研人员根据自己的目标，借鉴不同领域的知识技术成果，进行消化吸收和合理组合，形成所需的产品，在较短的时间内取得技术领先的优势、占领新市场或获得市场竞争力，从而实现了扩大科技成果应用范围的目的。例如，美国阿波罗登月计划总指挥韦伯指出，阿波罗计划中没有一项新发明的自然科学理论和技术，都是现成的技术的运用，关键在于综合各家所长。医学高技术中的核磁共振技术(MRIT)，也是综合了微电子技术、计算机技术、新材料技术、激光技术、核技术，是多种新技术综合应用的产物。

案例11-3　另类冶金：捡垃圾胜过挖金矿

格林美股份有限公司是一家市值240亿元的“捡破烂”公司，它借用材料领域的冶金技术，探索电子垃圾的处理模式。通过对废旧电池、电子废弃物、报废汽车与钴、镍、钨稀有金属废弃物等“城市矿产”资源的循环利用与循环再造产品的研究，突破性地解决了中国在废旧电池、电子废弃物与报废汽车等典型废弃资源方面循环利用的关键技术，申请国内外专利 530 项，年处理废弃物重量在 200 万吨以上，循环再造 20 多种稀缺资源及超细粉等高技术产品，形成了完整的稀有金属资源化循环产业链。2015 年，该公司处理废弃旧电池和钴、镍废料达 30 万吨以上，电子废弃物处理芯片 850 万台，回收钨资源约 2500 吨，镍资源 4000 余吨。同时，也减少了过去电子垃圾被焚烧或被掩埋而造成的大量有毒物质如汞和镉渗透进入土壤和地下水的危害。

实际上，电子垃圾里含有大量的金属铜和少量贵金属——金、银等。有资料显示，1 吨矿石里含有约 5 克黄金就可称为富矿，而在 1 吨电视机主机板中，黄金的含有量至少有 80 克，有的高达 150 克，而在笔记本电脑中，除了黄金，还有 25%左右的铜、50%左右的可再生塑料。这哪里是垃圾，分明是“城市矿山”。这也再次验证了这样一句话：“垃圾只是放错了位置的资源。”但在过去，这些资源被回收的比例不足 30%，大量的资源白白地浪费掉了。也可能是这个原因，2016 年中国黄金股份有限公司的毛利率为 8.51%，净利率为 1.22%，净资产收益率为 3.03%，也都比格林美股份有限公司差了一大截，格林美公司正是利用冶金技术的跨领域应用实现了他们的腾飞。

案例 11-4　军工技术民用：导弹灭火

一键操作，简单便捷，快速展开，自动瞄准……，这是中国航天科工集团第二研究院 206 所高层研制的楼宇灭火系统具有的新功能。2017 年初，这个高层楼宇灭火系统正式交付北京市消防局呼家楼中队，开始在高楼林立的商务中心区执勤。消防战士手中，有了专门用来对付高层建筑火灾的利器——瞄准、发射只需数秒，典型高度范围为 100～300 米，消防车不需要开到火场，可在几百米外远距离发射。

高层楼宇灭火系统也称“导弹灭火”，这款由航天导弹技术发展而来的产品，专门为高层建筑火灾而生。它利用高效安全灭火剂布撒、低特征“绿色”发射、复合探测、高精度灭火弹投送、导弹发射控制等技术，将载有高效灭火剂的灭火弹快速、精确地投送至火灾区域，不会对人员造成伤害，特别适合在城市环境下使用，是航天军用技术转为民用的一次成功应用，解决了消防车“进不去”“够不着”“展不开”等问题。

除此之外，近年来我国已有2000多项航天领域的技术成果广泛应用于国民经济和社会发展的方方面面，产生了良好的社会效益和经济效益。

案例11-5　技术组合，促成共享单车问世

卫星定位系统、大数据等技术的广泛传播，促使其被各行各业广泛采用。共享单车就是以卫星定位系统、移动支付、大数据等诸多科技成果为支撑，开发出来的方便快捷的出行模式，它随停随走、高效循环，切实有效地解决了出行中的“最后一千米”问题。以摩拜单车为例，“北斗+GPS+格洛纳斯”卫星导航芯片和物联网通信芯片，构建了全球最大移动物联网平台。物联网技术让摩拜单车的海量大数据能够实时、无缝传输至云端平台并进行挖掘分析，从而为摩拜单车大数据人工智能平台“魔方”的破土而出做好了铺垫。

在一项由“一带一路”沿线20国青年参与的评选中，共享单车、高铁、支付宝和网购被评为中国“新四大发明”。共享单车服务自2016年下半年起在资本的大力推动下实现了快速发展，小型共享单车创业公司不断涌现，行业龙头品牌则在不足一年的时间里完成多轮融资。截至2017年6月，全国互联网租赁自行车运营企业已经达到30多家，累计投放单车超过1000万辆，共享单车用户规模已达1.06亿人，占网民总体的14.1%，其业务覆盖范围已经由一二线城市向三四线城市渗透，融资能力较强的共享单车品牌已经开始涉足海外市场。截至2017年6月，作为最先将物联网技术应用到共享单车的摩拜单车已经在全球超过150个城市投放超过600万辆智能共享单车，覆盖超过1亿全球用户，每天提供超过2500万次骑行，是全球第一大互联网出行服务，也是全球最大的移动物联网平台①。

① 摩拜单车：小锁里有大科技精准定位让共享成为可能.（2017-09-14）[2017-09-15]. http://www.xinhuanet.com//talking/2017-09/14/c_129704135.htm.

第12章　技术创新促进科普转型升级

随着技术创新及其快速发展，不仅有更多的科技成果可以转化为科学普及的内容，而且新技术手段也拓展了科普渠道，如微博、微信、动漫、游戏等，使科学普及呈现“海陆空”总动员的局面。同时，技术创新也改变了科学普及的影响力和震撼力。特别是“互联网+”、云计算等技术的出现，意味着科普知识的获取和传播方式发生了很大的改变。2015年全国科普网站达到2612个，在过去的5年里增长超过了20%。2016年向公众开放开展科普活动的科研机构和大学数量超过7241个，比2010年增长了43.81%，这在很大程度上拉近了科学和大众的距离。移动互联网特别是智能手机的飞速发展，硬件和网络环境的重大变化为“互联网+科普”奠定了良好的基础。有了移动互联网，就可以通过后台的云计算、大数据和个性化的分析，以及多媒体的传播和社交互动，大大提升科普工作的效率，激发公众对科学的兴趣。

12.1　新技术、新产品拓展科普渠道

12.1.1　技术创新推动科普载体不断演化

古代科普的萌芽。在古代，科普主要是靠面对面的教学，自发地进行人际传播。掌握了某种知识或技术的智者的言传身教是知识传播的主要手段。后来随着文字的出现，有些知识或技术得以保存下来，加速了知识的传播。记载某些科技知识的书籍的出现，大大加快了传播速度，如《墨经》《梦溪笔谈》等。但总的来说，这一阶段的知识传播还是相当薄弱的，其传播方式单一、传播受众范围小、传播速度慢。随着科学技术突飞猛进的发展，传播工具日渐丰富，传播手段也日渐成熟，人们开展的科普活动越来越多。造纸术、印刷术的出现大大提

升了科普的能力和范围，从一对一开始变成了一对多，从传播学的角度来看，靠口口相传的人际传播逐渐发展成了有专业人士通过专业介质进行的专业化的大众传播。“黑板+书本”是老师进行科学普及和传播知识的主要工具。老师主要依靠粉笔和黑板进行讲解，将他们掌握的知识传授给学生，推动知识的传播，这个时期传播的受众范围仍然很小，还处于科普的萌芽阶段。

传统科普的出现。随着欧洲资本主义萌芽的出现，在欧洲，新闻报纸和杂志期刊逐渐产生，以这些介质为载体传播科学技术，推动了科普的发展。在法国最早诞生了科学杂志《学者杂志》和《哲学会刊》，科学普及由此出现了专业化的开端，开始有一部分专业的科普人士通过大众传播的手段面向大众传播科学知识。随着 19 世纪无线电子通信技术的出现，科普的介质发生了很大变化，从原来的纸质媒体变成了声像传播，出现了广播和电视。传播效率和传播能力进一步飞升，为科普发展提供了更好的载体。报纸、广播、电视也成了科普的主要载体和媒介，这就是我们所说的传统科普方式。传统科普是由文化精英、知识分子主导的自上而下的单向灌输过程，它以科学家、科学群体为中心层层向外传播，受众对信息的内容缺乏筛选权，只能被动接受。这种单向性科普传播模式，缺乏实施主体与受体之间的交流、互动与反馈，忽视了调动公众“主动”理解科学的积极性，阻碍了科普对象主观能动性的发挥，从而导致公众参与热情不高，影响科学传播效能。

互联网技术的发展催生了新的科普方式和载体。随着计算机技术、网络技术等科学技术的迅猛发展，一系列新兴的媒体形式大量涌现，它们以互联网和卫星等为途径，以电脑、手机、数字电视等为终端，向用户提供海量的信息。所以科普的载体发生了很大变化，如电脑、互联网、手机微信、数字电视、展览馆、游戏等都已成为科普的主要载体，科普的内容、形式和主体也随之发生了很大变化。各类科普组织和机构开始注重线上线下联动，创设科普微博、微信和 APP 等新兴传播载体，定期向公众推送科普内容，激发公众的创新热情和兴趣。

通过运用启发式、互动性、参与型的科普宣传方法，将更多的科学知识和新技术、新产品向社会传播，科普宣传的吸引力和渗透力得到明显提高，新媒体也得以运用。

计算机、互联网及移动通信技术的蓬勃发展，催生了新媒体的涌现，其中最具有颠覆性和创新性的传播渠道当属微博和微信。2006 年，Blogger（Googel 旗下一家大型的博客服务网站）创始人埃文·威廉姆斯首创了微博服务，2009 年，新浪微博试运营上线，标志着微博正式进入中文上网主流人群视野。根据互联网实验室发布的《2012–2013 年微博发展研究报告》，2013 年上半年新浪微博注册用户达到 5.36 亿人。2011 年初腾讯公司推出了微信，截至 2012 年 3 月底仅 433 天用户数就突破 1 亿人，截至 2016 年 12 月全球微信和 WeChat（微信海外版）合并，月活跃账户数已高达 8.89 亿人，而新兴的公众号平台有 1000 万个[①]。这一系列呈几何级数增长的数字，说明技术的发展推动新的科普渠道——以微博、微信等为代表的新媒体的形成，它们在社会文化层面迅速开启了一个全新的微时代。

技术创新颠覆了传统科普的传播效率。以展览馆为例，新技术的出现不仅实现了科学普及方式的创新，推进了科普讲解的规范化、标准化，而且促进了科普展览内容和展览形式的创新，倡导快乐科普理念，通过线上线下联动增强参与、互动、体验内容。虚拟现实、增强现实、混合现实（MR）技术的大力应用，推动了科普互动展品、产品的开发，也极大地丰富了科普内容和传播方式，提高了科普的传播力和影响力。这一点在中国地质大学 2011 年做的关于社会热点问题与科普需求的调查中得到证实[②]。他们通过随机抽样的方式对 761 位中学生、大学生、教师、管理干部和其他社会人士进行了问卷调查，发现科普教育的形式多种多样，调查结果显示对调查样本影响最大的科普教育

① 企鹅智库. 2017 微信用户&生态研究报告.（2017-05-08）［2017-05-10］. http://www.sohu.com/a/138987943_483389.

② 李蔚然，丁振国.关于社会热点焦点问题及其科普需求的调研报告. 科普研究, 2013,（1）: 18-24.

形式分别有：科普影视（占61.2%）、科普网络游戏（占52.8%）、科普书刊（占51.4%）、科普讲座（占50.0%）和学校科普教育（占36.1%）。此外，科普展览（占31.2%）和听科学家的报告（占28.7%）也对调查对象有较大影响。显然，技术创新带来的具有直观、互动的科普影视、科普游戏等科普教育收效最好。

12.1.2　技术创新促进科普渠道多样化

传统的科学传播渠道主要包括广播、电视、报纸、讲座、书籍、杂志和宣传等，而大部分科普创作则以撰写科普文章为主。然而随着数字技术、网络技术等的迅猛发展，一系列新兴的媒体形式大量涌现，它们以互联网和卫星等为途径，以电脑、手机、数字电视等为终端，向用户提供海量的信息。新媒体的出现一方面对依赖于传统媒体的科学传播造成了极大的冲击，另一方面也为科普新渠道的延伸和拓展提供了巨大可能。

新技术、新产品的出现拓展了科普渠道。科普产品可以根据不同的受众“量身定做”，并且选择合适的传播渠道。一是部分人很少用手机，如老年人，但他们大部分有看报纸、看电视的习惯，广播、电视、报纸、讲座、书籍、杂志和宣传等仍然是他们获得科普知识的主要传播渠道。二是新媒体成了对年轻人和孩子进行科普的主要渠道。随着时间越来越碎片化，年轻人很少看报纸、电视，他们大多都上网，更愿意通过新媒体了解科学，而新媒体更富活力、更贴近生活，同样也让孩子对科学知识更感兴趣。例如，“中国科学院物理研究所”微信公众号推送内容涉及物理学、数学、生物等多个领域，图文并茂、通俗易懂，普通人也能读懂，该公众号建立后吸粉无数。所以同样的科普内容可以根据不同受众的喜好，创作出多种形式的作品，通过多个终端传播，使传播效果达到最佳。三是微学习和微课也成为传播知识的另一渠道。微学习，即碎片化学习，一次学习一点，只学最主要的，随时随地借助移动设备（手机或平板电脑），学习者能在任何时间、任何地点以任何方式学习任何内容，做到简单高效，随时随地学习。微课具有以下特点：首先，简单高效。化繁为简，只学核心，不学陪衬，没有烦琐的理论，只有简单的方法；只学最需要的，只学最有用的，让学习更高效，一次一小点，积少成多，四两拨千斤。其次，随时随地。想什么时候学就什么时候学，只有 5 分钟，若干个“微时间”组合成“1+1＞2”的效应，机场候机、车站候车，酒店候餐，拿出手机即时学习，不受出差限制。最后，生动有趣。课程中大量使用了视频、图片、动画等素材，有效刺激学员右脑，让学习视觉化；课程中去除了简单的说教，借鉴了好莱坞大片中悬疑、意外、问题等刺激元素，让课程趣味十足，富有视觉黏性。四是其他渠道。除了传统媒体和新媒体外，科普还有很多传播渠道，如游戏科普、旅游科普等。

目前，科普传播形式日趋多样。科普图书、科普期刊、广播电视科普栏目等传统传播形式保持稳定，以移动互联为代表的新媒体迅猛增长，成为科学传播的重要平台，2015 年全国科普网站达到 2612 个，比 2010 年增长了 22.80%。据最新数据显示，截至 2016 年 6 月，果壳网粉丝已经达 552 万人，科学松鼠会粉丝为 191 万人。

相比之下，一些科普机构组织的科普微博影响力远不及果壳网和科学松鼠会。截至 2016 年 6 月，科普中国的粉丝为 102 万人，上海科普的粉丝量仅为 13 万人。科普中国的全部微博为 2373 条，上海科普的全部微博为 7579 条，相比果壳网的 33262 条与科学松鼠会的 8798 条仍然存在一定的差距。在热点科学事件的讨论中，果壳网和科学松鼠会的粉丝活跃度也远高于二者。

案例 12-1　技术进步推动了果壳网的发展

果壳网在 2010 年由姬十三创立，网络技术的发展让果壳网成了科普的新媒体载体之一，其目前有三大板块: 科学人、小组和问答；同时，果壳网还开发了多个与科学相关的公益项目，如科学松鼠会、高端科学讲坛——“果壳时间”，以及未来的科学支教、科学互助等；而商业化运作的北京果壳互动科技传媒有限公司(简称果壳传媒)主要包括果壳网、果壳阅读(果壳传媒旗下读书品牌)、科技品牌传播等多项业务，成为国内领先的泛科技综合性传媒。现在，果壳网已成为一个开放、多元的泛科技兴趣社区，吸引了百万名有意思、爱知识、乐于分享的年轻人聚集在这里，用知识创造价值，为生活添加智趣。

科学人是果壳网旗下的媒体品牌，借助于原创性采访与科学家访谈，架起科学与公众的桥梁，帮助科学在社会议题中担当起应有的角色。大型开放式网络课程(MOOC)学院是果壳网旗下的一个讨论MOOC 课程的学习社区。MOOC 学院收录了主流的三大课程提供商Coursera、Udacity、edX 的所有课程，并将大部分课程的课程简介翻译成中文。用户可以在 MOOC 学院给上过的 MOOC 课程点评打分，在学习的过程中和同学讨论课程问题，记录自己的上课笔记。万有青年烩是一个技能分享线下活动，每次活动通过内部推荐和公开招募的方式选出 6～8 位讲者，每人用 7 分钟向现场观众分享自己的技能、知识和经验。我们相信每个人都有值得分享的东西，任何一种技能都可以被学习。果壳公开课是一种全新的学习体验，独特设计的 1+1 课程，为远离学校的社会公众提供一个跟随名师提升修养、扩展视野，并学以致用的机会。果壳公开课不仅在剧场举行，也在特殊场所，如野外、实验室、公司等举行，整个世界都是其课堂。第八日则将艺术家请进科学实验室，进行跨界的交流，尝试会有怎样的新灵感诞生。手机网络的广泛应用，推动果壳网系列产品中的果壳精选的出世，它是果壳网出品的内容精选阅读应用，每天为人们推荐最热门的果壳文章、问答、小组帖，让人们随时随地获取新鲜、有价值的生活知识和科技资讯。

科技进步推动果壳网逐步形成了一个开放、多元的泛科技兴趣社区，为社会公众提供负责任、有智趣的科技主题内容。从食品安全到空气污染，从拖延症到性知识，解读生活热点，粉碎网络谣言，用靠谱知识让生活更有品质。

12.2　技术创新增加科普的内容

12.2.1　科技成果科普化保证科普内容及时更新

科技成果科普化扩大了技术成果转化的范围，凸显了科技成果的新颖性、创造性、实用性的现实属性，在技术成果现实转化的基础上，丰富了科普资源，提升了科普能力。科技成果科普化是科普能力建设的重要途径或不可或缺的手段之一，对我国科普事业的长远发展具有重要的推动作用。例如，深圳华大基因研究院联合其他科研机构完成了第一个中国人的基因组序列图谱、大熊猫基因组框架图和手工克隆猪的研制，开展了“国际千人基因组计划”“世界三极动物基因组计划”“万种微生物基因组计划”，致力于开展知识产权密集型的人类健康、规模化重要物种、重要经济动植物等基因组研究，取得了令世人瞩目的原始创新成果。华大基因研究院参与“国际大熊猫基因组计划”取得的联合科研成果“大熊猫基因组”、主要承担完成的“千人基因组计划”重大成果分别入选“2010 年中国十大科技进展新闻”和“2010 年世界十大科技进展新闻”。华大基因研究院自主创新的成果成为备受关注的前沿科学技术知识信息，为普及现代生物医学健康知识和现代农业基因遗传育种知识带来了鲜活生动的内容。

科技成果科普化作用于科技资源和科普资源两大资源系统，有效地提高了科普产业化服务经济和社会发展的贡献能级。科技成果科普化不能简单地等同于科学知识的普及，相比来说，科技成果科普化实现难度更大、实现过程所需资源更多，但它却是科普产业化最有效的实现方式。一方面，科技成果科普化实现了技术成果在科普事业中的转化，使科技资源转化为科普资源，整合了科技资源，相当于加大了科普事业的科技投入，物化了科普能力，提高了公众的科学素质；另一方面，科技成果科普化提高了公众对科技成果的接受度，使技术成果获得更多技术转移的市场机会，也提高了科技成果转化效率，激发了科研机构与科技人员的积极性，促进了技术进步。所以科技成果科普化对于技术成果转化和科普能力建设的重要作用不是相互独立的，而是密切相关的。科技成果科普化对于技术成果转化和科普能力建设的作用产生的效应互相增强，激发了协同作用。科技成果科普化的协同作用可以有效地解决科普资源的短缺状况，使科普事业跳出资源布局的“短板效应”，实现合理配置科普资源。所以科技成果科普化的过程也是将技术成果转化为科普资源的过程，是科技资源功能和作用的拓展与延伸。

12.2.2 企业技术创新成果为科普提供特色内容

与大学和传统科研机构的科学研究成果为科普提供的内容相比较，高新技术企业及新型研发机构的科技创新成果为科普提供的内容更加具有面向市场取向的鲜明特征和重要的商业化前景，这些科技创新成果对于广大科普受众包括企业员工、普通社会公众及干部群体等具有亲近性、可直观感受性、鲜活生动性，产生了好的科普效果。例如，“砥砺奋进的五年”大型成就展上，防泄密软件、可佩戴手机等成果吸引了人们的目光，企业通过特色各异的方式将最新成果展示给公众，产生了令人耳目一新的效果。以防泄密技术为例，企业通过直接演示和公众的亲身体验让人们感受信息泄露的可怕性和他们的技术成果在防止信息泄露中的效果，提高了公众对其成果的接受度。

案例 12-2　研发优势丰富了中国科学院科普内容与形式[①]

中国科学院立足自身科研科技资源优势开展科学普及工作，利用新媒体技术，探索和创新科学传播服务，促进高端前沿资源科普化。

围绕科学传播工作需求，中国科学院采用云计算技术建立科学传播云基础服务环境和平台，研发和建设了 28 款应用工具，整合了信息

① 中科院构建网络化科学传播体系，助力高端前沿资源科普化．(2016-5-11)[2018-11-12]. http://www.sohu.com/a/74812687_162522.

发布、科学普及、学术交流三方面的资源，集成了近 150 万个页面、78.4 万张图片、3126 个科普视频、363 个专题，形成了以中国科学院网站主站、中国科普博览网和科学网为龙头，以各研究所官方网站、科普栏目和学科领域科普网站及科研工作者个人博客为基础的信息发布、科学普及和学术交流“三位一体”的科学传播体系，大大提高了科普的效果。

中国科学院“信息发布”平台聚合全院网上公共信息资源，形成宣传科技成果、传播创新文化、弘扬科学精神、促进人才交流和科技成果转移转化的新媒体信息发布与互动、多空间信息获取与分享环境。中国科学院“信息发布”平台支撑了中国科学院网站群的建设，服务于中国科学院 140 个研究所近 1000 个站点的运营，增强了中国科学院网站群资源服务能力。

科学网是全球华人科学家交流的第一品牌网站。为 10 万名实名科学家博主提供博客创作、传播和分享服务，传达科学家的思想，促进科学家与公众的交流。目前已成为科研工作者交流学术思想的首选平台及网络舆情监测分析的重要渠道。同时，中国科学院还开发科学大讲堂和微访谈插件工具，使科研工作者通过微访谈可以在实验室或家里接入微访谈界面，以问答的方式与在线网友就科学问题进行探讨，为科学家参与学术交流和科学传播提供了便捷的途径，以此形成 O2O(线上到线下，Online To Offline)科学传播与交流的新形式。

中国科普博览充分利用云服务理念和技术，为公众提供泛在的社会化科普编创、分享和交流科普创作与传播云服务，支撑科技海用户创新科普应用与服务，集成中国科学院特色、高端科普资源，打造有影响力的网络科普精品示范应用，架起科技海用户与公众海用户便捷交流互动的渠道，提升公众科普体验深度和满意度。

除利用多个终端发布消息外，中国科学院还围绕前沿科学研究进行创作拍摄，以微视频、纪录片、4D 影片等形式，支持研究所最新重大科研成果的可视化传播，如量子霍尔效应、散裂中子源、托卡马克、铁基超导等，通过生动形象的三维动画和极具冲击力的视觉效果将抽象的结构原理具象化，受到了科学家和研究所的一致好评。同时，还探索了“优势合作，打造精品”创作模式，与中华人民共和国国务院新闻办公室、上海科技馆等联合创作了纪录片《青色的海》、4D影片《海洋传奇》等，并面向海内外市场推出，不仅扩大了网络化科学传播的范围，而且树立了中国科学院网络科学传播在科学影视领域的品牌影响力。

中国科学院还借鉴TED模式探索网络科学传播，创建了“SELF格致论道”公益讲坛，进行演讲式O2O科学传播。自2014年来，共邀请到30多位演讲精英与公众进行面对面的跨界交流，打破了领域“围墙”，在碰撞中传播科学思想、科学精神，社会效果良好。

截至2016年6月底，中国科学院网络科学传播服务体系的日均页面访问量(PV)达到719万，较2011年增长了1倍；微博、微信粉丝达300多万人，注册用户数达200多万人。与包括腾讯网、新华网、新浪网、凤凰网等在内的50多家主流媒体达成合作，推出的作品得到了公众的认可并取得了广泛影响力。在重大科技成果和科技事件中，从南方暴雨泛滥、天津危化品爆炸，到火星发现液态水、暗物质探测卫星发射，再到引力波探测新发现、围棋人机大战、非法疫苗，中国科学院都推出了科学家解读或访谈内容，始终在第一时间发出来自中国科学院科学家的声音，给公众带来客观科学的解读，发挥了中国科学院网络科学传播的重要作用。近年来，中国科学院网络化科学传播将针对新的传播需求，应用新的传播手段，继续在科学传播的道路上不断探索。

12.3 技术创新提升科普传播效率

科技和网络技术的快速发展将公众带到了科普的微时代，这不仅改变了科普的载体和渠道、促使新媒体的出现，也促使科普在内容、方式、主体发展方向等方面发生了巨大变化，提高了科学普及的效率。

(1) 在科普方式上，技术创新推动科普由以传统媒体传播、场馆展示为主向传统媒体和新媒体融合和互动转变。技术创新催生的新媒体打破了传统科普活动、传统媒体的平面化与单一化的表现形式，实现了将文、图、音、视等多种表现符号融为一体的立体式、整合化传播。这让科普的知识、技术等更生动、直观地展示给公众，人们更容易理解和接受。同时，技术创新还促使科普完成了由金字塔式"自上而下"的灌输到网格式"点对点"互动的完美蜕变，通过类似点赞、评论、分享、投票、回复关键词、后台互动，以及让公众分享一些自己的经历、感受等方式，科普发起人与受众能够双向多点互动交流，缩短了他们之间的距离，拓展了科普的渠道，同时也激发了人们传播与接受科学知识的兴趣与热情，大大提高了科学普及的传播力。

(2) 在科普主体上，技术创新推动科普主体由教师、科普工作者等小部分人群向人人都可以变成科学普及的主体转变。技术创新改变了科普的方式，也改变了人们的阅读习惯，刷新了传统传播理念，颠覆了传统科普规律，更促进了媒体形式的变革。微时代通过多层次的"去中心化"传播，实现"人人都是通信社、个个都有麦克风"。微时代传播者和接受者之间的区别在弱化，每个个体都成了潜在的科普主体，都有可能以自己的方式传播科学知识、影响他人与社会；而且微博、微信的粉丝动辄以数十万人、甚至百万人计，受众涵盖各个社会阶层。

(3) 在科普工作方式上，由政府主导抓重大科普示范活动向政府引导、全社会参与的常态化、经常性科普转变，实现了科普的实时传播和随地传播。技术创新从根本上改变了大面积的社会传播必须依赖"大媒体"平台，以及科学普及必须依赖专业人士、官方的格局。技术发展带来了网络、手机、电脑等科普载体的更新，为人人都是自媒体奠定了物质基础。目前，科普主体空前多元化，全社会各阶层在利用微博、微信等微媒体开展科普活动方面进行了一些有益的尝试。例如，在政府层面，1999 年 9 月 13 日，北京市科协名誉主席陈佳洱亲自按动鼠标开通北京科普之窗网站。2011 年上海科普工作联席会议办公室在新浪开通官方微博——上海科普，2012 年重庆科学技术协会开始利用重庆微政务微博群并依托重庆科技馆进行微博科普，2012 年 3 月浙江省科学技术协会携手腾讯微博牵头打造了全国首家省级科普微博方阵——浙江科普；在商业层面，果壳网在国内微科普领域比较有影响力，果壳网官方微博由一个果壳网主微博账号和十几个子账号组成，形成了一个辐射面巨大、内容覆盖精确的微博矩阵；在公益层面，科学松鼠会的官方微博、微信公众号都是网络影响力很强的民间科普组织；在科研机构方面，2013 年 6 月中国科学院开通微博公众号“中科院之声”和微信公众号“科学大院”，利用自身的智力资源优势，通过网络交互的传播方式解读社会关切的热点，实现传播科学、服务公众的目的。

(4) 在科普效果上，实现了科普由滞后向即时、迅猛、不失真转变。微博、微信等新媒体信息传播的即时性、内容的集成性和信息传播裂变性等特点，实现了信息传播的“零时差”，促使新媒体中的信息每秒都在更新，符合公众获取即时新闻的强烈要求。实现了海量科普信息通过网络即时、便捷地传播，内容丰富、无微不至，可谓“无事不可科普，无时不可科普”[①]。同时，新媒体信息内容具有集成性的特点，借助微博的转发和共同关注，传播主体对信息进行主动性筛选与过滤，能快速实现海量信息的重新组织。信息传播裂变性是新媒体的一种全新的特点。新媒体用户通过共同的兴趣和关注点形成一个圈子,当这种裂变式的信息传递方式就某一话题零散地聚集在一起时，很容易形成一个网络甚至是社会关注的焦点话题。这种网络及以上的变化，使得科普的效率大大提高，效果明显增强。

(5) 在科普工作发展上，科普由原来的重点开展公益性事业科普向统筹做好公益性科普事业、全社会参与和经营性科普产业结合转变。技术创新给公众带来了直接的体验，激发了人们的兴趣，也带来了新的商机。部分企业开始在科普领域布局发展，目前正逐渐形成科普产

① 赵军，王丽. 关于微时代科普模式创新的思考. 科普研究, 2015, 10(4): 91-96.

业，如科普旅游业、科普动漫电影、游戏、图书培训等。科普也由公益事业逐渐转变为公益事业和经营产业并重。

然而，不同主体进行科普所产生的社会影响力差别甚大，我们仅从新浪微博粉丝数量上即可看出差距，果壳网粉丝多达 552 万人，科学松鼠会粉丝达 161 万人，中科院之声粉丝达 218 万人，科普中国粉丝达 161 万人，而上海科普和浙江科普粉丝分别为 9 万人和 2 万人，可见目前商业科普是佼佼者，公益科普、科研机构科普也具备一定的影响力，而政府科普的影响力和覆盖面实际上非常有限。

微时代大大增加了传播科学的机会，但为有效提高科普效能，建议进一步拓展科学传播的渠道，使不同科普主体努力创新多样化的科普形式，避免形式相似、信息雷同、资源重复、千篇一律。

(1) 采用“大而全”科普形式的商业与公益力量。例如，科学松鼠会的线上资源极其丰富，涵盖了物理、化学、数学、心理、健康、航天、生物等与大众生活息息相关的各个领域，这种全面开花的科普方式与其庞大的粉丝群体是相互匹配的，同时科学松鼠会还开展了丰富多彩的线下活动，包括小姬看片会、科普讲座、阅读沙龙、科学嘉年华、出版科普图书等，形成了线上线下相结合的科普模式。

(2) 引导社会舆论的政府“微”科普。目前，很多政府部门都根据自身优势开展了特色科普，如中华人民共和国国家卫生健康委员会的医学官微、中国气象局的气象科普、中国地震局的地震科普，在传播科普知识的同时提升了部门公信力。而且对于公众密切关注的突发公共事件，政府部门还积极邀请专家学者利用微博、微信等微媒体发布权威准确的科普信息，在大量转发和评论中迅速提升粉丝量和关注度，正确引导社会舆论。

(3) 科学权威机构的科普微博。科研机构充分发挥自身智力资源优势和科学权威性特点，一方面开通常规科普微博，如中科院之声；另一方面针对公众关注度较高的重大科研成果、重要科技事件开展专题科普，如在全国人民关注嫦娥三号之际，中国科学院临时以“嫦娥三号”官方微博身份亮相，短期内取得了非常好的科普效果。

案例 12-3　北京科技周创新科普模式

科技周主场活动以贴近民生的科技问题为主题，通过大型科普博览，利用视频、图片、实物模型、互动体验、娱乐游戏等方式，充分展示科技扶贫、精准脱贫，科技重大创新成就，优秀科普展教具，科普图书等方面科技成果和科普产品，让公众感知科技创新蕴含的科学精神。例如，2017 年科技周的“冰雪奇缘”用 VR 技术模拟滑雪过程中的俯冲、转弯等动作，参与体验的观众如临其境地感受冰雪激情，大呼刺激好玩，并点燃了对 2022 冬奥会的热烈期盼；“火星漫游体验”采用步入式虚拟现实技术，参与互动的观众如亲临火星漫步，零距离体验火星探险，争当“火星探险家”。未来科技受到观众的青睐，“百度无人驾驶汽车”以“百度汽车大脑”的人工智能技术为核心实现的自动驾驶，让公众提前到了领略未来出行模式；汉能集团新能源跑车不仅外观炫酷，时速高达 200 千米/小时，而且完全使用绿色电力能源，节能环保，引得观众纷纷合影。2018 年科技周的冬奥 VR 体验展台，共设立“集聚圣火”“冬奥赛项”“直击赛事”三大体验环节。体验者通过佩戴 VR 头显，可置身于星光熠熠的圣火空间，齐心协力点燃圣火；穿梭于光桥之上，与冬奥会运动健将面对面接触，了解 2022 年北京冬奥会的十五大赛项；进入真实的冬奥赛事场地，直观赛事解析与运动分析，让冬季运动项目的精彩瞬间留在心中！AR、VR 等新技术、新产品的现场体验，充分显示了科普作品的互动性、体验性、参与性，让观众充分体验科技创新生活方式、提高生活质量的最新成果，享受科技所带来的便利。据不完全统计，2018 年科技周主场活动 8 天，共吸引 12 万人次观众到现场参观体验。

12.4　技术创新促进科普产业发展

广义上的科普产品包括可传播科学与技术的所有产品，图书、音像制品、科技工具用具乃至带有科学寓意与技术含量的玩具等，均可视为科普产品。例如，手机在为人们提供便捷通信的同时，越来越多的服务功能被研发出来，在展示科技内涵的意义上，它就是科普产品；而狭义上科普产品是指专门用于科普、服务于科学传播的工业品。而与这类产品相关的产业就是科普产业。

科普产业实际上是一种学科交叉与科技集成产业，其上游是文化创意产业，强调多学科交叉；而中间带是产品制作工程，强调技术集成；下游则是科普载体，反映科学与技术的最新进展。按照科普相关产业可分为三大类：科普内容相关产业；科普的服务产业；科普服务相关产业和科普内容相关产业。技术创新给这些产业增加了新的内容，推动了这些产业的快速发展。

第一，科普内容相关产业。科普新闻、科普图书、科普期刊、广播、通信、影视、科普游戏等相关的产业，都应该属于科普的内容相关产业这个大的系列。技术创新和进步也给这些传统科普产业增加了新内容，如图书中的有声图书、影视中的特效设计、科普游戏等，使其互动性更强、感染力更强，对公众尤其是孩子的吸引力更大，极大地推动了产业的发展。第二，科普的服务产业，主要是指科普场馆，包括各地的基地、科普画廊、科普场馆。技术创新尤其是网络发展，使这些科普场馆都形成了线上线下相结合的服务模式，出现了科普网络服务及网上科技馆，扩大了其影响力。第三，科普服务相关产业和科普内容相关产品业。科普产业的蓬勃发展也催生了这类产业的出现。它实际是科普产业非常重要的部分，它主要是与科普服务产品相关的代理、广告、会展、服务、科普平台开发，与科普产品相关的基础设施开发、建设和维护。例如，我们谈到的休闲服务、科普文化；科普旅游，原始的旅游资源、历史典故、民俗风情、高等院校、科研院所的实验室等。这些活动都有科普的内容包含在其中。第四，科普内容衍生产业，如科普用品、科普产品、科普设备及相关设计、制造等方面，还包括科普动漫的衍生品等。

科普产业化是以市场为导向，以效益为中心，实现资源配置的产业化方式。从科普产业化的技术市场效应来看，科普产业化具有技术成果转化的特征，技术成果通过科普化的加工，将科技资源转化为科普资源，科普产业化是传统的技术成果转化体系的必要的、有益的补充。科学家与技术专家同科普专业人士牵手，将其科技前沿探索成果推向科普市场：以长、短期展项为“桥”，以公众的常识为“切入点”，将新知串成“知识链”。例如，荷兰一家科技馆在一个仅400平方米的展区展示科技视觉最新进展，从人类眼睛的生理功能讲起，展示视觉与光的明暗关系、与光的色彩关系，视觉同几何线条与图形的关系等，最终揭示其科学原理。公众学习和感悟这种新知识，感觉亲切、轻松、有趣、能够回味良久。荷兰这家科技馆“走出去”巡回展出一律收费，而且，若有“买断”者，则更需交费。

近年来，北京在贯彻落实《全民科学素质行动计划纲要(2006-2010-2020)》的实践中，在充分发挥政府主导作用、推动科普公平普惠的基础上，积极探索动员社会力量，以市场化方式参与公民科学素质建设，为社会和公众提供更多的优质科普服务，努力推动形成公益性科普事业和经营性科普产业并举的机制。“北京科普资源联盟”的成员单位不仅包含科普场馆、传媒机构、研究院所、学协会、基金会，也包括企业等科普产业相关要素，在联盟成员单位的共同努力下，开发社会急需的科普资源和产品，逐渐形成了北京市科普产业链，不断推进公益性科普事业与经营性科普产业的共同发展。科普产品的设计、研发、传播、推广、增值和应用，形成了科普人才、资源、空间、资金、要素、环境等科普产业网络。一些企业也逐渐创造了一些国内知名科普品牌，如果壳网、帕皮科技等。

按照现有的科普企业及科普产品种类，结合科普产业实际的发展趋势，可将科普产业分为五大业态：科普展教业、科普出版业、科普影视业、科普教育业、科普旅游业。根据对北京 636 家企业的梳理分析发现，科普教育企业占比最高，为 44%；其余依次是科普影视类企业占 16%，科普展教信息类企业占 16%，科普展教产品企业占 14%，科普出版类企业(包括图书公司)占 5%，科普旅游企业(包含具有观光功能的科普基地)占 5%。

(1)科普展教业。北京在科普展教业方面起步较早，一方面是因为北京有着巨大科普展教市场需求，截至 2015 年，北京地区共有建筑面积在 500 平方米以上的科普场馆 116 个，科普场馆基建支出 1.42 亿元。另外，北京地区共有科普画廊 4268 个，城市社区科普(技)活动专用室 1112 个，农村科普(技)活动场地 1832 个，科普宣传专用车 62 辆。根据统计分析，北京现有 130 多家科普展教品企业，这些企业在一定程度上进行了专业化的细分发展。例如，中科直线(北京)科技传播有限责任公司，优势在于人工智能、智慧生活系列科普产品的研发和主题场馆的设计；中国科协利用股东资源优势，先后开发了智慧农业(即田野创客)系列课程及教具、智能语音系列课程及教具、脑电波系列课程与教具、3D 打印系列课程及教具等。这些课程体系既融合了跨学科、创新思维理念，同时也充分考虑了创客培养的基本功训练，受到了一定的社会认可，其课程输出到北京部分中小学和科技馆。

(2)科普教育业。目前中小学科普教育主要采用校内与校外相结合的方式。国家统计局统计，截至 2016 年年底，全国共有普通小学 177633 所，中学近 77398 所，若按照 30%的比例在中小学校建设专门的科普教育空间，平均每所中小学校为此投入 20 万元，市场规模可达 153 亿元；2008 年北京市教育委员会推出社会大课堂活动，2015 年推出北京市初中生开放性科学实践活动，吸引了大批的教育企业开展科普工作；再加上中小学生甚至幼儿园小朋友课外兴趣教育的需求，市场规模更大。目前北京市科普教育企业数量总体呈现逐步增长的趋势，每个时期比上一时期企业数增长量均在1.5倍以上。据艾媒咨询权威发布的《2017年中国在线教育行业白皮书》报告显示，2017年中国在线教育市场规模达到2810亿元，2018年市场规模将突破3000亿元关口，达到3480亿元。未来几年，在线教育技术的持续升级、在线学习产品的丰富和成熟都将推动在线教育市场规模进一步增长。

(3)科普出版业。科普出版业是生产、经营包括科普图书(含电子图书)、科普期刊、科普报纸及科普音像制品在内的各种科普出版物的产业。本书所提及的科普出版物是所属出版地在北京，且根据中国工商登记信息查询，截至目前仍正常经营的出版科普图书的出版社，共168家。其中，属于中央级别相关单位(部门)主管的有148家，属于北京市一级别相关单位(部门)主管的有11家，属于其他相关单位(部门)的有 9 家。北京科普原创作品不断繁荣，原创图书精品也不断涌现，科普出版业发展逐渐活跃。

(4)科普影视业。科技的不断进步催生了新的科普创作形式，科普动漫和科普微电影逐渐走进公众的视野，并受到公众的广泛欢迎。2018年北京作为全国广播影视创意策划、制作生产、宣推发行、国际传播的中心，影视机构总量、产业规模和产量居全国第一。截至2017年年底，北京地区持有广播电视节目制作经营许可证机构共7612家，创收867.2亿元，位居全国前列。2017年电影剧本(梗概)备案公示共1289部，生产国产影片350部，位居全国第一；电影院线25条、电影院209家、银幕1420块，IMAX巨幕17块，座位20.4万个，电影票房收入33.95亿元。北京已有多家专营的科普电影、视频制作公司。以北京科技报、嘉星一族科技发展(北京)有限公司、北京千松科技发展有限公司、北京塞恩奥尼文化传媒有限公司等为代表的企业，都活跃在制作视频的第一线上。

(5)科普旅游业。从 2010 年开始，北京借助丰富的高校、科研院所、高科技企业资源，推出以科普与旅游相结合的科普旅游活动。2013年，以培育“蓝色之旅”品牌为目的组织开展科普之旅活动，整合北京地区 200 余家科普基地和科技旅游景点资源，设计出 14 条科技旅游一日游线路，首次开展并命名奥林匹克公园为北京市科技旅游示范园区、怀柔影视基地等 5 家单位为北京市科技旅游示范景点，活动受众约 4.6 亿人次。2014 年打造了 25 条科技旅游线路，并联合天津、河北，设计出 6 条京津冀两日、三日游线路，活动受众达 6603 万人次。京津冀科普之旅使公众在旅游过程中认识到京津冀的前沿科研成果、关键共性技术、新技术新产品，也借旅游向公众传播科普知识，提高公众的科学文化素养。科普旅游业的迅速发展，吸引了一些企业也纷纷涉足科普旅游，中国国际旅行社、科学国际旅行社等也纷纷推出许多科普旅游产品。2018 年 3 月，驴妈妈旅游网推出中国农业科学院国家农业科技展示园亲子科普游活动，让小朋友们在导师的带领下参观农业基地概念模型，让学员亲近自然，学习农业知识。

第四篇　科普与创新创业

当前，我国的科学普及正在积极适应大众创业、万众创新时代的开放要求。在 2016 年 5 月 30 日召开的“科技三会”上，习近平总书记强调，科技创新、科学普及是实现创新发展的两翼，要把科学普及放在与科技创新同等重要的位置，普及科学知识、弘扬科学精神、传播科学思想、倡导科学方法，在全社会推动形成讲科学、爱科学、学科学、用科学的良好氛围，使蕴藏在亿万人民中间的创新智慧充分释放、创新力量充分涌流。这表明，科技创新和科学普及需要协同发展，将科学普及贯穿于国家创新体系之中，提高公众科学素养，促进大众创新创业，对于实施创新驱动发展战略具有重大实践意义[①]。

① 全国科技创新大会两院院士大会中国科协第九次全国代表大会在京召开. (2016-05-31) [2018-10-20]. http://bbs1.people.com.cn/post/129/1/2/156444573.html.

第 13 章　科普促进众创空间发展

13.1　科普夯实众创空间的社会基础

科普是众创空间大力发展的前提和基础。众创空间是顺应网络时代创新创业的特点和需求，通过市场化机制、专业化服务和资本化途径构建的开放式、低成本、专业化、便利化、全要素的新型创业服务平台的统称。代表性的众创空间主要有资源对接型、培训辅导型、媒体延伸型和专业服务型四种。传统科技企业孵化器主要以政府资助的方式运行，相比而言，众创空间在获取政府专项资金的基础上，主要通过专业化、差别化的服务来吸引创业团队，采用收取租金差价、服务性收费、投资收益等模式盈利，更有利于创业生态系统的可持续发展。

从创业生态系统的视角去剖析众创空间系统结构，其存在众创精神、创客生态圈、资源生态圈、基础平台与政策四个维度。这些维度要素均受到科普事业发展的影响，科普通过与各维度要素的逻辑关联和作用，不断地进行信息传递、能量流动、知识交流、创新扩散等活动，从而促进创业生态系统结构的形成。

第一，科普促进众创精神的产生。众创精神是众创空间拥有的独具个性的文化特质，主要包括[①]：①创业梦想，某些创业项目或新的商业创意可能极具前瞻性甚至颠覆性。②合作共生，在创业梦想的引领下，创业主体采用开放式的合作创新，寻求资源互补、分工协作与价值共享，协同共生。③个性化的行为符号，众创空间能够激发和包容创客独特的创业行为方式，具有个性化特征。这些内容凝聚成众创精

---

① 魏亚平，潘玉香. 高校“众创空间”创业生态系统内涵与运行机制. 科技创新导报，2017(2)：234-237.

神的实际内涵，而科普则是催生众创精神的重要手段。无论是创业梦想的产生、合作共生的形成，还是个性化行为符号的获取均离不开科普，当前来自大众传媒的科普知识、创新精神的宣传和弘扬对科普发挥了重要作用。

第二，科普促进创客生态圈的形成。众创空间中的创客角色多元、种类丰富，主要包括众多创业者。这些具有不同学科、不同专业、不同学历的创业者，通过正式或者非正式的创意，交流经验，分享信息，形成广泛而纵横交错的联结，这种联结基于共同的创业梦想与价值追求所形成的人际信任，构成创业空间的创客生态圈。可想而知，如果没有先进的科普手段和科普事业的发展，这些不同学科、不同专业、不同学历的创业者，很难分享经验交流与信息沟通，也很难形成广泛而纵横交错的联结，创客生态圈的形成也无从谈起。

第三，科普促进资源生态圈的优化。当前众创空间往往提供产业链条的系统服务，包括从创意延伸到研究开发、成果转化、产业服务等，具有产、学、研、科、工、贸等多方面的创业资源，这些资源可以为创业者提供包括创业知识、创业培训交流、创业导师深度指导、软硬件技术、培训和创业项目推介等全方位的服务。对于资源生态圈来说，科普为创客开拓了广泛而丰富的商业视野，提供了市场信息和创业经验，促进了资源的整合和优化。

第四，科普助推基础平台的构建与政策落实。众创空间是建立在基础设施提供、配套服务及运营管理等一系列职能之上，并由此形成的创新创业生态系统支持平台。同时政府对创业空间制定了一系列政策，政府参与方式也逐步市场化，财政投入更多采取投资引导基金、众创空间认定基金拨付等市场化运作方式，众创空间管理机构也主导制定了一系列空间管理制度。这些基础平台及有关支持政策，需要通过报纸、广播、电视台、网络、科普展览等手段加以推广和宣传，从而为众创空间的创业活力与运营秩序提供有力保障。

案例13-1　“中关村创客汇”吹响双创集结号

“中关村创客汇”是为落实大众创业、万众创新的实践活动，是由中关村科技园区管理委员会、北京市科学技术委员会主办，由中关村国家自主创新示范区展示交易中心、中关村会展与服务产业联盟发起承办的集创客教育、项目路演和投资交流为一体的科普性公益活动。

2015年5月，第一季“中关村创客汇”活动由硬创邦、硬蛋网、天使成长营、科技生活及机器视觉五大专场组成。产品涉及3D打印、无人机、智能机器人、智能控制、可穿戴设备等多个领域，路演企业以“创新性、互动性、展示性”为标准，宣传了创客文化，熏陶了创客精神；以“展示带动交易”的思路为中关村的企业搭建市场推广平台。这些高科技的技术、产品由年轻创客生动演示，展示了中关村企业的先进技术。

2016年10月，第二季“中关村创客汇”活动在中关村举行。在峰会上，中关村创业大街联合东软集团股份有限公司、中海油信息科技有限公司、海创空间、海尔创客实验室、大唐创新港投资(北京)有限公司、毕马威创新创业共享中心、北京安创空间科技有限公司(ARM)、洛可可·可可豆、英特尔(中国)有限公司、清华同方孵化器、普华永道、硬蛋网、微软加速器、德国威乐、法国电信、法国电力、百度云等国内外知名企业共同成立大企业开放创新联盟。大企业开放创新联盟的成立，致力于搭建联结产业需求与创新项目的全球创新创业生态，推动创新创业与大企业创新需求相结合，进一步激发创新创业的新动能。同时，通过举办人工智能、智慧城市、智慧医疗、智慧生活4场路演活动，展示了中关村企业在无人机、智能机器人、新材料、车载语音、人工智能等多个领域的高精尖前沿成果，有16家企业参与了路演活动，吸引观众5000人，为公众带来了一场最新“黑科技”的盛宴。

“中关村创客汇”活动的举办，为创客搭建了充分展示新技术、新产品、新业态的平台，吸引了广大大学生、创客、企业及相关机构的重点关注，促使创客精神融入创客教育中，对普及科学技术知识、弘扬科学精神，激发大众创新创业热情，汇聚创新创业力量，分享创客智慧起到了很好的推动作用。

13.2　科普场馆是创客教育的重要场所

提供创客教育是当前国内外科普场馆新兴的服务内容，它强调人们在信息创造中的主体地位，提供传统的手工工具、3D 打印机等数字制造工具、开源的软硬件等设备，鼓励人们交流经验、进行团队协作、动手创作属于自己的信息产品。科普场馆提供创客教育服务不仅能创新科普场馆服务，提高科普场馆服务水平，还能增强科普场馆的核心竞争力。主要体现在以下四个方面。

(1)创客教育服务是丰富科普场馆资源的有效方式。丰富的科普场馆资源是科普场馆长期积累下来的巨大的精神财富，是科普场馆凸显其竞争能力的资本。随着信息技术、计算机技术的发展，信息载体也发生了巨大变化。为了实现科普场馆信息服务的目标，科普场馆提供的馆藏资源也在不断丰富，经历了从传统的纸质科普图书、科普材料，到光盘数据库，再到数字科普场馆的发展过程，然而还有些资源可能尚未记录在物质载体上，如人们的专业经验。众创空间则提供了一个这样的平台，让专家和其他人来分享自己的知识与经验，让读者获得他们在书中无法找到的资源，并将本地的专家和文献资料一样，纳入自己的馆藏资源。丰富的馆藏资源，不仅能更好地发挥科普场馆的竞争优势，还能加强科普场馆在本地信息机构中的优势与地位。

(2)创客教育服务是发挥科普场馆作用的有力保障。科普场馆一直承担着普及与传播科技知识、弘扬科学精神、传播科学方法等方面的功能。如今，在数字制造技术、互联网技术和可再生能源技术的创新与融合诱发的第三次工业革命的浪潮下，科普场馆不应只提供科普展品等实体让受众者去获取相关信息，更应通过新兴的媒体、工具、技术让受众者去创造信息。将众创空间整合进科普场馆，可以使更多的人共享知识创造的工具，消除不同经济、专业背景的人之间的知识鸿沟。

(3) 创客教育服务是创新科普场馆服务的内在要求。服务是科普场馆的宗旨。为了跟随时代的步伐，满足受众者的多样化信息需求，科普场馆需要不断改进服务理念、拓展服务方式方法。科普场馆创客空间的引进是创新科普场馆服务的有益尝试，可以对提高科普场馆服务水平产生积极的作用。传统的科普场馆服务一般是面向固定的科普对象，等待学生、城市职工、乡镇农民等受众者上门的被动的、单纯型的服务。而众创空间服务则是从受众者的需求出发，让受众者主动获取知识、创造满足他们个性化需求的知识产品的、主动的、有针对性的服务。

(4) 创客教育服务是强化科普场馆馆员职能的有效途径。面对创新型服务的挑战，众创空间的馆员要承担起两种重要角色：一是知识型的信息咨询员，掌握一定的计算机和数字制造的技能，能引导用户选择正确的材料、使用正确的工具进行手工制作。二是社区的协调联络员，一方面要与本地用户保持联系，充分调查他们的兴趣与需求所在；另一方面要与本地的专家、学者取得联络，争取邀请他们到科技场馆的众创空间中举办讲座、培训。

案例 13-2　上海科技馆成为创客教育的重要基地

上海十分重视让科普场馆成为创新文化、创新精神、创新思维的培育土壤。上海科技馆作为国家一级博物馆、国家 5A 级旅游景区，开馆十几年来极好地发挥了上海科普场馆“领头羊”的作用。这对促进上海的创新创业活动和众创空间的发展起到了一定的积极作用，其突出表现在以下几个方面。

一是成为培育科学种子的土壤。上海科技馆致力于传播科学知识、启迪科学精神。目前，上海科技馆及其两大分馆——上海自然博物馆和上海天文馆(正在筹建)，正努力构建“三馆合一”的大科普格局，让青少年爱上科学、理解科学、参与科学。科普大讲坛上，院士、诺贝尔奖获得者为公众释疑解惑。科学小讲台上，科普老师亲手实验，深入浅出地讲述科学奥秘。

二是成为激发创新创意的乐园。上海科技馆是个崇尚科学与创意，充满创意与灵感，鼓励动手与动脑的科普乐园，通过震撼视听的科普影视、富有感染力的科普剧表演、无限创意的 DIY 科学小实验，激发创新思想、碰撞智慧的火花。上海自然博物馆是一座融科学、艺术、人文于一体的美丽殿堂，有标本、多媒体技术和教育活动等全方位展示手段，从一开放就成了公众热情追捧的科学新地标。

三是成为连接科技产业的桥梁。十多年来，上海科技馆以开放包容的胸襟，接纳了众多创新科技成果在这里亮相，每年的科学临展带来各种新奇有趣的最新科技，让大家亲身感受高新技术是如何改变着我们的生活方式。2015 年上海科技馆和上海产业技术研究院就 3D 打印等先进制造业等领域开展合作。这也为更多企业的科技成果转化和产业化提供了一个面向公众的科普大舞台，也成为上海建设具有全球影响力的科技创新中心的有益探索。

13.3　科普提升众创空间服务品质

众创空间作为创新创业的崭新载体，发挥着硬件支撑、服务支持、营造氛围、调配资源和示范引领等积极作用，是最优“创客栖息地”和“创客集聚区”。众创空间既为创业者提供各类创业与企业孵化服务的场所，也为广大创业者提供良好的工作空间、网络空间、社交空间和资源共享空间，其对创新创业具有无可替代的引导和推动作用。

为了加快众创空间的建设步伐，推动大众创业、万众创新，许多众创空间通过举办各类项目路演活动、创新创业活动大赛，开展科普讲座、科技论坛等多种形式的科普活动，有效提升了众创空间的服务水平。

首先，众创空间开展科普工作，有助于培养创新创业人才和科技成果的转移转化。众创空间通过举办项目路演活动、各类科普讲座、创新创业活动大赛等科普活动，能够吸收更多的创新创业者和企业家、高校、专业科研人员、投资人员及媒体人士等的关注，既有助于拓宽创新创业者的知识面，使创新创业者能够较好地了解科技前沿及跨界的一些基本信息等，对培养创新创业人才具有积极作用。另外，通过举办项目路演、创新创业活动大赛等活动，为创新创业者搭建展示其创新成果的平台，有助于宣传推广创新创业者的科技产品，助推创新创业者与投资人的对接洽谈，进而促进科技成果的转移转化。

其次，众创空间开展科普工作，有助于提升众创空间自身的竞争力。众创空间在积极开展各项科普工作的同时，能够起到较好的推广、宣传作用，从而获得更多政府部门、创新创业者、媒体的支持，赢得更多的社会关注度，对于提升自身的竞争实力及发展、开拓和培育新的市场空间具有重要意义。众创空间总是存在于一定的社会环境中，要在社会中获取社会资源，谋求发展，就应不断满足广大公众的科普需求。众创空间通过组织、参与或赞助科普活动，可以提高众创空间在公众视野的曝光度，在服务群体心目中树立起可信赖的品牌的价值认同感，有助于提升众创空间的品牌形象及公众对众创空间的满意度，从而赢得市场的竞争优势。

案例 13-3　科普促进上海社区创新屋升级发展

社区创新屋是上海市科学技术委员会在“十二五”期间实施的一项惠民利民科普工程，也是“厚植大众创业、万众创新土壤”的具体措施。社区创新屋的建设经费由市、区、街(镇)共同出资兴建，其中区县对市级资助应按照不少于 1∶1 给予配套。街道(镇)负责日常运行管理和材料损耗费用。2015 年，社区创新屋升级为众创空间，创客团队向上海市科学技术委员会提交申请后，可以进入创新屋，利用其设备开展创新创业活动。

1) 以 STEAM 教育理念促进居民创新意识和动手能力的培养

社区创新屋倡导的是 STEAM 教育理念。STEAM 是 5 个单词首字母的缩写：Science（科学）、Technology（技术）、Engineering（工程）、Arts（艺术）、Maths（数学）。它是由 20 世纪 80 年代美国为提升国家竞争力、劳动力、创新力而提出的 STEM 教育战略衍生而来，旨在打破学科领域边界，培养学生的科学素养。2011 年，美国弗吉尼亚科技大学学者 Yakman 首次在研究综合教育时提出将“A”（艺术）纳入进来，“A”广义上包括美术、音乐、社会、语言等人文艺术。于是，STEAM 逐渐发展为包容性更强的跨学科综合素质教育。具体来说，STEAM 理念不仅仅是提倡学习这 3 个学科的知识，更是提倡一种新的教学理念：让孩子们自己动手完成他们感兴趣的并且和他们的生活相关的项目，培养孩子的主动探索精神，鼓励他们从动手过程中学习各种学科的知识，并在不同学科知识的相互碰撞中，培养其各方面的技能和认知，达到开发其潜能的目的。

社区创新屋在 STEAM 教育理念的引导下，其空间布局和课程设置都以锻炼参与者的动手实践能力和培养主动创新意识为出发点和落脚点。在空间布局上，社区创新屋主要设有基础技能区、全面提高区和智慧拓展区三大功能区。基础技能区主要针对 8 周岁以上的儿童群体，利用三合一合金机床等低风险设备，使参与者学习和掌握“锯、磨、刨”等加工制作技能；全面提高区主要针对 15 周岁以上的群体，供其学习小曲线锯、变形金刚机床等设备的使用方法，使其能够完成更多的创意作品；智慧拓展区倾向于向有设备操作经验和资历的成人群体开放，主要配备小型机床、中型机床、铣床、台钻等设备。

在课程设置上，社区创新屋充分利用三大功能区的资源，根据多年的创新实践和创新教育实践，总结了一套培养创新技能的程序：第一阶段是规定加工，指导参与者按照材料上所规定的图样进行加工制作；第二阶段是逆向工程，要求参与者根据原品拆装、加工、重组、仿造；第三阶段是改进设计，指在原产品的基础上改变局部，在产品功能上有相应的增加和更换；第四阶段是独立设计，给参与者命题，要求其进行设计改造。对于成人群体，这 4 个培训阶段可以在上述 3 个功能区依次展开；对于儿童或者青少年群体，这 4 个培训阶段可以全部在基础技能区完成，也可以根据实际情况在多个功能区依次完成。在完成上述 4 个阶段后，被培训者基本具备了一定的动手能力和创新意识，可以根据自己的想法进行自主创新。

2) 注重“传帮带”，科普效果良好

社区创新屋面向全体社区居民开放，并适合于 6 周岁以上各年龄层群体，因此，DIY 经验丰富的前辈和经验匮乏的晚辈能够借助社区创新屋这个平台进行互动交流，从而更充分地发挥社区创新屋的功能，培养居民的动手实践能力。以长征镇社区创新屋为例，其成立了两个俱乐部，分别是“智慧生活 DIY 俱乐部”和“小鲁班俱乐部”。智慧生活 DIY 俱乐部的成员多数是社区里已退休的工程师、高级技工、DIY 爱好者等；小鲁班俱乐部的成员是社区的少年儿童。为了发挥前辈(老手)对晚辈(新手)的“传帮带”作用，长征镇社区创新屋定期组织两个俱乐部，开展交流互动活动，同时让智慧生活 DIY 俱乐部的成员担任社区创新屋的志愿者，为新手提供辅导服务等。这种互动活动不仅有效地发挥了“传帮带”的作用，而且有助于工匠精神的传递，参与者的反馈良好。

上海市社区创新屋旨在提高公众创新能力和科学素养，促进大众创新创业。它是以“动手参与，激发创意”为建设宗旨，以“体验、探索、创新”为理念，以“我创意、我设计、我动手、我制作”为口号，为社区居民打造的一个实践创新创意平台。上海市社区创新屋是不以营利为目的，面向社区公众开放，引领科技创新和示范作用的科普阵地，也是组织社区居民参加市区创意竞赛与活动的基础场所，对于促进大众创新创业具有积极作用。

第 14 章　科普是创新要素互动交流的纽带

14.1　科普是双创活动的重要内容

科普是推进大众创业、万众创新的重要内容，对于激发亿万群众的智慧、创造力和促进社会纵向流动具有重要意义。我国有 13 亿多人口、9 亿多劳动力，每年高校毕业生、农村转移劳动力、城镇困难人员、退役军人数量庞大，人力资源转化为人力资本的潜力巨大，但就业总量压力也较大，结构性矛盾凸显。推进大众创业、万众创新，就是要通过转变政府职能、建设服务型政府，营造公平竞争的创业环境，使有梦想、有意愿、有能力的科技人员、高校毕业生、农民工、退役军人、失业人员等各类市场创业主体“如鱼得水”，通过创业增加收入，让更多的人富起来，促进收入分配结构的调整，实现创新支持创业、创业带动就业的良性互动发展。

科普对于大众创业、万众创新的促进作用主要体现在以下几个方面。

第一，科普有利于提高创新创业者的综合科学素质。当前，学校普遍只注重专业教育，对科普教育认识不足；学生只关注本专业知识的学习，对于科普类知识的兴趣不浓，导致创新创业者缺乏对科学技术全貌和发展脉络的认识。无论对理工科专业还是文科专业的学生来说，科普教育的缺失，都会使其知识结构不尽合理，从而影响其对本专业知识的深入学习和灵活运用。开展丰富、生动有效的科普教育能够使其在较宽广的领域内接受专业知识之外的自然科学和社会科学的普及，从而拓宽其知识领域，提高其综合科学素质。

第二，科普有利于创新创业者的知识更新。当今，知识的更新、科技转化为生产力的周期越来越短，迫切要求创新创业者不仅需要掌握本部门产品的最新知识，也需要掌握新能源、新材料和信息技术等领域的相关知识，这是企业参与竞争、获得效益的基本条件，也是衡量国民科技素质的关键。因此，要结合众创空间实际开展的双创活动，开展科普工作，可以有效弥补创客知识存量不足的缺陷，提高创新创业者的科技水平和科学素养。

第三，科普有利于创新创业文化建设。科普不仅是某种具体科学知识的灌输或技术的掌握，而是科学精神的普及和传播。科学精神是创新创业文化的重要内容，主要包含探索求真的理性精神、实事求是的严谨精神、批判进取的创新精神、互助共进的协作精神。通过科普以浅显易懂的内容和生动活泼的方式在广大创新创业者中产生深刻而持久的影响，对创新创业者科学的世界观、人生观、价值观的形成具有重要意义，有利于塑造大众崇尚科学、敢为人先的科学精神，有利于培育和形成大众创业、万众创新的文化氛围。

第四，科普激发创新创业潜力。当代的创新创业者不是普通的科技人员，不能只生活在象牙塔里，除了拥有专业知识之外，还需要接触到海量的信息，必然会受到社会上各种事物的影响，如果没有科普对其加以正确有效的引导，很容易迷失在信息的汪洋中。因此，通过开展有关创新创业的科普活动，让创新创业者掌握本行业最基本的科技知识和岗位技能；同时还让创新创业者将其取得的科技成果向客户和消费者进行传播，使消费者接受、理解和认同创新创业者的新产品。

14.2　科普促进创新要素的交流互动

促进大众创业、万众创新，关键是要构建创新创业生态体系。创新创业生态体系是一个由相互联系、相互适应、协同整合、共生演化的多重创新要素组成的，具有动态性和网状结构特征的开放性复杂系统。创新创业生态体系主要包括主体要素、资源要素、平台要素等关键创新要素。科普是向大众普及科学技术知识、倡导科学方法、传播科学思想、弘扬科学精神的手段和途径，它在创新创业生态体系发展过程中扮演着重要的角色，推进创新主体、创新资源、创新平台等创新要素之间的互动，使系统不断进行信息传递、能量流动、知识交流、创新扩散等活动，形成具有自组织效应的创业生态体系结构，并促进其形成良性循环。

首先，科普促进创新主体之间的交流互动，助推创新社群的形成。一是科普激发创客的兴趣爱好，加快创客之间的互动交流。创客是众创空间生态体系的核心要素。人们对创客的定义一般来源于英文词语“maker”，是指将自身的创新理念应用于实践的群体，众多创客出于兴趣爱好或创业理想等共同目的而聚集在一起，是具有不同知识背景与身份的创业群体，是创新理念与发明创造的源泉。二是科普有利于整合高校院所的创新资源，培养创新创业人才。高等院校和科研院所是创新资源的集聚地，它们具有较强的研发优势，通过科普能够培养具有一定技术知识的创新创业人才，也能够为社会提供一定价值的科技创新成果，通过与企业在人才培养、技术研发、新产品生产等方面展开合作，进一步促进科技成果的转化和产业化，从而形成良性互动。三是科普有利于政府机构制定相关政策。政府机构扮演的是组织者和引导者的角色，政府通过制定相应的扶持政策和法律法规来保障创新创业生态体系的运转。通过科普能够有效地提升公务员的科学素养，增进公务员对创新创业者的了解，提高公务员的决策水平，出台科学合理的政策，助推大众创业、万众创新工作。四是科普有利于创业企业的发展壮大。在众创空间生态体系中，创业企业是创客予以依托和聚集的重要载体，一般来说，创客都是通过成立企业或与原有企业进行合作的方式开展创新创业活动的。通过举办科普讲座、路演等活动，众多创客能较快地将企业的创新产品推向市场。

其次，科普促进创新资源的流动，助推创新资源生态圈的形成。创新创业生态体系的构成需要集聚众多人力、财力、物力等资源，投资客、专业技术人才、创客等提供技术研发、产品开发、市场拓展等创新创业知识，风投金融机构等为众创空间生态体系提供创业资金，一些生产企业、渠道商家等可以提供外包服务、产品试制、加工等。这些资源要素需要通过科普来促进其组合、流动，进而助推创新资源生态圈的形成。例如，创新创业离不开资金的支持，对于初创型企业和创客来说，资金短缺、不足是阻碍创新创业的最大难题，为了能够得到投资者的资金，创客就需要通过科普的形式向投资者普及和介绍自己的产品，进而达到融资的目的。

最后，科普促进创新平台的搭建，助推创新创业服务链条的形成。在创新创业生态体系中，还需要提供现实的办公空间、设备设施等工作平台和网络的技术支持、资本金融、系列服务等信息服务平台，并且通过信息服务平台等的搭建，为创新主体提供政策咨询、法律援助、资本支持、市场对接、产品推广等系列服务。通过搭建创新创业服务平台，举办沙龙、训练营、培训、大赛等与科普相关的活动，提供科学技术知识普及、创新产品推广、创新精神的宣传等方面的服务，不仅能够促进创业者之间互帮互助、相互启发、资源共享，而且能够有效地促进创业者之间的交流和圈子的建立，从而达到协同进步的目的，产生由“聚合”到“聚变”的效应。

案例 14-1　创服工场打造 1+*N* 众创空间，构建创服生态链[①]

随着移动互联网、共享经济的迅速发展，基于互联网的创业正在蓬勃兴起。近年来，在大众创业，万众创新的推动下，众创空间如雨后春笋般涌现。在经历了野蛮生长之后，众创空间已经进入更新迭代的“洗牌”阶段，正在从传统提供办公空间和投融资对接服务，升级成为围绕创业公司的整个生命周期提供全程配套服务的 3.0 模式。

到底何为众创空间的 3.0 模式?业内人士将其归纳为“联合办公+首

---

① 创服工场打造 1+N 众创空间，构建创服生态链．(2017-06-14) [2017-11-10]. http://w.huanqiu.com/r/MV8wXzEwODM0MzQ4XzQ4XzE0OTczNjAyNDA=.

轮项目筛选孵化+孵化后期创投服务+面向完成融资的创业公司的加速发展服务”。创服工场负责人表示，目前，国内的创业项目并不缺乏办公场地，众创空间的核心要点是做好为创客的服务，为其提供完善的创业辅导和投融资对接，这才是解决国内目前创业公司在“孵化后期”高死亡率的有效方式。

在过去的1.0时代，众创空间大多以“二房东”的身份存在，主要是为草根创业者提供物理空间及交流平台，从而提升创业成功率。到了3.0时代，众创空间则需要以联合办公为主，企业服务为辅，构建低成本、便利化、全要素、开放式的1+N型创业服务平台。

“有的众创空间长期活跃参与人数不多，由于缺乏孵化后期的系统服务，多数初创企业不易在里面孵化成功，其间造成大量人力、物力、财力的浪费。”创服工场负责人表示，每年中国有约10万个创业项目待孵化，而最终进入众创空间的不到10%，即使是成功孵化的项目成功在市场站稳脚跟、不断发展壮大的也非常有限。

针对这种情况，包括创服工场、氪空间、优客工场等一些发展较为成熟的创业服务平台已开始打造创业服务的完整闭环，通过举办沙龙、训练营、培训、大赛等与科普相关的活动，加强科学技术知识普及、创新产品推广、创新精神的宣传等，有效地促进了创客、投资者等主体要素之间的交流沟通，为创客提供全程配套服务，以实实在在的服务，帮助创客成长发展。

创服工场负责人表示，众创空间生态化运营要求更高，行业垂直孵化会越发明显，专业度要求越来越高，对专业人才的需求会越来越大，这也对众创空间各方面的服务能力和科学普及有了更高的要求，如资金对接能力、政策服务能力、品牌宣传和推广能力等的提升都需要科普服务。

作为一家以创业服务为主题的生态型众创空间，创服工场基于完善的服务体系，可提供创业孵化、创业辅导、技术研发、品牌推广、营销招商、猎头服务、财务会计、法律服务、咨询落地、商学培训、金融支付、资本对接等企业运营一体化服务。目前入驻创服工场的创业公司达 30 余家，主要涵盖技术、品牌、猎头、营销、推广、法务、财务、金融、管理咨询等多类型企业服务公司，以及在线教育、农业电商等多个行业。

创服工场负责人表示，相较于传统的众创空间，创服工场除了提供基础的工位及硬件服务，更注重培养创业团队的深度与广度。通过内部的品牌团队会帮助创业团队获得关注，猎头团队帮助招募新兵，营销招商团队帮助获取客户，创业辅导团队帮助确定公司战略上的重大事宜。我们将以专业、强大的服务团队帮助创服工场体系里的优质创业公司加速成长。

谈及未来的发展，创服工场负责人表示，随着洗牌加速，创业孵化行业集聚效应正在显现，创业孵化器、众创空间的模式面临着新一轮的整合和升级。未来，创服工场将在创业服务的标准和体系上下功夫，打造出一个超百亿体量的新型孵化业态。

由此可见，构建创新创业服务生态链是促进众创空间发展的关键。通过举办沙龙、训练营、培训、大赛等系列的科普活动，普及相关的新技术、新产品，有助于集合政、产、研、学、资、介等关键资源要素，并促进这些资源要素的互动交流，使其形成良性循环。

14.3　科普培养创新创业人才

当代科学普及更加重视公众的体验性参与，这也积极回应了“大众创业、万众创新”时代的开放要求。在科学普及中，公众包括各方面社会群体，除科研机构和部门外，政府和企业中的决策及管理者、媒体工作者、量大面广的创业者、作为科技最终用户的消费者等都在其中，任何一个群体的科学素质相对落后，都将成为创新驱动发展的“短板”。因此，加强科普教育，补齐“短板”，对于培养创新创业人才，推动大众创新创业，具有重要的战略意义。

创新创业人才培养是个系统工程，其前提是营造创新创业氛围，帮助大众树立创新创业意识，形成内在的创新创业动力，从而显现为创新创业实践活动，使其最终成为创新创业人才。创新创业意识并非空中楼阁，更不能靠闭门造车而来，需要教育者不断地启发引导，而科普教育的直观、互动、趣味性、持续性的特点，能够发挥科普教育的优势及其独特的功能，在潜移默化中埋下创新创业的种子，非常有利于大众创新创业意识的培养。

创新创业实践必须适应社会的发展需求才会有生命力，而科普教育能够普及社会科技发展、产业前沿动态，让广大创新创业者对科技和市场发展现状有直观的认识，感受科技进步的魅力，感受科技给人们生活带来的巨大益处，进而使其产生参与科技、社会发展进程的迫切愿望，激发其创新创业意识。通过各种科普实践活动，能够提升创新创业者将知识转化为实践的动手能力。通过各种科普讲座、培训并融入创新创业教育，能够帮助大学生获取创新创业的社会知识，完善其创新创业知识体系。

在大众创业、万众创新的新时代，培养创新创业人才是科普教育的内在要求。通过科普教育活动，培养造就大批创新创业型人才，是国家创新活力之所在，也是科技发展希望之所在。第九次中国公民科学素质调查显示，2015 年我国公民具备科学素质的比例达到 6.20%，较 2010 年的 3.27%提高了近 90%。但也应清醒地看到，目前我国公民科学素质水平与发达国家相比仍有较大差距，尚不能满足建设创新型国家的需要。研究表明，进入创新型国家行列的 30 多个发达国家，其公民具备科学素质的比例最低都在 10%以上。国务院发布的《全民科学素质行动计划纲要实施方案(2016—2020 年)》提出，要推动科技教育、传播与普及，扎实推进全民科学素质工作，激发大众创业创新的热情和潜力，为创新驱动发展、夺取全面建成小康社会决胜阶段伟大胜利筑牢公民科学素质基础，为实现中华民族伟大复兴的中国梦作出应有贡献。增强自主创新能力，必须要整个国民群体具有良好的科学素质。

创新型人才深深植根于综合素质高、科学素质好的国民群体之中。因此，加强科普教育工作，培养大批创新创业型人才，是高校、科研院所、企业等创新主体的责任。如果没有热爱科学、关注科技、具有较高科学素质水平的创新创业群体，没有在朝气蓬勃、年轻热血的创新创业群体中形成勇于创新、敢于创业的良好氛围，大众创业、万众创新就难以真正实现，也就不可能在整个国民群体中形成创新创业型人才辈出的大好局面。

案例 14-2　科普教育托起北京创新“新生代”

少年强则国强。北京科普工作一直重视青少年科普。每年举办的青少年科普活动 1200 余次，青少年科技教育培训活动 1300 余次，青少年赴港澳台参加科技竞技和交流活动百余次，让北京青少年科技素养持续领跑全国，也为北京科技创新创业夯实了社会基础。

1) 青少年科普成果类型层次增多

北京科技周、北京学生科技节、北京青少年科技创新大赛、青少年机器人大赛、高校科学营、首都大学生“挑战杯”等这些政府引导的青少年活动已经成为一年一度的“老字号”科普品牌活动。

为拓展青少年科技教育，北京充分调动社会各界资源，组织开展了紧扣时代主题、内容丰富的青少年科普活动，促进青少年科学素质的提升。在继续保持竞赛高质量、高水平的同时，不断丰富、优化北京青少年机器人竞赛赛事内涵。大赛旨在引领广大青少年在科学探究的过程中感受科技进步为人类带来的美好生活，通过创新大赛活动感受追逐科学梦想的成功与快乐。

不仅如此，北京还坚持举办学生科技文化夏令营，组织开展“趣味化学”“火车探秘”“创新思维训练”等多方面的科技沙龙活动，将科技、文化及体育融为一体；青少年科技俱乐部组织中学生到各大院校或科研机构进行“科研实践”活动，让青少年接触体验高端科技资源；大力推进农村青少年科学教育，促进科普均衡发展，为偏远地区的孩子开启了一道科学启蒙的大门。

2)采用科教融合模式开展青少年科普

在发展青少年科普事业的过程中，北京逐渐摸索出了一条科教融合的新路子。在加强青少年科技创新型后备人才培养方面，北京不断探索青少年科教形式，创新科教合作机制，形成了科技资源与学科教学、校本课程等相衔接的创新型后备人才培养模式，拓展了优质科技资源在科技创新教育中发挥作用的广度和深度。

例如，为了有效激发中小学生的科学探索热情，从基础条件建设方面解决中小学科技创新教育的部分问题，大力提高青少年的创新意识和实践能力，北京市科学技术委员会自 2014 年开始，重点支持有条件的中小学和科普基地建设“科学探索实验室”。截至 2017 年 3 月底，北京市科学技术委员会共投入 1700 多万元用于科学探索实验室的建设，共计 73 个项目，其中资助北京市第三十五中学、北京市第十一中学、北京市第六十五中学、中关村第二小学等 69 家中小学建设了不同领域的科学探索实验室，辐射 13 个区。

另外，全国首个在课程体系内面向中学生，采取中学与大学联合培养的方式，培养拔尖创新人才的“翱翔计划”，已经建成培养基地、实践基地等各类基地 400 余个，形成了一支由 1200 位教师组成的工作团队，培养了近 2000 名学员，科技教育活动走在了全国的前列。致力于推进以青少年为对象的创新教育模式——“雏鹰计划”，如今调动千余名教师参与，深度开发科技成果资源在近 200 所中小学校推广使用。

科教融合创新模式已经成为新典范。北京还充分发挥移动互联网技术在提升青少年科学素质方面的作用，设计实施“非常小答客”青少年科普知识竞答活动，以线上、线下相结合的方式开展，2016 年共吸引全市 200 多所学校的 13000 多位中小学生参与其中。

第15章　科普完善创新创业服务链条

15.1　科普优化创新链

科普的发展无疑助推了众创空间的发展。众创空间作为时代发展的新业态，促进了新一轮的草根创业，释放了互联网的创新创业活力，扩大了创新创业的公共产品和公共服务供给，优化了创新链条。

创新活动是一个复杂的系统过程，其需要经历从基础研究、应用研究、中试、商品化到产业化的完整链条，以及需要政、产、学、研的共同参与。但目前我国的创新链条却存在着三大瓶颈：首先是应用研究脱离市场需求。据中国科学院的研究，我国科研机构的研究经费中，30%～40%来自财政拨付的事业费，60%～70%来自各类项目研究经费。当前行政主导的项目管理机制既限制了科研机构的研究取向，也导致了科研内容与市场需求相脱节，导致了很多研究成果被束之高阁，不具备市场应用价值，受到了科研机构和企业的批评。其次是中试力量薄弱。科技创新链条中中试瓶颈的存在主要由内外双重因素导致。其一源于中试具有投资高、风险高和周期长的特点，我国普遍处于产业链低端的企业无力承受长期投资带来的资金压力和失败风险。其二源于科技管理体制存在的缺陷。相比“投入大、风险高、回报低”的中试工作，科研机构更愿意选择“拿项目、做课题、出成果、评职称”这样保守和显效快的模式。最后是重大技术商品化缺乏吸引力。企业作为技术成果转化应用的主体，因技术不成熟、市场需求不确定、与科研机构合作不顺畅等方面的风险，不愿承担运用新技术、开发新产品所需的高额资金和风险。而且风险投资机构，都喜欢投资“去风险化”的产品，即远离那些颠覆式创新而选择能保证眼下企业效益的产品，致使企业资金链断裂，导致科研成果无法转化为实用技术。

众创空间通过聚焦创新主体在创新链条中各环节的实际需求，举办科普活动、创新创业大赛活动，为广大创新创业者提供了基础服务、技术服务和投融资服务等全链条式的服务，能够较好地解决创新链条中的瓶颈问题，进而优化创新创业链条。

案例 15-1　中科创客学院打造创新创业完整链条①

中国科学院深圳先进技术研究院组建的国际创客学院，虽然去年11月才正式挂牌，但已经吸引了来自全球66名创客和26个项目入驻。创客怎样将一个创意变成实实在在的东西，再将其变成市场上卖得出去的商品呢？中科创客学院在这一过程中又扮演着什么角色？

（1）“四不像”的创客学院。中国科学院深圳先进技术研究院副院长许建国用“四不像”来形容他们的创客学院：一不像学校，这里没有传统的课堂教育，不设学历门槛，也无须进行严格的考试，更不要交学费；二不像研究所，这里没有专门从事科学研究的专家，主要是面对有创新想法和创业潜力的社会大众；三不像企业孵化器，因为来这里的创客往往只有一个不太成熟的初步想法，想象中的样品都还没有做出来；四不像企业，创客学院并不以营利为目的，主要还是承担培养创客和辅助其创业的社会责任。

（2）把“蝌蚪”养成“青蛙”。在中科创客学院，大家把创客称为“蝌蚪”，然而并非每只“蝌蚪”都能顺利成长为“青蛙”。许建国说，院方的保守目标是将入驻的10%的创客培育成能够进入市场的公司。中科创客学院主要向在此学习的创客提供四大服务平台：教育平台、技术设备平台、知识产权保护平台、创业孵化平台。中科创客学院为每个创客指派两位导师，一位是中国科学院深圳先进技术研究院相关研究领域的技术专家，帮助创客解决工程技术上的问题，另一位是合作

① 中科创客学院：打造创新创业的完整链条.（2015-06-02）[2017-11-18]. http://epaper.gmw.cn/gmrb/html/2015-06/02/nw.D110000gmrb_20150602_3-04.htm, 有修改.

企业的市场专家，帮助创客熟悉并进入市场。

(3) 上下延伸创新创业链条。为了让全社会创新创业的生态圈更加健全、健康的发展，中科创客学院正在将创新创业的链条向上下游两个方向延伸。一是向上游的教育方向延伸。创新意识要从青年甚至少年时期就开始培养，中科创客学院已经在与多所高校和大学城洽谈开设创客选修课及共建创客空间的事宜。此外，中科创客学院也积极与深圳当地教育部门合作，接纳中小学生前来参观并体验动手创作。二是向下游的产业方向延伸。2015 年 3 月，中科创客学院与京东智能宣布将共建创业服务平台“京东创客营”。通过双方在创客教育、项目众筹与智能硬件项目孵化等方面的深入合作，实现创客项目从创意期到孵化期、上市期的无缝结合，以线上线下市场销售、虚拟孵化和战略投资，推动智能硬件产业发展。中科创客学院还积极与社会资本开展合作。深圳一家知名的风险投资公司已初步决定入股中科创客学院，今后中科创客学院内的创客在完成“创意”和“研发”后，可以更简单方便地进行“融资”和“商业化”。这样，一条完整的创新创业链条就形成了。

中科创客学院致力于对创客的培养和扶持，依托一流的创新教育平台和雄厚的科研技术平台，积极探索并与国际一流的教育、科研等机构开展深入广泛的合作，积极引入企业和社会资源，建设新型的创新教育、科研实践、创新交流和创业孵化基地，成为全球创客聚集的高地及最具创新活力的高地。中科创客学院通过项目驱动人才培养，教育推动项目培育，将创新创业的链条向上下游两个方向延伸，着力打造创新创业链条。

15.2　科普延伸产业链

所谓产业链，是指基于产业上游到下游各相关环节，由供需链、企业链、空间链和价值链 4 个维度有机结合而形成的链条。目前，由于我国的科技体制问题，科研部门和产业部门基本形成了各自的闭循环，科研机构和产业部门分别禁锢于“申请课题、开展研究、通过评审、再申请课题”和“引进技术、生产产品、技术落后、再引进技术”的闭循环，研发机构和生产机构的脱节不仅导致科研成果向现实生产力的转化能力薄弱，知识的经济化过程成功率太低，也使我国战略性新兴产业、高技术产业发展不足，产业发展模式单一粗放，产业规模化程度不高，产业结构的总体效益还处于低水平阶段，产业链不完整，仍处于全球产业链中的低端地位。

当前新兴的众创空间不同于传统的孵化器，它更加注重为创新创业者提供全链条的服务，注重帮助创新创业者向研发、设计等上游环节拓展和向市场营销、品牌建设、渠道创新等下游环节延伸，着力打造规模化、高端化、品牌化的现代产业体系。同时，众创空间还注重为入驻企业发展“把脉问诊”，从领导、战略、顾客与市场、资源、过程管理、测量分析与改进、经营结果等方面，就企业的质量管理现状进行评估和“会诊”，对企业的管理水平进行定量分析，做出真实、客观、公正的综合评判，有效帮助企业从各个维度发现影响其组织绩效的关键问题，帮助企业及时进行有针对性的改进，逐步规范经营管理体系，建立现代财务制度，不断提升管理水平。

因此，为了适应不同阶段的创新创业者的不同需求，许多众创空间打造“创客—苗圃—孵化器—加速器”一条龙服务，其间的创业导师、天使投资等也成为众创空间的“标配”，如“加速器”环节服务，就是为了防止苦心孵化出的企业最终流失。为了给链条各个环节的创新创业者提供更好的服务，许多众创空间通过开展相关的科普活动和科普教育，进而为创新创业者打造完整的产业链条。

案例 15-2　科普助推中关村创新创业链条深度融合

2016 年全国大众创业万众创新活动周（简称双创周）北京会场主题

展在中关村国家自主创新示范区展示中心拉开帷幕。本次展览以“发展新经济，培育新动能”为主题，参展单位 260 余家，参展项目 300 余项，涉及人工智能、新材料、生物技术、节能环保、智能机器人、互联网+等前沿技术和产业领域。

随着全国双创热潮的持续深入，领军企业、高校、科研院所积极投身双创，孵化出了一批有市场竞争力的创新型企业，又促进了自身的转型升级，实现了科技创新与产业的结合，带动双创向产业纵深发展，成为推动实体经济创新发展的主力军和领头羊。漫步展区，你会发现:

央企来了。中国航天科工集团有限公司、中国中航工业集团有限公司在中关村成立双创服务平台航天云网和中航爱创客。作为国家首批双创示范基地，航天云网以云制造为核心，连接互联网和智能智造，为工业企业提供供需对接、信息共享及产业链配套服务。上线约一年时，航天云网平台注册量已经突破 11.6 万户，交易数约 1.5 万条。中国航天科工集团有限公司于 2017 年 4 月初发布了 430 亿元的协作采购需求，不到两个月成交额就突破 60 亿元。

市属国企来了。北京电子控股有限责任公司联手 58 集团、创业黑马(北京)科技股份有限公司等共同投资打造以企业孵化为主旨的科技服务展示平台创 E+；首钢集团内部创业，成立主打智能停车立体车库的北京首钢城运控股有限公司(简称首钢城运)。首钢城运是首钢集团内部创业项目，该公司依托首钢集团的资源平台优势，研发的公交智能立体车库、双圈型智能圆形塔库等立体车库为国内首创。通过智能停车管理和自动导航系统等，可实现车辆搬运安全和智能化控制，以无人化驾驶技术实现密集式停车。

外资科技企业来了。微软公司在中关村成立微软亚太研发集团和微软加速器，英国微处理器公司(ARM)联合中科创达软件股份有限公司(简称中科创达)成立旨在服务智能硬件创业的安创空间。创业企业申请后经选择进入微软加速器，微软免费为其提供办公空间和培训、融资对接等创业资源。成立3年多时间，成功培育100余个创新团队，七成以上的团队具有云计算、物联网、大数据、人工智能、机器学习、VR、AR等世界前沿技术竞争力，毕业企业整体估值超过380亿元。

民营领军企业来了。作为联想控股的早期投资和孵化板块，联想之星致力于为创业者提供“天使投资+深度孵化”的特色服务，做创业者身边的“超级天使”。目前管理着两期、总额约15亿元人民币的天使投资基金。2015年，其被评为中国最佳天使投资机构前三名。小米公司以小米手机、电视、路由器为核心，发展到以米家为品牌的生态链产品。小米移动电源、小米手环、小米空气净化器、九号平衡车等产品市场份额位列国内第一，带动了制造业的升级换代。京东与科大讯飞股份有限公司签署战略合作协议，在智能家居和语音技术领域展开全面合作，共同出资成立一家高科技公司——北京灵隆科技有限公司，开创了一种崭新的语音交互方式。

科研院所和高校也来了。北京大学、清华大学、中国科学院等14家学术单位和中国商用飞机有限责任公司、新奥集团股份有限公司等100多家行业龙头及高科技领军企业，创建了北京协同创新研究院，建成60万平方米集研发、孵化和企业创新型运营总部于一体的创新创业基地；北京航空航天大学教授、国家863机器人领域专家组长魏洪兴教授带领其团队自2012年开始对轻型协作机器人模块化进行研究，并于2015年1月在注册成立遨博（北京）智能科技有限公司（简称遨博智能）。遨博智能突破中空伺服电机等技术瓶颈，实现协作机器人关键核心部件完全中国制造；依托北京航空航天大学王田苗团队的研发成果、北京柏惠维康科技有限公司推出的国内首台神经外科手术机器人，可以帮助医生在大脑这个“生命禁区”实施微创、精准、高效的无框架立体定向手术，手术平均用时仅30分钟，定位精度达到1毫米，最终患者只留下1个2毫米以内的创口。

领军企业通过开放资源、变革组织模式带动中小微企业实现融合创新；高校、科研院所通过技术合作合资促进产学研融合；公共服务平台通过提供联合研发、中试等服务，促进了创客、痛客、极客与平台融合发展，新型创新成果不断涌现，中关村呈现出创新创业链条深度融合的发展新局面。

案例 15-3　科普延伸创新创业链条

中国科学院院士、探月工程总设计师、中国航天科技集团公司高级技术顾问、“两弹一星功勋”孙家栋说，中国航天事业发展很快，但是在推动地方经济发展方面做得还不够。以法国为代表的欧洲国家，就特别注重航天科技的民用。我们千万不能将科学普及看成只是面对小孩子的，航天科普在全民科普中至关重要。

虽是 89 岁高龄，但孙家栋仍在密切关注航天技术对于普通人生活的影响、对于社会经济的促进与发展作用。孙家栋说：“高精尖的航天科技究竟能做到些什么，这不仅需要向孩子科普，更应该向不同领域的专家、领导科普，只有他们真正理解了航天科技，才有可能推动更多创新。”

科学普及本身就是创新创业的过程。例如，现在很火热的共享单车，就是受益于地理信息系统的发展，共享单车的火爆又带动了沉寂已久的自行车销量；城市井盖容易丢失，于是管理部门应用北斗信息系统，在井盖上安装了芯片，因为芯片需要电池，又意外带动了电池产业的发展。因此，在一定程度上说，科普能够延伸创新创业链条。

15.3　科普提升价值链

科普促进企业整合各类有效资源，提升企业或创业者的价值链。价值链是由哈佛大学商学院教授迈克尔·波特最早提出的。最初，价值链的讨论仅仅限于企业的内部价值分析之中。当前，价值链这一概念已经扩展到一个行业乃至整个经济体系。

波特认为每一个企业都是在设计、生产、销售、发送和辅助其产品的过程中进行种种活动的集合体。所有这些活动可以用一个价值链来表明。企业的价值创造是通过一系列活动构成的，这些活动可分为基本活动和辅助活动两类，基本活动包括进货后勤、生产作业、发货后勤、经营销售、服务等；而辅助活动则包括采购、技术开发、人力资源管理和企业基础结构等。这些互不相同但又相互关联的生产经营活动，构成了一个创造价值的动态过程，即价值链。如图 15-1 所示。他同时指出，企业价值链与上游供应商价值链，与下游买方价值链这一大串的活动构成价值系统。

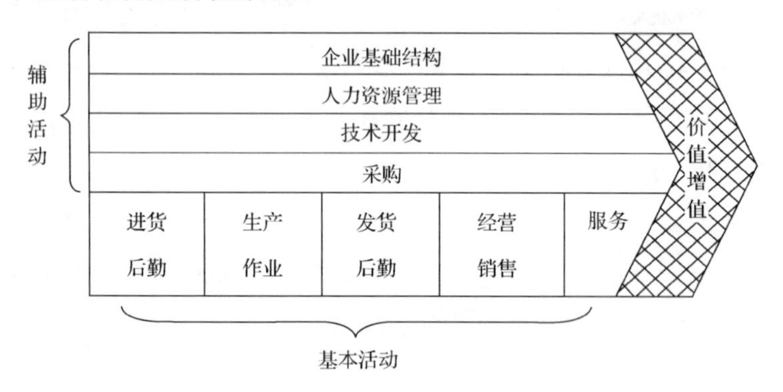

图 15-1　迈克尔·波特的价值链

对企业或创业者的价值链进行分析有利于企业进行资源整合，提升其竞争力。一般来说，成功的企业常常有一个贯彻价值链始终的、具有协同性的资源脉络，并且与经销商和消费者的价值链结成一个整体，构成一个价值体系。因而，在观察一个企业的价值链时还应该把它和上下游企业联系起来，从价值体系层面加以分析[①]。随着市场竞争日趋激烈，企业之间的竞争基本态势已经从过去单个企业之间的竞争转变为整条供应链之间的角力，其核心是价值链上各个环节的创新能力的较量。

① 常爱华，王希良，梁经伟，等. 价值链、创新链与创新服务链. 科学管理研究，2011，29(2)：30-34.

科普能够促进企业家、科学家之间的优势互补。在科技实践过程中，企业能够做的事情科学家未必搞得定，科学家能够做的事情企业家未必能做好，因此，通过科普，可以使企业家了解科学家做的事情，使科学家知晓企业家做的事情，进而将科技创新价值链中的所有活动和最终目标联系起来，使包括科学家、企业家的社会系统能够全面地掌握各自的资源禀赋，有效融合社会资源，提升科技创新的价值链。

第16章　创新创业丰富科普内容和形式

16.1　众创空间成为科普的重要阵地

众创空间作为大众创业、万众创新的重要阵地和创新创业者的聚集地，在全国各地得到快速发展，并且不断迭代演进。在大众创业、万众创新的时代，众创空间成为科普活动的重要场地。政府应鼓励和引导众创空间等创新创业服务平台面向创业者和社会公众开展科普活动，支持创客参与科普产品的设计、研发和推广。

据统计，2016年，全国共有众创空间6711个，共组织创新创业类培训8.59万次，共有458.93万人次参加创新创业培训活动；举办创新创业类赛事6618次，共有242.92万人次参加创新创业大赛；组织投资路演和宣传推介活动2.50万次，共有192.82万人次参加投资路演和宣传推介活动。作为全国科技中心的北京来说，其许多数据居于全国的前列[①]。2016年，北京地区共有333个众创空间，服务各类创新创业人员47509人；开展创新创业培训2784次，参加人数37.36万人次；举办科技类项目投资路演和宣传推介活动1493次，参加人数5.97万人次；举办科技类创新创业赛事452次，参加人数14.38万人次。

案例16-1　众创空间变身科普基地

一到周末，厦门知名众创空间——一品创客就变身为科普教育基地，为家长和小朋友体验科学、感受科技魅力提供了一个很好的去处。2016年6月4～5日，一品创客位于集美和海沧的两个孵化基地，都迎来了众多小朋友参加科普活动。

---

① 科学技术部. 中国科普统计2017年版. 北京：科学技术文献出版社, 2017.

1）一起体验无人机

2016 年 6 月 4 日，位于海沧区自贸区创业广场的一品创客·海峡两岸无人机暨智能机器人孵化基地，举办了一场无人机体验活动。无人机一亮相，参加活动的小朋友就被吸引住了。接下来，入驻团队——厦门神龙航空科技有限公司（简称神龙航空）的老师就带着大家一起开始无人机体验之旅。

活动的第一个环节是认识无人机。神龙航空的讲课老师非常有耐心，用小朋友熟悉的语言讲述了什么是无人机、无人机有什么用途、无人机的应用现状等，还引导小朋友进行思考和想象。小朋友遨游在知识的海洋里，在最宽广的空间里驰骋想象。刚开始，小朋友还有点不自信，不敢回答老师提出的问题。后来，其都争先恐后地发表自已的观点，同时提出了很多非常有趣、非常有深度的问题。

了解完无人机后，接下来的环节就是小朋友分批在室内和室外进行无人机体验。对的，就是实际操作无人机。不少小朋友动手能力很强，神龙航空的老师稍加指导其就能操纵自如。在小朋友的遥控下，无人机一会冲上高空，一会俯冲大地，一会盘旋于空中，一会左右横冲，迎来了阵阵欢呼。

愉快而又充实的几个小时过去了，小朋友收获了知识，体验了飞行，更重要的是启迪了思考，开阔了眼界，还收获了美好的回忆。据了解，神龙航空专注无人机研发、生产、无人机服务及无人机综合类教育，拥有多项无人机专利，共成功研发出 24 款实用无人机及行业应用解决方案，其产品获得了国家科学技术部、商务部等四部委联合颁发的国家重点新产品证书。

2）亲子游乐大比拼

一品创客集美孵化基地与小玩伴机器人创客空间联合举行了“亲子科技周·亲子游乐大比拼”活动。虽然天公不作美，下起了大雨，但是依旧挡不住家长和小朋友的热情，现场人气爆棚。大、小朋友在咖啡厅进行了一场场科技大比拼。

拼技巧。小朋友和家长在小玩伴机器人创客空间的老师的指导下，进行“遥控小赛车”的 DIY 拼装。一块块的小零件，如何变成一部小赛车?家长和小朋友一起动手，将小零件一步一步拼成可遥控操控的小赛车。

拼速度。小朋友操作自己亲手拼装的遥控小赛车是一种什么样的体验?当然是嗨翻了，看着亲手拼装起来的赛车，在自己的操控下自由自在地驰骋起来，这样的成就感别提有多棒了。

拼颜值。拼装的“遥控小赛车”不仅要求跑得快，也讲究颜值高。现场小玩伴机器人创客空间专业的培训指导老师要求，小朋友要把自己的“遥控小赛车”打扮得个性美观，并现场来了个小赛车选美评比。

3)变成科普教育基地

据了解，一品创客是一品威客旗下的创业孵化服务平台，是新型业态下的创新创业孵化器。目前一品创客孵化器体系包括 4 个众创空间：一品创客、一品众创咖啡、一品创客加速器、海峡两岸无人机暨智能机器人孵化基地。

一品创客的孵化空间总面积达 12000 平方米，工位近 1000 席，配套创客咖啡两间，加速器一间，项目总投资超 2000 万元。截至 2016 年 6 月 7 日，在孵创业团队(公司)超 200 家，涉及移动互联网、物联网、无人机、机器人、电子商务等领域。

一品创客相关负责人介绍，有许多入驻一品创客的团队，专注于无人机、机器人等科技方面的教育培训。因此孵化基地结合团队的优势，一起开展各种类型的科普活动，为家长和小朋友提供一个体验科技的平台，对小朋友开展科技教育，充分发挥我们众创空间的功能。

据悉，一品创客实行“八大免费”服务，通过线上线下资源帮助创业团队找资本、找市场、对接项目，孵化扶持成长。“八大免费”服务具体为：免费提供办公空间、免费提供办公设备、免费配置订单信息、免费进行专家培训辅导、免费进行大咖创业分享、免费协助注册公司、免费协助人才招聘、免费协助市场营销。

一品创客是发挥教育功能、变身为科普教育基地的一个典型范例。它既为无人机，机器人，智能硬件，文化创意，电子商务，软件信息服务，科技、媒体和通信(Technology，Media，Telecom，TMT)，移动互联网等领域的创业者提供了展示平台，也为家长和小朋友体验科学、感受科技魅力提供了一个很好的去处，进一步丰富了科普的形式和内容。

16.2　众创空间聚合科普资源

众创空间除了本身能够提供一个通用的创业平台外，更多的是作为一个创新创业资源的组织和整合者，将创业企业原先不可能互连互通的资源聚集、协调和利用起来，有利于各种社会资源形成互动、互补和协同的关系，提高整个社会资源的使用效率。

北京中关村创业大街，全长不过 300 米，却汇聚了超过 2200 个机构投资人、20 多家新型创业机构和将近 4000 个创业团队，这种有形的聚合必将产生无限的聚变。

众创空间作为一种企业，具有对资源的独特敏感性，在创新创业者需要某些他们不能直接提供的资源的时候，其可以通过所掌握的信息和建立的社会合作网络，间接地为其服务的创新创业者提供这些资源。因此，要充分发挥好众创空间对资源的聚积、把握和供给作用，提升众创空间的资源聚合能力。

为了提升北京众创空间的资源整合能力，北京已挂牌的众创空间将与首都科技条件平台对接，创业者可以通过条件平台直接使用高校、科研院所的实验室；将与全市大量的科技成果对接，创业者可以用较小成本在已有科研基础上取得突破，并促进科技成果转化；还可与政府、高校、大企业的专家团队对接，帮助创业者找到适合不同领域的创业导师。这些科技资源的聚集，为科普资源的聚集奠定了坚实的基础。

案例 16-2　果壳聚集大量科技爱好者

果壳网作为一家泛科学新媒体公司，其 PC 端网站(guokr.com)向大众提供专业、丰富的泛科学内容和基于兴趣人群的社区服务，每月覆盖用户 1600 万；在移动策略上，果壳网细分人群定位，打造了“研究生”“知性”两款应用。

果壳网作为一个开放、多元的泛科技兴趣社区，吸引了百万名有意识、爱知识、乐于分享的年轻人聚集在这里，用知识创造价值，为生活添加智趣。现拥有大量各领域专家资源和专业网友，并与国内外科研和学术机构保持密切合作，是泛科学领域最知名的本土品牌。在这里可以关注感兴趣的人，阅读他们的推荐，也可将有意思的内容分享给关注的人；依兴趣关注不同的小组，精准阅读喜欢的内容，并与网友进行交流；在“果壳问答”里提出困惑你的科技问题，或提供靠谱的答案。果壳网现有三大板块：科学人、小组和问答，由专业科技团队负责编辑，网站主编为拇姬。

帮助科学抵达公众，科学家是源头，果壳网在持续帮助科学家做科普方面做了很多工作。首先是科学家的专访。在过去几年，果壳网持续采访了近百位顶级科学家，其中不乏刘嘉麒院士、杜祥琬院士、周忠和院士、王贻芳院士、徐星、张双南、蔡天新、韩喜球这样的顶级中国科学家。其次，果壳网不断为善于做科普的科学家提供平台和机会，创办于 2012 年的未来光锥，开创了以国内科学家为主的剧场式演讲，包装了包括魏坤琳、李淼、姜振宇、吕植等一大批“科学家明星”。上线于 2016 年的科学人公众账号，更是将帮助科学家做科普作为运营目标，以科学家专栏、科学家专访、线上沙龙、线下沙龙等形式，全方位地运营科学家社群。这个团队密切接触国内顶级的科学家团队，密切跟踪国内的重点实验室、大科学装置、大科学项目，不断将中国的科研成就报道给公众。这个团队还通过“科学家与媒体面对面”“科学人沙龙”等线下活动的方式，打通和扩大科学家与公众的沟通渠道。针对科学家做科普的意愿和能力较弱的状况，科学人团队还为科学家开展如何做科普的培训，通过中国科协、各地方科学技术协会、各个学会、学术出版机构的论坛、国家食品药品监督管理总局、中国自然博物馆协会、中国科学院高能物理研究所、中国科学院国家天文台等机构，不断把果壳网做科普的能力释放到科学家群体中去。针对科学家做科普动力不足等问题，科学人团队非常注重培育年轻的科研人员参与科普工作，积极调用以博士研究生为主体的年轻科研工作者，持续开展的“我的专业是个啥？”诸多博士研究生以亲身经历介绍自己所在的专业情况。这一专栏集结之后，在高考填报志愿期间，受到诸多网友的追捧和好评。

果壳网之所以能够取得成功，是因为其背后有一个一个顶级的科学家共同体。2010 年，果壳网上线，曾喊出目标“成为中国的 Discovery”，希望在新媒体时代让科学和技术的传播变得引人入胜。几年过去了，果壳网已从小众爱好者的科学传播品牌，升级为普通人的生活科学伙伴，吸引了百万名有意思、爱知识、乐于分享的年轻人聚集在这里，用知识创造价值，为生活添加智趣。

16.3　创新创业催生科普新形式

在创新创业过程中，科普是一项不可或缺的基础性工作。为顺应大众创新创业的时代需要，高校、科研院所、众创空间等机构举办了科普论坛、创新创业大赛、创新创业路演等多种活动，进一步丰富了科普的形式。

现阶段，创业大赛已经得到各高校的重视并在各高校顺利开展，其中影响力相对较大的是“创青春”全国大学生创业大赛、“互联网+”中国大学生创新创业大赛、中国创新创业大赛等。从比赛成果方面进行分析，较以往很多优秀参赛作品的成果转化率普遍较低，大部分参赛者不了解市场动态及企业要求的状态相比，近几年大赛出现了越演越热的趋势，参赛作品的实践性、应用性、创新性不断增强，出现了一批成功的案例。例如，2016 年“创青春”全国大学生创业大赛中，江苏赛克林体育发展有限公司年营收额超过 6000 万；电子科技大学的四川中电昆辰科技有限公司(简称中电昆辰)，在立体化的产业链布局和黑科技的支撑下，其估值以每个季度 3～5 倍的速度快速上涨。截至 2016 年 6 月底，中电昆辰共完成融资额 3000 多万元，整体估值已超 3.2 亿元，已获得武汉地铁定位系统等大型订单[①]。创业大赛为高校诸多创业学生提供了绝佳的发展机会和圆梦的平台，同时也大大丰富了科普的内容和形式，促进了科普事业的发展。

案例 16-3　利亚德打造国内最大核电科技馆

利亚德集团打造的核电科技馆于 2017 年 9 月在秦山核电基地所在地——浙江省嘉兴市海盐县开馆，标志着海盐“核电游”由此迈入 2.0 时代。

核电科技馆整体形象为能量宝石，寓意核能是清洁安全的高效能源。作为海盐·中国核电城和秦山核电特色小镇的重要组成部分，核电科技馆致力于打造最具特色的公众沟通交流平台、核安全文化传播平台、核电发展服务平台。

该项目由利亚德集团励丰文化承担总体设计。基于核电主题的内容性、观众参与的体验性，以及投资的性价比，利亚德集团励丰文化联合国际设计团队进行建筑、内部空间和展项三位一体创意设计。主要体现在以下四个方面。

(1)核电圈公众体验最丰富的科技馆。核电科技馆以体验科学、启迪创新为核心设计理念，共设置有中国核电之路、核电站探密、核安

① 尚泽慧. 关于创业大赛对学生创新创业能力培养的思考人才资源开发. 人才资源开发, 2017, (4)：197.

全与环保、核电站互动、核谐家园等 13 个展厅。其既展示了我国核电事业的发展历程和光辉成就，又展示了完整的核工业产业链；既涵盖了核能基础科学知识，又包括了核技术与日常生活的融合；既有核电安全环保专业场景再现，又有公众科普基本原理展示体验。

(2) 亚洲最大的室内发光二极管(ligh-emitting diode，LED) 球屏。LED 球屏直径近 8 米，采用 P6 显示屏。其作为科技馆数据展示的中枢，展演主题影片效果震撼，主要表现核能为人类创造美好生活。观众可以用手机与 LED 球屏互动，可以点选查看最新的核电站分布及相关信息，还可以将参观的照片上传到 LED 球上。

(3) 世界最大的核电压水堆主线模型。模型净长约 18 米，其中主线模型长度约 8 米，模型制作比例为 1∶25。观众通过多媒体互动终端，可以了解核电站主要构成和发电流程，还能观看核电人的不同工作场景。

(4) 沙盘推演，真实再现。核电科技馆“核谐家园”大型多媒体沙盘，采用 16 米×11.6 米大型升降沙盘、1∶400 模型制作比例展现秦山核电建设与海盐社会融合发展。正投幕结合卷动地幕设置，增加了沙盘场景变换，表现力丰富，参观体验好。

核电科技馆共有 3 层：第一层以“核能与发展”为主题，展示中国核电发展之路，主要面向政府和企业群体；第二层以“核能与安全”为主题，展示核电原理与安全文化，主要面向社会公众群体；第三层以“核能与生活”为主题，展示核能基本原理及核能基础知识，主要面向中小学生群体。

这样的设计和效果，与利亚德集团开展的科技创新是分不开的。近年来，利亚德集团聚焦 VR 技术，加强商用领域 VR 技术研发与引进，将 LED 技术与 VR 技术有效结合，使人们能够沉浸于封闭的 LED 显示屏空间中，以极高的拟真度体验到平时难以实现的旅游场景、飞行驾驶、融入影视等感官享受，从而更好地满足不同人群的体验要求，为公众提供适用性最强的科普体验环境和交流平台。

第五篇　科普与创新环境建设

当前科普与创新前所未有地紧密联系在一起。在科学技术日新月异的今天，一个国家、地区科学技术的普及程度，从根本上决定着这个国家、地区生产和文化的发展水平，决定着这个民族的创造能力。科技创新总是在一定文化环境中产生和进行的，文化环境对科技创新的影响是全方位、多层次的，是潜移默化、根深蒂固的。良好的创新文化环境与科学普及为科技创新奠定了最广泛、最坚实的社会人文基础。只有普遍提高全体公民的科学素质，拥有众多被科学知识、科学思想、科学观念武装的个体，才能营造出尊重科学、崇尚科学的社会文化氛围；才能拥有科学理性的民族气质，才能形成坚持求真务实、不懈追求、不断创新的民族精神；才能为科技进步提供雄厚坚实的人文支撑。

第 17 章 科普根植创新文化

创新文化是大众文化、社会文化系统的重要组成部分。经济社会健康发展呼唤创新文化建设，要求科普繁荣、发达，向全社会传播、扩散、渗透创新文化，让科学思想的内涵、科学精神的触角等延伸到大众工作、生活的各个角落、场域。

17.1 科普培育创新文化

创新是一种能力，同时也是一种精神。只有将创新精神不断融入民族或群体的文化之中，才能形成一种有利于创新的文化氛围和文化环境。所谓创新文化归根到底就是一种鼓励创新并容许创新失败的文化氛围和文化环境，一种有利于创新的健康的、持续开展的价值观念和行为道德规范，一种给创新者以归属感的“精神家园”，一种能够使创新的精神追求和实际行动不断扩大和张扬的文化“生态环境”。

科学普及的主要内容既包括科学知识的普及，也包括科学方法、科学思想和科学精神的普及，其对于提高全民科学文化素质、培育和发展创新文化、促进经济发展和社会进步，都有着十分重要的意义。

首先，科学知识的普及，有利于提高大众的科学文化水平，对于促进创新文化发展有着重要作用。我们不仅要依靠科学技术发展生产力，而且要依靠科学技术推进社会主义精神文明建设，积极引导人民群众建立科学、文明、健康的生活方式，努力形成学科学、用科学、爱科学、讲科学的社会风气和民族精神，营造与社会主义现代化建设进程相适应的社会精神风貌，使一切有利于社会进步的创造愿望得到尊重、创造活动得到支持、创造才能得到发挥、创造成果得到肯定，不断增强全社会的创造活力。

其次，科学思想和科学方法的传播，是培育和发展创新文化的重要措施。有了一定的科学知识，并不一定就有了科学思想和科学方法。所谓科学思想，是指在各种特殊科学认识和研究方法的基础上提炼出来的、能够发现和解释其他同类或更多事物的合理观念和推断法则，它对进一步的、更广泛的科学研究和社会实践具有导向作用。典型的科学思想有：数学科学中的极限思想、自然科学中的互补思想、生命科学中的进化思想、社会科学中的和谐思想、思维科学中的系统思想、哲学科学中的转化思想等。科学方法就是人类在所有认识和实践活动中所运用的全部正确方法，是人们为获得科学认识所采用的规则和手段系统。因此，科学思想与科学方法的普及，能帮助人们革新观念和思维方式，树立辩证唯物主义和无神论的思想，反对愚昧迷信和鬼神观念，有利于人们遵循科学方法和程序，进行观察、试验、分析和归纳。

再次，普及科学精神，弘扬创新文化，是创新文化建设的重要基础。科学精神的核心是对固有观念、陈旧意识的大胆怀疑、勇于探索、求真务实、开拓创新、团结协作等精神。勇于面对科学技术发展中不断出现的新情况、新问题，就要不断学习，不断实践，不断思考，不断有所发现、有所发明、有所创新；就要热爱科学，崇尚真理，尊重规律，严谨踏实，不畏艰险，勇攀高峰；就要尊重知识、尊重人才，勤于学习前人的科学知识，善于与人协作，乐于奉献，将自己的聪明才智奉献给祖国和人民。科学精神是创新文化的核心，弘扬创新文化，关键是倡导崇尚创新、勇于探索、求真务实、尊重人才、团结协作的科学精神。科学普及不仅仅是让人们掌握一些知识，更重要的是培养人们的科学精神。科技的发展对人类文化、人类社会产生的影响远大于其对某一具体事物的影响。例如，哥白尼发现日心说，使人类从神学统治下解放出来，这个意义就远远大于发现“地球围绕太阳转”这一事实本身。因此，通过普及科学精神，可以引导人们奋发图强，积极向上，促使人们牢固地树立正确的世界观、人生观和价值观，激发人们创造性地进行社会实践活动。

最后，将创新精神纳入科普教育体系之中，是培植创新文化的关键环节。创新文化的形成和传承依靠创新人才。创新文化与创新人才之间构成相辅相成、相互促进的关系。而在两者的互动关系中，科普教育起着重要作用。良好的创新文化环境的形成很大程度上是教育潜移默化的结果。无论在培养高素质的劳动者和专业创新人才方面，还是在提高创新能力及提供知识和技术创新成果方面，教育都具有特别重要的意义。如何在教育中最大限度地激发被教育者的积极性、主动性和创造性等是从事创造性工作所必备的独特精神品质，需要进行顶层设计。只有将创新精神融入教育，鼓励和引导大众参加丰富多彩的科普活动和社会实践，才能弘扬和发展创新文化，为全社会营造良好的创新文化氛围。

案例 17-1　优秀科普作品改变人类世界观——基于萨根的科普作品

1934 年，卡尔·萨根(Carl Sagan)出生于纽约布鲁克林区的一个普通家庭。1996 年 12 月 20 日，萨根在西雅图的弗莱德·哈金森癌症研究中心因肺炎病逝，年仅 62 岁。萨根在他短短的人生里，做出了非凡的成就。1951 年，他考进芝加哥大学攻读物理学。1956 年，他获得了物理学硕士学位。1960 年，他获得了天文学和天体物理学的博士学位。毕业后，萨根曾在哈佛大学任教。去世前，萨根是康奈尔大学的天文学教授、世界著名的科普作家。

萨根一生出版了大量科普文章和书籍，被称为“大众天文学家”和“公众科学家”。主要科普作品包括《超时空接触》《宇宙》《布卢卡的脑》《被遗忘前辈的阴影》《黯淡蓝点》《数以十亿计的星球》等。他主持过电视科学节目，《宇宙》系列电视节目在全世界引起热烈反响，《伊甸园的飞龙》获美国新闻界最高荣誉——普利策奖。

萨根的科普作品往往具有深厚的人文情怀，让我们看到了科普的目的不在于向人们传递知识，而在于使人们思考人类和地球的命运。

科普作品的主要使命是训练科学思维、传播科学精神、普及科学方法。对科普作品来说，很重要的一点是激发人的兴趣，让人有探索的欲望，从而引导读者去探索。萨根对未知世界的一切都充满好奇，他的科普作品中蕴含着浓厚的探索情节。反观很多科普作品，大多是在为科普而科普，侧重于具体知识的传递。而事实上，知识没那么重要，因为知识的更新速度很快，未来某天可能就会过时，即便不知道这些具体知识也不是什么问题。但作为人类，一定要知道的是，你所处的世界非常大，未知非常多，找到你感兴趣的事物，然后去理解它。

萨根的科普作品在世界范围具有很大的影响力，他所传递的探索精神影响了一代又一代人。萨根逝世后，美国天文学会行星科学分会为纪念他而设立了“卡尔·萨根奖”。

由此来看，科普作品不仅传授科学知识，而且普及科学方法，培养科学思维，弘扬创新文化，传播科学精神。优秀的科普作品不在于向读者或受众灌输多少知识，而在于能否改变或影响读者的人生观、世界观和价值观。

17.2 科普传播创新文化

在科普研究中，科学普及、公众理解科学、科学传播是关于科普内涵常用的 3 个概念。在科学传播中，科学知识并不是唯一的甚至也不是最重要的传播对象。公众理解科学，要理解的不仅是科学知识，而是对于科学这种人类文化活动和社会活动的整体的理解，还包括更为抽象一点的如科学精神、科学思想、科学方法，具体一点的如科学史、科学与社会的关系等。所以，科学文化传播包括普及科学知识、提倡科学方法、传播科学思想、弘扬科学精神等方面，其目的是提高公众科学素养。因此，科普不仅普及科技知识，而且普及科技文化，尤其强调历史、哲学等人文知识应该纳入公众对科学文化的理解中来。这大大促进了科技创新的文化在全社会的传播和互动。

科普是传播创新文化的重要手段。一方面，通过优秀的科普作品传播创新文化。科学技术的传播与普及在内容上能够为优秀文化作品的创作提供充足的养分。国内外许多深受大众喜爱的文化作品就源自科学内容与其他文化的结合。例如，《十万个为什么》等为广大人民群众耳熟能详的佳作，以生活中生动的故事为原型向广大受众传播科学知识、展现科学魅力；近年来不断上演票房神话的好莱坞科幻大片，如《阿凡达》《变形金刚》等，亦都贯穿着宇宙探索、人工智能乃至天人和谐等一系列当代前沿科学技术主题的探讨与思考。另一方面，科学技术的传播与普及在方法上能够为优秀文化作品的创作提供有力的科技支撑。优秀文化作品的创作与传播需要与先进的科学技术展示手段结合起来，才能为大众广泛喜爱、接受，并且成为大众文化的有机组成部分。

在当前科技与文化日益融合的时代，文化创新离不开科学技术的广泛运用，科学技术的广泛运用又离不开科技传播与普及工作的不断深入与推进。在此意义上，科学技术传播与普及工作不仅是一项关乎国家科技创新的基础工作，而且是关乎创新文化建设的基础工作。公众科学素养的提高不仅关乎公众文化的内容建设，而且关乎公众文化传播内容与展示手段的双向创新与发展。因此，采取措施促进科技与文化有机结合，以科普传媒促进创新文化传播，以创新文化促进科普形式创新，进而推动科普传媒与创新文化互动发展，这无疑将是创新文化培育与发展的重要动力之源。

随着信息技术、虚拟现实技术等高新技术的发展，科学文化传播的方式也发生了改变，以往的由科学家到公众的单向的传播过程，变为互动的、体验的传播过程。因此，在科普传播过程中，需要积极创新科普形式，搭建针对少年儿童、老年人等各类人群的科普服务平台。例如，对于少年儿童，可以通过科普图书、科普动漫、科普影视、科普文艺演出、科普体验类项目等形式，普及科技知识、科学思想、科学方法、科学精神，宣传科学家与优秀工程师、杰出创业人才的成长历程和典型事迹，为少年儿童提供优质的精神食粮，扩大他们的知识视野，激发他们对科学的热爱。针对老年人，可以通过举办科普文化旅游等活动，丰富老年人的健身活动和文化生活。科普知识可聚焦节能环保、食品安全、减灾防灾、气候变化、科学健身等热点问题，以提高受众的理性认知水平，倡导健康文明的生活方式。针对所有受众，可以通过举办科技咨询服务、科普知识大赛、科普讲堂、科普文艺演出、科普读书日等活动，促进公众理解科学、热爱科学、支持科普事业的发展。

17.3 科普促进文化创新

随着时代的发展与进步，科普具有越来越强的文化属性。科普不再简单地被看作是一种知识的灌输与普及，多元、平等、开放、互动等诸多文化新内涵被赋予在新时代的科普中。这在一定程度上促进了文化的创新与发展，主要体现在以下几个方面。

第一，科普场馆是创新文化的策源地。自从出现近代意义上的科技馆、博物馆以来，科技馆、博物馆就一直是探究高深学问的场所，是追求高深知识的优秀人才的集中地。随着时代的发展。科技馆、博物馆因具备相对优厚的科研条件和与生俱来的研究本性，不断推进科学研究的发展，逐步成为各国文化事业发展的核心力量，并通过向社会提供创新人才和加强科研的实用性转化，不断增强服务社会的功能。无论是科技馆、博物馆的发展历史还是现实数据显示，都证明了科技馆、博物馆在新知识、新理论、新科研产生领域具有无可辩驳的重要地位。承载知识、传播知识、创造知识是科技馆、博物馆建立的原因，也是科技馆、博物馆的价值体现，传承是为了更好地将知识应用于实践，推陈出新，更好地创造新知识，并将其应用于新的实践。新知识、新理论、新科研是创新文化的外在表征，没有这些物化的创新成果，创新文化就失去了得以传承的载体。科技馆、博物馆是创新文化的策源地。这是科技馆、博物馆自身的性质及时代赋予科技馆、博物馆的重大使命。

第二，科普创作有利于创新文化的形式。科普创作是用通俗的语言、文字和图画，深入浅出地介绍深奥的科学技术知识和原理，以向广大群众普及科学技术，传播科学思想和科学方法，弘扬科学精神。科普创作为科研成果的普及和推广搭起了面向公众的桥梁，是一个再创作的过程；同时，科普创作又与科学技术研究结合在一起，是科普工作的源泉和基石。例如，广东一位昆虫研究领域的科技人员，在创作科普文章《抗药害虫及其防治》时受到启发，想到用植物鱼藤提取物研制新型杀虫剂的方法，从而研制出了高效、低毒、安全、经济的新型植物杀虫剂，为防治抗药害虫开辟了一条新路子①。可见，在科技普及和科普创作过程中，经过对科研成果的总结和深入思考，可以启迪科研人员另辟蹊径、提出新的科研课题并取得新的科研成就。这说明，科普创作对于促进科技创新和推动科技进步具有积极作用。

第三，科普活动丰富了群众文化活动的内容。群众文化活动的主体是广大人民群众，主要内容是以群众娱乐为主，主要目的是提高人民群众的精神文化生活水平。近年来国家大力加强社会主义建设，积极发展群众文化活动，促进公众实现健康积极的文化娱乐生活，全面增强公众自身的文化素养。快速发展的科学技术，扩大了群众文化的活动领域，使公众有更多的时间和空间进行各种类型的文化活动；另外，科技发展也能够带动群众文化活动的内容和方式不断更新，从社会认知的角度为群众文化发展提供良好的前提和基础。一是科普设施能够创新群众文化活动的载体。大量的科普展品，内容丰富，包括数学、化学、自然生物、物理科学等各个学科的知识，直观展现了当下最新的科技手段。不同类型的高端科学技术通过直观的展览演示，能够使公众深入接触和体验，为群众文化活动提供了新途径。通过科普

① 吴伯衡. 科普创作与创新文化//任福君. 中国科普理论与实践探索——2010 科普理论国际论坛暨第十七届全国科普理论研讨会论文集. 北京：科学普及出版社, 2010: 41-44.

设施将抽象的科学技术直观地进行展示，提高公众在科技方面的学习兴趣，增加公众的科学知识水平，提高其自身的科学素养。二是科普活动能够丰富群众文化活动的内容。例如，定期开展各种专题讲座或者展品讲解。大部分科技馆的展品主要以故事情节和知识点为中心，围绕中心点进行多种展品展览。相关讲解人员应该重点针对特色展品进行详细讲解，提高观众的参与兴趣，从展品讲解中传播科技知识。同时也可以举办一些科普剧和科学实验等，采用宣传表演的方式对大众宣传科技知识，通过舞台表现反映当下的热点问题，给科普活动增加一定的趣味性，积极与群众互动，实现寓教于乐，扩大群众文化活动范围，不断提高群众的科技文化素质。举办各种科学性实验活动，深入研究日常生活中的细节问题，通过舞台表演展示的方式，进行互动交流，不仅能拉近群众和科技馆的关系，同时也能够增加公众对科技知识的认知程度。三是科普宣传活动能够满足群众文化发展的需求。通过利用科技馆对公众免费开放、流动科技馆定期展览和科普大篷车等形式，充分发挥科普设施等的科普功能，满足公众的科技文化需求，能够有效解决基层科技教育资源相对短缺的问题，能够为偏远落后地区的群众提供良好的科学实践机会，大大提高基层群众对科技文化的兴趣，有助于带动基层群众树立科学理念，积极宣传科学精神，促进创新文化的培育与发展。

案例 17-2　城市科学节丰富群众文化活动内容

城市科学节作为一个活泼前卫的时尚科学活动形态，已越来越为世界众多国家所广泛采用。目前，每年全世界共有 30 多个国家举行 100 多个科学活动。其在传递前沿科技、引发公众主动探究科学精神和科学思考、有力提升公众科学素养方面起到了积极作用。城市科学节从 2014 年首次登陆中国以来，已连续举办 5 届，每年都吸引了来自世界近十个国家的科普活动组织、科学机构带来丰富的科学体验活动。

2018 年 7 月，第五届城市科学节再次在北京展览馆举办。现场设立青少年人工智能馆、科学教育体验馆、动手工作坊、科学主题秀场、科学竞技场、科普大讲堂、阅享科学馆、科学创意市集、科学游乐园九大活动板块，现场还安排了亲子科学阅读、科学地标定向搜索、科学马拉松闯关、创客课堂等内容，共同营造一个暑期家庭科学欢乐谷。为了让众多孩子走进科学的奇幻世界，本次展览在场馆设计上颇具匠心，如融合了虫洞、星球等元素的“外太空”场馆让人耳目一新。展览中不仅有时下最热门的人工智能表演，还有航空飞行模拟、互动实验等内容。我国月球探测工程首席科学家，被称为“嫦娥之父”的欧阳自远先生作为“星际领航员”亲临 2018 童博会现场，带领众多孩子一同探索宇宙空间的未知奥秘。美国著名化学科普作家格雷博士、耳朵里的博物馆的张天杰、中国科学院物理研究所研究员吴令安等科学大咖也带来了精彩的讲座，让众多孩子领略科学之美。

第 18 章　科普助推创新制度环境形成

18.1　科普宣传促进创新政策传播

科普宣传是指通过多种社会教育活动、多种媒体对科学知识、科技政策进行传播，以此达到提高国民科学素质的，以及在广大人民群众中营造出一种“热爱科学、理解科学”的浪潮。开展科普宣传工作，既能够提高公众的科学素质，又能够对科普宣传参与者产生积极影响，对于促进科技创新政策的传播具有重要的现实意义。

首先，加强科普宣传有助于落实科普相关政策。国家高度重视科普宣传工作，出台了《中华人民共和国科学技术普及法》《全民科学素质行动计划纲要(2006-2010-2020)》等科学普及相关政策法规。加强科普宣传，能使全社会和广大公众认识到科普的重要性，使广大公众都参与到科普中来。加强科普宣传，能使人们把科学的思想和技术运用到生产生活实际中去，使其对科学的思想、科学的技术方法有新的认识，并逐步地向学科学、懂科学、用科学的方向迈进，对推动科技进步、促进现代化进程起到了积极的推动作用。加强科普宣传，可以让全社会摒弃陋习、树立新风，共建科学、文明、健康的新生活。

其次，加强科普宣传有助于落实科技创新相关政策法规。我国出台了《国家中期科学和技术发展规划纲要(2006—2020 年)》、《中华人民共和国科学技术进步法》(新修订)、《国家创新驱动发展战略纲要》等科技创新相关政策法规。科技创新政策的实施与落实，一方面源自政策法规本身的科学性、可操作性，另一方面在很大程度上取决于人民群众的理解和接受程度。加强科普宣传，有助于贯彻落实党和国家制定的有关科技创新的政策法规，可促进科技创新资源的整合利用，使公众更好地理解科技政策法规。

最后，加强科普宣传有助于提高公众科学素质。科学素质是公民素质的核心内容，提高全民科学素质，关键在于提高重点人群的科学素质。科普活动是需要广大人民群众广泛参与的宏伟事业，广大人民群众既是科学普及和科学素质建设的受益者，也是科学普及和科学素质建设的宣传者和参与者。通过各种媒体，加大科技知识在全社会的传播速度和覆盖广度，有助于广大人民群众了解必要的科学技术知识，掌握基本的科学方法，树立科学思想，崇尚科学精神，提高科学素质，进而促进公众理解科学及科技创新政策。

随着信息技术的发展，科普宣传部门要充分认识到互联网、新媒体的重要性，要进一步拓宽思路，转变科普宣传的理念，由被动转向主动，由保守转向开放。建立科普网站，通过网络第一时间普及科普知识、科技创新政策，树立社会形象，建设科技宣传阵地。

案例 18-1　科普基地：科普工作的主要阵地

北京坐拥丰富科技资源优势，不仅要当好创新发展排头兵，通过建设一个个科普基地，在科学技术普及方面也要振翅高飞。截至目前，北京科普基地达 371 家，包括科普教育基地 313 家，科普培训基地 10 家，科普传媒基地 31 家，科普研发基地 17 家。逐步形成“自然科学与社会科学”互为补充，“综合性与行业性”协调发展，“既面向社会公众又面向目标人群”，门类齐全、布局合理的科普基地发展体系[①]。

科普基地通过特色科普，让社会公众与科技零距离接触，不用走出社区就能听到科普专家的讲座，遍布全市的科普基地不断地更新着展品和开展着不同主题的科普活动，每年的“科普之旅”线路让不知道去哪儿玩的你实现边玩边学的游学梦想等。北京市科普基地正在用丰富多彩的特色科普吸引越来越多的市民感受科技的魅力。

① 科普基地：科技创新中心建设的坚实基础和重要载体. (2017-04-25)[2017-12-20]. http://www.xinhuanet.com/tech/2017-04/25/c_1120868349.htm.

北京自然博物馆“科普进社会”活动，通过形式多样、精彩纷呈的科普宣传教育活动，让广大青少年和科学爱好者更全面、更深入地学习自然科学知识；中国科学院心理研究所开展的心理学科普巡展，让参观者从多角度认识了解心理学及其在生活中的应用；等等。围绕科普基地、科普体验厅开展的特色科普活动琳琅满目，北京科技周等大型活动也不乏科普基地的身影。

此外，每年一个主题的系列科普之旅活动由众多科普基地参与，从北京一地到京津冀三地协同，这一科技内涵浓郁的休闲娱乐新体验成为度假充电的好选择。仅最近4年间，各科普基地就设计推出北京一日旅游线路90条，京津冀两日、三日游线路27条，路线点接待游客累计上亿人次。

围绕科普基地开展的特色科普活动还有很多，北京科普基地建设也正向多元化、体系化深度推进。科普基地创新科普形式，整合分散资源，使服务基层的活动实现了常态化、精品化、高效化和规模化，形成了科普基地无缝对接基层、服务首都市民的社会氛围，增强了市民爱科学、讲科学、学科学、用科学的热情。

18.2 科普提升制度的科学性

科普是提高国民科学素质的重要手段，有利于提升制度的科学性。制度的科学性，是制度务实有效的基础和前提。只有遵循科学性的原则来设计与制定的制度，才能发挥应有的规范、约束与调控等作用，才能真正促进科技创新和经济社会发展。随着经济社会和科学技术事业的不断发展，科普对提升制度的科学性的作用日益明显，主要体现在以下几个方面。

首先，科普提升领导干部和公务员的科学素养。领导干部和公务员的科学素质水平将直接影响到决策科学化、民主化和科学执政、科学管理，而且对提高全体公民科学素质也有着巨大的示范效应和影响。提升政策制度的科学性，关键在于不断提高领导干部和公务员的素质和能力。提高领导干部和公务员的科学素质是实现科学决策的前提和基础，是促进科技创新和经济社会发展的迫切需要。科学的政策制度对科技创新与社会经会发展有着重要的激励和促进作用。加强对领导干部和公务员的科学普及，不断提高领导干部和公务员的科学素养，对提升制度的科学性具有重要意义。

其次，科普提高政策制度的科学决策与执行水平。科普普及的不仅是科学知识，而且还包括科学精神、科学思维和科学方法。对政策制度的制定与执行者而言，比科学知识更为重要的是科学思维和科学方法。只有透彻了解科学的本质，才能从根本上确立客观看问题的基本立场和观点，树立正确的人生观和方法论。如果不了解科学研究的本质，不了解科学研究的方法和过程，就不可能防止伪科学和迷信，就不可能真正具备科学思维和科学精神，就容易受别人的迷惑，在大是大非面前站不稳脚跟，甚至误入歧途。科学方法作为思维方式，本身蕴含着巨大的智力价值，政策制度的制定与执行者只有将其内化为自己的思维和行为方式，才能更透彻地了解世界、辨别是非、把握客观规律，有利于他们的智力特别是创造能力的发挥，最大限度地提高其个人素质，使在工作中能严格按科学规律办事，不断提高科学决策与执行水平。

最后，科普促进公众参与公共政策。随着政治民主化、社会多元化的推进，公众参与在公共政策执行过程中扮演着越来越重要的角色。它对增强政策的合法性与认可度，强化权利的监督与制约，促进社会稳定等具有重大作用。政策制度的制定与执行，如《中华人民共和国促进科技成果转化法》《中华人民共和国环境保护法》等，绝不只是一个政府工程，而是需要全社会的参与。政策制度的执行效果，也关系到科技进步和城市发展的成果是否惠及民生，是否能促进社会和谐和公众福祉。因而大量的公共政策议题，或者针对科技发展，或者涉及科技进步，特别是一些重大决策，可能对社会、环境、民生造成负面影响，需要公众的关注和民主参与。随着社会的进步，现代社会的公民意识日益增强，公众更加关注社会公共事务，具有更加强烈的参与公共决策、监督和管理的意愿。因此，运用科学传播和普及的手段，提高公众科学素质水平，促进公众对科技发展的认知，提高公众对公共政策的参与程度就显得非常必要。

案例 18-2　公务员科学素质大讲堂开讲

“北京市公务员科学素质大讲堂”是北京市人力资源和社会保障局、北京市科学技术协会在全市公务员中开展科学素质提升工程的重要活动，旨在通过讲座使广大公务员进一步理解科学发展、科技进步的重要意义，促进公务员全面提升科学素质和科学管理水平，为提高全民科学素质发挥示范引领作用。

此外，北京市人力资源和社会保障局和北京市科学技术协会组织包括两院院士在内的各领域专家、学者，根据各区和市各委办局的实际情况，进机关、下基层开展科普培训，内容涉及科学精神、科学思想、科学方法、科学知识、科学决策与科学管理等方面。在开展大讲堂的同时，主办方还适时开展不同形式的科学素质竞赛活动，持续推进公务员科学素质的提升。

“北京市公务员科学素质大讲堂”活动已连续开展 9 年，有效提升了公务员的科学素质。通过对“一带一路”、京津冀协同发展、创新驱动等热点专题的讲解，进一步增强了公务员在科技创新意识和科学管理上的能力。

第 19 章　科普优化创新服务体系

19.1　科普提高政府服务效能

2016 年 6 月，“科技三会”上明确提出要把科学普及放在与科技创新同等重要的位置。2017 年 6 月，科学技术部、中央宣传部印发《“十三五”国家科普与创新文化建设规划》，表明科学普及在新时期被赋予了更为重要的意义。长期以来，我国的科普工作主要由政府部门主导，国家科普资源开发和共享集中定位于《全民科学素质行动计划纲要实施方案(2016—2020 年)》中的“科普资源开发共享工程”，具有鲜明的政府视角和立场。国家“科普资源开发共享工程”设定有鼓励原创、推动转化、加强集成、建立平台、发展产业五大目标，由国家自然科学基金委员会、中国科协、科学技术部、教育部、中国科学院等多个部委及科研院所分工负责，大大提高了政府的科普服务效能。当前，为顺应我国基本实现现代化和全面建设小康社会的新形势、新任务、新要求，各级政府利用发展科普事业的契机，提高政府服务效能，整合全社会科普资源，积极构建社会化科普大格局，普及科学知识，弘扬科学精神，提高全民科学素质，我国的科普基础设施能力、传播能力、组织能力和资源整合能力显著提升，科普活动品牌特色逐步彰显。科普提高政府服务效能主要体现在以下几个方面。

(1)着力建设科普主阵地，健全完善科普基础设施服务体系。首先，为了健全完善科普基础设施服务体系，各级政府启动科普场馆等基础设施建设。有些省(自治区、直辖市)政府规划建设省(自治区、直辖市)科学中心，建设以科学知识传播中心为主体，集省(自治区、直辖市)级学会科技创新服务、科普事业与产业产品研发、集成、物流、配送、科研学术交流和教育培训等多功能于一体的服务中心。其次，推进市县科普场馆建设。有些省(自治区、直辖市)政府提出按照规模以上的大城市要有综合性、现代化和有地方特色的科普场馆的要求，大力推进市县科技场馆建设，增强基层科普服务能力。深入实施社区科普益民行动计划，积极建国家级科普益民社区。最后，整合运用社会科普资源。有些省(自治区、直辖市)政府成立省(自治区、直辖市)科普场馆协会，依托高校、科研院所、企事业单位、科普旅游等资源，积极建设国家级科普教育基地。例如，苏州整合180家县级以上科普教育基地，形成特色科普旅游专线。常州中华恐龙园、嬉戏谷科普旅游人数超千万人，成为青少年培养科学素质教育的重要阵地。

(2)大力拓宽主渠道，提升科学普及传播能力服务体系。首先，强化政府主流媒体的宣传服务力度。充分发挥电视台、电台、报刊杂志、城市电子显示屏、手机报、互联网等宣传媒体传播科普作用。有些市县党报党刊、地方频道科普宣传基本实现全覆盖。其次，创新传播服务方式，深入开展国际科技连线。有些市县举办“科技咖啡馆”“科普新干线”等流动科技馆覆盖各中小学校。建设学校数字科技馆，创新开发“小百科”等科普形象卡通片，并通过公交视频、居民楼宇显示屏播出，取得很好的科普宣传效果。最后，大力建设社会化科普网络服务体系。充分整合利用社会资源，鼓励引导高校、科研院所、各级学会、科技工作者从事科普宣传，推广新技术、新知识、新成果，构筑多层次、立体式、全覆盖的科普服务工作新格局。

(3)持续培养科普主力军，夯实基层科普组织体系。首先，打造现代科普品牌。建立提升政府相关部门服务科技创新能力专项，积极引导科普学会开发多层次、富有特色、广受欢迎的科普展教品，大力创作青少年喜欢的科普读物。例如，江苏举办青年科学家年会、长三角科技论坛、自然科学学术月等活动，共邀请126位院士专家，举办高端报告会近百场次，科普受众达10多万人。其次，引导强化高校利用其科技资源优势参与科普事业。组织各高校参与科普周、科普日、高校开放日活动，激励壮大大学生科普志愿者队伍。最后，发挥乡镇(街道)政府相关部门促进科普事业发展的基础作用。积极建设全国科普示范县(市、区)，逐步深入开展省级科普示范乡镇(街道)创建，大力实施基层科普行动计划。健全大学生村干部科普队伍，充分发挥大学生村干部在农村科普工作中的重要作用。有些省(自治区、直辖市)实施科技专家兴农富民工程，实现农民年增收快速增长。

总之，在政府部门主导的科普发展阶段，通过大力发展科普事业可以提高政府服务全社会的效能。目前，政府与社会科普资源共建共享是我国科普资源开发的一种基本运作方式，科普资源开发模式也呈现出“内容共建+资源共享”的基本特征，科普资源共建共享体系可以在一定程度上促进科普资源建设的规模化发展。在内容建设方面，科普人才培养、科普图书、期刊创作和基础设施建设是政府科普部门的主要经营服务体系和服务方向，展品资源建设主要依靠政府委托开发或直接购买等方式。我国科普资源共享主要包括以下模式：虚拟化科普信息资源共享，如中国数字科技馆；科普产品资源共享，如上海市电子科普画廊片源交流共享平台[①]；活动综合信息资源共享服务体系，如科技馆活动进校园；展品资源共享，如中国流动科技馆、科普大篷车等。当然，在信息化和社会化科普模式中，应更多依靠技术和社会的力量，致力于解决科普资源开发中存在的原创程度低、专业水平低、技术含量低等制约我国科普公共服务能力的根本问题，并以此作为新时期科普资源开发的突破方向。

案例 19-1　北京“十三五”科普规划：打造科普平台

《北京市“十三五”时期科学技术普及发展规划》(简称规划)提出要坚持“政府引导、社会参与、创新引领、共享发展”的工作方针，北京科普工作要站在大视野、大科普、国际化的高度，以建设国家科

① 丁刚，吴华刚. 我国典型地区科普资源共建共享的成功经验概述. 长春工程学院学报，2011，12(4)：39-42.

技传播中心为核心，以提升公民科学素质、加强科普能力建设为目标，以打造首都科普资源平台和提升“首都科普”品牌为重点，着力提升科普产品和科普服务的精准、有效供给能力，着力加强新技术、新产品、新模式、新理念的推广和普及，着力推进“互联网+科普”和“两微一端”科技传播体系，着力培育创新文化生态环境，激发全社会创新创业活力，为全国科技创新中心建设提供有力支撑。

规划提出到2020年，全市公民具备基本科学素质比例达到24%，人均科普经费社会筹集额达到50元，每万人拥有科普展厅面积达到260平方米，每万人拥有科普人员数达到25人，打造30部以上在社会上有影响力、高水平的原创科普作品，培育3个以上具有一定规模的科普产业集群和5个以上具有全国或国际影响力的科普品牌活动。首都科普资源共建共享机制形成，公众获取科普服务的渠道更加便捷。新技术、新产品、新模式、新理念推广服务机制建成，科普信息化、产业化程度不断提高。首都科普资源平台的服务能力显著增强，科普工作体制机制不断创新，科普人才队伍持续增长，科普基础设施体系基本形成，科普传播能力全国领先，创新文化氛围全面优化，科普产业初具规模，公民科学素质显著提高，“首都科普”的影响力和显示度不断提升。建成与全国科技创新中心相适应的国家科技传播中心，

规划建设以“互联网+科普”为核心，以传播知识、传播精神和传播文化为理念的首都科普资源平台。调动国家和北京市重点实验室、工程实验室、工程（技术）研究中心、重大科技基础设施等科研条件资源，挖掘新技术、新产品、新业态等科技成果资源，促进科普基地、科普产品、科普影视、科普图书等科普资源面向全社会开放共享，建立畅通的服务渠道和开放共享机制，形成系统化、网络化、专业化的科普服务体系。重点实施“科普惠及民生、科学素质提升、科普设施优化、科普产业创新、‘互联网+科普’、创新精神培育、科普助力创新、科普协同发展”八大工程。

为配合重点任务的实施，规划提出了创新科普体制机制，加强工

作协作联动；完善科普政策法规，优化科普创新环境；优化科普投入机制，引导社会广泛参与；加大科普宣传力度，构建立体传播体系；建立监测评估机制，确保重点任务实效等五项保障措施和制定了具体的任务分工①。

19.2　科普提升社会服务能力

从科普功能定位方面看，科普能够大大提高社会的服务能力，科普活动应包括所有科学内涵，主要指科学思想、科学精神、科学知识及科学方法等。科学普及除了向公众传播生产技术和科学知识外，还要从科学方法、科学思想和精神理念等方面，指导人民群众全面掌握科技知识，理解科技的本质所在，从而使公众能够提高自身科学素养，树立科学的处事态度，用科学的方式观察问题，用科学的方法解决生活、工作、学习中出现的各种问题。科学知识具有强大的力量，科学的精神和思想能够指导公众树立正确的道德观、世界观和人生观，养成良好的思维习惯。当今社会，科学技术出现功利化倾向，科普活动应该指导公众正确理解科学的本质，将科学精神、科学思想、科学态度和科学方法全面融入公众的文化生活中。

科普提高社会服务能力主要体现在科普活动对群众文化活动的积极作用方面，具体如下所述。

(1)科普设施能够创新群众文化活动的服务载体。现代科技馆中拥有大量的科普展品，展品内容丰富全面，包括数学、物理、化学、自然生物、气象科学、航天等各门学科的知识，直观展现了当前最新的科技手段和科学成就。不同类型的高精尖科技通过直观的展览演示，能够使公众深入接触和亲身体验，为群众文化活动提供了全新的方式方法。科技馆中的科普设施具有较强的实际操作性，群众可以亲自动

① 北京市科学技术委员会. 北京市科委发布本市“十三五”时期科学技术普及发展规划. (2016-06-23)[2016-06-24]. http://kw.beijing.gov.cn/art/2016/6/23/art_362_31319.html.

手，亲身参与，互动体验效果较好。通过科普设施将抽象的科学技术和科学知识直观地进行展示，有效增强公众对科技方面的学习兴趣，增加公众的科学知识，提高其自身的科学水平和基本素养。现代科技馆中还有部分临时展览，主要是对科技馆的展览内容进行补充和完善，根据当前社会科技热点和焦点进行有针对性的科技专题展览活动，从科技角度深入分析当下的热门话题，促使人民群众能够采用科学的方式看待现实问题并科学有效地解决问题，在满足公众自身文化生活的基础上，能够全面提高公众的科技文化水平。通过这种针对性的临时展览，不仅能够发挥科技馆科普展览自身的教育作用，同时也能有效促进群众对科技文化进行传播。

(2)科普活动能够不断增加群众文化活动的服务内容。目前，我国科技馆都定期开展各种各样的科技专题讲座或展品讲解，大部分科技馆的展品主要以科技发展中的故事情节和新知识产生为中心，围绕最新科技和创新知识中心点进行多种展品展览。一般情况下，科技馆相关讲解人员重点针对特色展品进行详细讲解，提高观众的兴趣、求知欲和参与度，从展品讲解中传播科技知识。同时也举办一些科普剧和科学实验等活动，采用宣传表演的方式对大众宣传科技知识，通过舞台表现反映当下的科技热点问题，给科普活动增加一定的趣味性，这样可以与群众积极互动，实现寓教于乐，扩大群众文化活动范围，不断提高群众的科技文化素质。举办各种科学性的实验活动，深入研究人民日常生活中的科技和知识细节问题，通过舞台表演展示的方式，进行参与者互动交流，不仅能拉近科普受众和科技馆的关系，同时也能够增加公众对科技知识的认知程度。

(3)科普宣传活动能够持续满足群众的文化发展需求。利用科技馆对公众免费开放的巨大优势，提高科普服务理念和服务质量，充分发挥科技馆的科普功能，满足公众日益增长的科技文化需求。从科普服务质量方面看，应坚持以人为本的中心思想，即科技馆应以科普受众为中心，在科普相关人员具备优良的专业素质的基础上，在科普服务过程中丰富科普内容、有效提高科普服务质量，使科技馆能够全面有效地向公众传播科技文化知识。从服务时间方面看，应综合考虑公众参加科技文化活动的集中时间，针对学生寒暑假、国家法定节假日及日常周末休息等时间向科普公众及时提供科普服务。从服务需求方面看，应针对不同年龄段、不同学历科普群众知识文化水平的不同，设置相应水平难度的科普活动，从而能够确保各类受众群体都能受到良好的科普文化服务。

(4)流动科技馆工程能够加强基层群众文化发展。通过流动科技馆定期展览和科普大篷车等多种形式，能够有效解决地区和基层社区科技教育资源相对短缺和不足的问题，为偏远落后地区的群众提供良好的获取科学知识的实践机会，大大提高基层科普受众对科技文化的兴趣，有助于带动基层群众树立科学理念，积极宣传科学精神。科普大篷车具有质量轻、体积较小的特点，方便日常活动转移，能够帮助偏远地区的群众近距离体验和感受科技，使其充分认识到科技的价值，有利于基层群众文化的良好发展。

目前，在现实科学普及的过程中，大部分科普活动过于单纯重视科学知识的普及，不同程度地忽略了科学精神、科学理念等思想方面的传播，导致科普受众的科学素养尚存在一定的失衡，对大众的生产和生活中产生了一系列的不良影响。因此，应进一步提高科普服务社会的能力，提高全社会科普活动的水平和质量，不断促进科普教育的良好发展。

案例 19-2　2018 年全国科普日

随着全球一体化时代的发展，加强科学技术普及教育，提高民族科学素质，已成为持续增强国家创新能力和国际竞争力的基础性工程。因此，广泛开展社会科学技术普及活动是推进我国科普工作的重要任务，是大力实施科教兴国战略、全面推进素质教育的重要举措。通过组织开展全国科普日活动标识、主题征集活动，在全社会进一步营造

“人人都是科普之人、处处都是科普之所”的良好氛围，激发全体公民学科学、爱科学、用科学的热情，为中国科普活动的可持续发展提供不竭的源泉和动力。

2018年全国科普日活动由中国科协、中央宣传部、教育部、科学技术部、工业和信息化部、中国科学院联合主办。北京主场在中国科技馆首次举办“科学之夜”活动，以科幻为主题，通过角色扮演、闯关探秘、VR体验等青少年喜爱的活动形式，将科学与艺术完美融合。设在奥林匹克公园区的北京科学嘉年华，包括国际科普、科技教育、智慧生活等12个主题展区，展示了来自11个国家的480余项科学互动体验项目。

在为期一周的全国科普日活动中，各地各有关部门广泛发动学会、高校、科研院所、中小学、科技馆、科普教育基地、企事业单位，组织开展基层科普联合行动、科普教育基地联合行动、校园科普联合行动、企业科普联合行动、网上科普日系列活动、科学传播专家团队行动、全国气象科普日活动、全国科普日学术资源科普化等一系列主题性、全民性、群众性系列科普活动。据统计，2018年全国科普日期间，各地各部门举办1.8万余项重点科普活动，线上线下参与人数达3亿人次。

总之，科学不仅是有趣的和崇高的，而且具有一种解放的力量。理性可以帮助人们从愚昧无知中摆脱出来，帮助人们冷静地观察这个世界。科学标志着一种批判的能力，这种能力帮助人类获得自由和进步。向公众传播科学，是人类自我解放的伟大事业在当代社会的延续。通过知识使人类获得解放，是现代人道主义的宣言。当今的科学塑造不断地改造着人类的世界，主宰和决定了人类的生产和生活方式，那些研究科学的科学家有责任向公众展示科学的真相。科学巨星以其丰富的科学积累和崇高的社会声望，在科学传播事业中具有特殊的、重要的作用。

19.3 科普整合各类服务资源

科技持续发展需要人民群众不断提高自身的科技文化知识水平，

而科普具有加强群众文化教育的功能，为公众实现终身教育和加强业务能力培训提供了科学方法。科技进步一方面可以使公众有更多的时间和空间进行各种类型的文化活动，另一方面能够带动群众文化活动的内容和方式的不断创新，从社会认知的角度为群众文化的发展提供了良好的前提和基础。群众文化的扩大发展同样对科技发展具有积极的推动作用，积极开展群众文化活动可以增加公众的学习积极性，提高人们的智能水平和对科学技术的理解能力。由此可见，群众文化活动的发展也会带动科技进步。

科普整合各类服务主要体现在：科普整合了政府的服务职能、科学技术协会的主要职能、企事业单位和其他社会组织承担的部分科普服务职能，以及媒体的主要业务职能。具体如下所述。

1)科普整合了政府的服务职能

政府是科普体系建设的主体。党和政府历来高度重视科技发展和全民素质的提升。邓小平同志早在 1980 年就提出“科学技术是第一生产力”的科学论断，表明了科学技术的重要性[①]。可以说，科普政策体系的建立，主要是以国家和各级政府为主体来推动的，政府对于科普事业的发展有着举足轻重的主导性推动作用。科普法律、法规、政策、制度的建立都必须符合国家的整体发展需要，能在国家的长期发展中起到推动作用，不能背离国家的发展和社会的进步。

我国公民基本科学素质调查发现，2005 年我国具备公民基本科学素质的比例只有 1.60%，至 2018 年，这个比例提高到了 8.47%，呈现稳步上升趋势，基本相当于发达国家和地区 20 世纪 80 年代末期的水平。这说明我国政府在推进全民科学素质建设上取得了显著成果，但与发达国家还存在一定的差距。我国各级政府对科普工作的重视程度和支持程度，直接影响着一个地区科普工作发展的进程和各项科普工作的推进速度，而目前我国各级政府在推进科普工作中还存在认知和重视程度的差异，这也造成了各地科普工作的地区差异和不均衡发展。

① 张金声. 从章程的臻备看中国科协的成熟——献给中国科协成立 50 周年. 科协论坛, 2008(8): 5-6.

2)科普整合了科学技术协会的主要职能

在我国科普组织体系中，科学技术协会是科普工作的主力军和直接管理服务部门，是在党和政府领导下的群众团体，《中华人民共和国科学技术普及法》明确指出：科学技术协会是科普工作的主要社会力量。明确了科学技术协会组织在全社会科普发展工作中的重要意义和主要作用。科普工作也成为科学技术协会组织的重点工作和主要社会责任，这也是其对政府职能的一种承接和代理。目前，全民科学素质工作领导小组办公室设立在中国科协，各级科学技术协会作为我国科普工作的主力军，对于我国科普工作的开展和全民科学素质的建设都起着不可忽视的推动和促进作用。科学技术协会通过监管和组织经常性的科普活动，对社会组织、企事业单位开展科普活动给予了支持和鼓励，协助政府制定科普工作规划、提供决策建议，开展科普设施、科普场馆建设等一系列推动科普事业发展的工作。推动我国科普事业的发展和全民科学素质的提高，是党和政府赋予科学技术协会的责任和义务。科学技术协会多年来一直协助各级政府加强和完善科普队伍建设工作。我国科普人员队伍在逐渐发展壮大。2017 年 6 月国家科普能力高峰论坛暨《国家科普能力发展报告(2006—2016)》指出，截至 2016 年，我国科普专职人员达 22.2 万人，比 2006 年增长 10.8%。从相对指标每万人拥有各类科普人员的数量来看，2015 年全国每万人拥有科普专职人员 1.6 人、科普兼职人员 13.3 人、注册科普志愿者 20.1 人，自 2006 年以来每万人拥有科普专职人员、科普兼职人员、注册科普志愿者年均复合增长率分别为 0.6%、2.3%、25.2%。2014 年年底，全国科技人力资源总量为 8114 万人，比 2006 年增长 87.4%；而科普人员为 201.23 万人，比 2006 年增长 23.9%。上述数据表明，我国科普人员数量稳步增长，从事科普工作的人员素质也在不断提高，尤其是科普志愿者的数量有了更为明显的增长，科普人员的结构也在不断地优化和完善。

3) 科普整合了企事业单位和其他社会组织承担的部分科普职能

当前，随着全社会更加重视科学知识，很多企事业单位开始发挥自身的专业科技优势，积极参与到科普工作中，开展社会性的科普宣传和科普教育工作，成立科普教育基地或开展科普知识讲座等活动，既为广大群众提供了更多了解科普知识的平台，同时也大大提高了企业的知名度和美誉度，实现了经济效益和社会效益的双赢。正是基于这一点，更多的企事业单位和社团组织参与到了科普活动中，对科普事业的发展起到了推动性的作用。

4) 科普整合媒体的主要业务职能

近年来，媒体正在逐步成为科普事业的主阵地，由于现代电视、广播、互联网和微信等各种通信媒体和社交媒体的快速发展，特别是互联网技术的极速发展，人们越来越依赖于网络和大众传媒来获取最新咨询和查找各类生产和生活知识，于是大众传媒也逐步成为人们获取科普知识的主要渠道甚至是关键渠道之一，并逐步代替传统的科普宣传手段，成了科普的主阵地。各大主流媒体，也不断响应政府号召，积极借助现代科技手段，根据群众对科学知识的需求，设立科普栏目、健康讲座，拍摄科普纪录片、科普电影等。各种以科普为主题的网站也不断涌现，大大方便了人们获取现代科学知识。随着科学技术的发展，人们对于科普知识的需求的增加也促使各类媒体更加重视科普栏目的质量，对科普事业的发展和全民科学素质的提高起到了很好的促进作用。

总之，在科学技术日新月异的今天，科普事业越来越受到全社会的关注，加强和完善科普体系建设是一个长期过程，只有科普事业整合各方面的服务优势资源和服务能力，党、政府、科学技术协会、企事业单位、媒体等共同努力才能完成。

案例 19-3　加强科普新媒体传播，服务辐射全国

1) “全国科技创新中心”微信公众号，主流叙述精准宣传

“全国科技创新中心”微信公众号，全面展示全国科技创新中心

建设布局与发展成就。该公众号就政策、改革、创新、支撑、平台、协同、人才、开放等方面设立专栏、开展专题报道。全年共推送 220 次、近 600 条信息，阅读总量达 37 万人次，长期关注人数达 1.1 万余人，其中关于市科学技术委员会人才工程的报道的单条阅读量就超过 3 万人次。受到科学技术部、各省市科技部门等科技创新相关单位的关注。公众号发布的内容被锐科技、中国科学院北京分院、中关村发展集团等 76 个公众号转发。据第三方机构权威统计显示，“全国科技创新中心”公众号在国内省市科技政务新媒体中整体排名全国第 8 位，在整体传播力、篇平均传播力、头条传播力和峰值传播力等核心指标上处于同行业领先地位，已形成立足北京、辐射全国的良好发展态势。

2）“科普北京”微信公众号，深耕公众号内容与功能

“科普北京”微信公众号以推动高端科技资源科普化、反映前沿科技相关的新技术新产品、发布贴近民生的公共科普信息、捕捉国际科技创新和科普发展动态为报道核心，不断拓展公众号线上线下活动抓手功能，相继开展了“走近科普基地”“科普图书在线阅读”“科普知识互动问答”等多种类型 70 余次线上线下活动。2017 年，该公众号共推送 520 条信息，全年阅读总量达 35 万人次，长期关注人数突破 2 万人，该公众号内容被“中国智慧城市导刊”“科学加”等公众号、“一点资讯”“今日头条”等第三方平台及网站转发。该公众号在全国的影响力不断提升。

3）平媒网媒融合并举，精准服务特定人群

基于市科学技术委员会阅报平台，开展平面媒体跟踪统计工作。工作主要包括：收集整理平面媒体新闻报道，展示全国科技创新中心建设优秀成果和进展；形成领导关注科技发展动态快报，为相关科技管理人员提供决策支持；科技传播案例库、科技传播动态信息库等多个专题特色库案例库涵盖北京、上海、广东等地区的典型科普案例；科技传播动态信息库涵盖北京、国内、国际 3 类科技动态信息。

第 20 章　创新环境促进科普跃上新台阶

科普要提高公众的科学文化素养和思想道德素养，推动物质文明和精神文明建设，从而使政府科技方针政策的贯彻落实更加畅通；推动经济发展和社会进步，改变人们的生产生活方式，进而提高全社会的创新能力，增强全民族的精神力量和竞争实力，促进科学技术更好更快的发展。另外，创新环境的优化又进一步促进了科普的快速发展。

20.1　创新文化提升科普文化层次

党的十八大从全面建成小康社会、实现中华民族伟大复兴这样事关民族血脉、人民精神家园的新高度，开宗明义地强调：文化是民族的血脉，是人民的精神家园。全面建成小康社会，实现中华民族伟大复兴，必须推动社会主义文化大发展大繁荣，兴起社会主义文化建设新高潮，提高国家文化软实力，发挥文化引领风尚、教育人民、服务社会、推动发展的作用。党的十九大报告提出：“坚定文化自信，推动社会主义文化繁荣兴盛”，“文化兴国运兴，文化强民族强”，“要坚持中国特色社会主义文化发展道路，激发全民族文化创新创造活力，建设社会主义文化强国”。文化创造源泉充分涌动对全面建成小康社会，增强全民族文化活力至关重要。

科普是一种具有文化特质的社会教育活动，它既是科学技术转化为生产力的纽带和桥梁，又是提高全民族科学文化素质的重要手段。通过文化滋养创新，创新文化推动科普文化发展，无论科普对象是谁，其文化素养如何，都乐于接受并深爱科普文化产品，这也是科普工作者为之不懈努力的缘由。

目前，我国每年的科普活动都围绕主题开展各种形式的活动，如举办学术(科普)讲座、开展大型科普宣传、科普进校园(社区)、开放科普教育基地、利用网络媒体出专栏、接受专访等。这一系列活动从形式、内容、规模等方面，加大创新投入，不断改进与创新，受众面广，影响力大，科普内容已被越来越多的人认知和关注，并受到好评，取得了良好的社会效益，在社会上产生了品牌效应。

每年全国各地的科普大会诠释最新科技主题的内涵和意义；科普专题讲座介绍科技的最新成果和新的理念；现代科技装备展介绍最新成果的应用和体现；开放科普馆、科普教育基地，让公众亲历最新科技给他们带来的各种感受和认知。这一系列科普活动不仅仅是科学知识的传播，更是科技文化底蕴的呈现，向社会展现最新科技的发展面貌、最新科技的成果，即创新文化推动科普文化的不断发展。

科普活动所显现出的成效已成为一种“新文化”现象，所展现的是现代知识、现代科技、现代生产方式、生活方式、现代艺术、现代思维和精神、信仰，这一切都符合现代文化的基本内涵。可以说不断地创新文化是科普文化能够持续发展的真谛和抓手。坚持用科技文化为引领，着力打造科技文化精品，大力推进科技知识普及工作，不断满足各族群众对最新科技信息的需求，使科技文化成为优质服务的精神积淀。

文化滋养创新。要坚持发展科普事业，通过出版科普读物、期刊，创办网站，创建科普教育基地，创新科普宣传形式和内容，可极大地提升最新科技知识宣传的力度和广度，成就公益性文化事业和文化产业，承载创新文化的精神，这就是文化的灵魂。

案例 20-1 “追梦起航——2017 全国航空科普文化季”活动走进北京三十九中

2017 年 5 月 8 日，由中国航空学会和中国人民解放军空军联合主办、未来星空科学俱乐部承办的“追梦起航——2017 全国航空科普文化季”活动走进了北京市第三十九中学(简称三十九中)。来自空军

93427 部队的“空军哥哥”张翼展、三十九中教师发展中心的胡文戈主任、未来星空科学俱乐部科学老师及初一、高一、高二的百余名师生参加了此次活动。

为了让更多同学参与到此次航空科普进校园活动中，学校老师根据不同年级学生的需求及爱好，特意安排初一的学生参加捐赠航模的制作，高一、高二的学生代表聆听航空知识和招飞讲座，并在两个年级施行同步转播。

初一的学生在日常学习中就参加了由未来星空科学俱乐部提供的航空社团课程，这次终于有机会把知识运用到实践中。一个个专心致志，认真操作。其实这一天初一的同学都在进行考试，此时他们是牺牲了午饭后的休息时间专门来做航模的。在检验成果的试飞环节，科学老师评价，从放飞的角度、力度等方面，各位学生都掌握到了诀窍，经过小组初赛、组间复赛、最终决赛的层层筛选，4 名学生最终脱颖而出，收获了荣誉和朋友的赞赏。

来自空军 93427 部队的“空军哥哥”张翼展为高一、高二的学生带来了《追梦蓝天——空军英雄人物事迹》精彩专题科普讲座。他结合国防动员教育，通过回顾中国航空发展史上一位位战斗英雄及其感人事迹，全面介绍了中华人民共和国航空事业发展和人民空军成长壮大的历程。

同时，张翼展向各位同学传授了军用飞机发展史和未来空战技术发展趋势等相关知识，通过形象直观的多媒体文稿、深入浅出的语言，把高精尖的内容讲得浅显有趣，各位同学听得津津有味。

活动最后，学生争先恐后地与“空军哥哥”合影留念，不仅是因为他的飒爽英姿，更是因为各位同学被以他为代表的空军战士的精神和力量所感染。今天他们在青青校园里留下珍贵的合影，更期待明天他们与我们一起在蓝天比肩翱翔。

20.2　创新制度是科普发展的保障

创新制度是科普发展的关键因素。科普事业的发展依赖于有序有效的管理体制和高效高能的科普运行机制，可以说两者已成为影响科普事业持续发展的关键因素。中华人民共和国成立之前，我国科普工作呈自发运行状态而未纳入政府职能范围。中华人民共和国成立之后，科普工作由国家科学普及局管理，1958 年后归入中国科协。1994 年发布《关于加强科学技术普及工作的若干意见》，1996 年建立了以国家科学技术委员会为组长单位，中央宣传部、中国科协为副组长单位共计 11 个单位参加的科普联席会议，统筹协调组织全国的科普工作。2002 年颁布《中华人民共和国科学技术普及法》，以法律的形式确立了我国的科普管理体制。《中华人民共和国科学技术普及法》第十三条提出，科普是全社会的共同任务。社会各界都应当组织参加各类科普活动。第十五条提出，科学研究和技术开发机构、高等院校、自然科学和社会科学类社会团体，应当组织和支持科学技术工作者和教师开展科普活动，鼓励其结合本职工作进行科普宣传；有条件的，应当向公众开放实验室、陈列室和其他场地、设施，举办讲座和提供咨询。科学技术工作者和教师应当发挥自身优势和专长，积极参与和支持科普活动。这些法律法规和制度为科普的大力发展和持续发展提供了强有力的保障和支撑。

创新政策能够营造科普的氛围。目前我国参与科普行为主体的市场化程度还不高，科普事业的发展缺乏足够的动力，需要进一步建立全社会创新资源参与的科普管理制度。要想建立适合我国政治、经济、文化传统特点的科普管理制度，就要建立全社会创新资源共同参与的科普体系，就要充分利用创新资源营造科普事业氛围，这是现代化国家的重要标志之一。要积极借鉴西方国家的科普市场运作方式，保证国家财政对科普的足够支持，鼓励企业、基金会和个人以风险投资的形式参与科普事业。例如，美国国家科学基金会每年将科普经费的 5% 用于科普人员的培训和培养工作，这种做法值得我国思考和借鉴。同时，加强科普机构之间、科普机构与媒体之间的交流合作，以促进科普资源的共享与集成，营造全社会参与和推动科普发展的良好氛围。积极借鉴发达国家建立调动社会主要创新资源和力量的科普激励机制。例如，英国皇家学会特别委员会将科普工作作为科学家、工程师任命、职称晋升的考量因素，并将其纳入各研究项目审批的程序中，这样确保全社会的核心创新资源加入科普事业之中，利用全社会创新资源营造科普事业的氛围。我国应设立国家科普奖，要将科普工作业绩纳入科技人员的考核评价体系中，以充分调动社会力量投入科普工作，并激发其积极性。

科普相关法律与政策日益完善。我国《中华人民共和国科学普及法》首次把科普工作纳入法制化的轨道，《2000–2005 年科学技术普及工作纲要》《关于加强科普宣传工作的通知》，特别是《关于深化科技体制改革加快国家创新体系建设的意见》中明确提出，到 2020 年，创新环境更加优化，创新效益大幅提高，创新人才竞相涌现，全民科学素质普遍提高，科技支撑引领经济社会发展的能力大幅提升，进入创新型国家行列。在 2012 年全国科普日活动中，习近平指出，把抓科普放在与抓创新同等重要位置。一系列政策文件和指示的相继制定和提出，极大地支持了科协、科研、教育等机构广泛开展科普宣传和教育活动，对推进科普工作发挥了极其重要的推动作用。

科普联席会议制度统筹作用明显。科普联席会议制度，在一定程度上改变了我国过去科普工作各自为政、缺乏协调统筹的局面。科普活动的品牌效应也日益突出。从 2001 年起，由科学技术部、中央宣传部、中国科协联合举办“科技活动周”；从 2002 年起，由中国科协组织“全国科普日”活动。集中社会资源推动科普工作经常化、群众化，初步形成了科普国家项目的牵动制度和联动机制。

科普参与面和参与人数不断扩大。我国科普事业对社会的影响越来越大。农村、城市、各行各业展开形式多样、内容丰富的群众性科普活动。科学技术部、中央宣传部、教育部和中国科协先后命名了 200

多家“全国青少年科技教育基地”“全国科普教育基地”，对科普传播和科学教育起到了积极的示范引导作用。

科技周、科普日掀起全民族科普活动热潮。2001 年国务院批准同意，每年五月的第三周举办全国科技活动周。全国科技周活动开展以来，已成为公众参与度高、社会影响力大的群众性科技活动品牌，为推动全国科普事业发展发挥了重要作用。全国科普日由中国科协发起，全国各级科学技术协会组织且为纪念《中华人民共和国科学技术普及法》(2002 年)的颁布和实施而举办的各类科普活动，定在每年九月的第三个双休日。从 2004 年以来，全国科普日活动连续举办 13 年。来自中国科协的最新数据显示，13 年来各地各部门累计举办重点科普活动 6 万多次，参与公众超过 11 亿人次，已成为目前世界上举办规模最大、参与面最广的科普活动[①]。

科普传播的功效、功能日益增强。近年来大众媒体对科普的宣传作用日益突出，电台、电视台广设科普节目，已形成如“科技博览”“公众与科学”“科技之光”等名牌栏目。科普类的网站、期刊、图书、报纸及音像制品均有突飞猛进的发展。

总之，科技创新资源科普化主要基于科技政策要求、创新发展需求和公众自身需要。利用创新资源营造科普氛围还应建立科普效果评估和监督机制。发达国家对科普项目采用项目管理的方法进行效果评估，且评价机制日趋成熟，如美国的非正规科学教育计划对科普项目进行严格的管理与项目评估。我国的科普水平要达到国际水平还需要一个学习、提升及成长的过程，其中建立起自己的标准评估系统十分重要。建立科普效果评估指标体系，包括政府、社会团体和学术研究机构对科普过程进行监测和多角度的评估。政府在科普的决策机制、统筹协调机制和资源配置机制等方面发挥重要作用。各国政府都是制定科普政策、法律法规及发展规划的主体，同时也是投入科普经费的

① 王晓易. 2017 全国科普日将开展　此前参与公众超 11 亿人次. (2017-09-06)[2017-09-10]. http://news.163.com/17/0906/17/CTLSQ366000187VI.html.

主体，因此对科普拥有决策权。而各国的社会团体、大众媒体、科研院校等组织及个人参与科普决策已成为一种趋势。科普的社会化参与，存在着协调运转的平衡机制问题。大致可分为两类：国家的科技相关部门分头负责和成立科普工作联席会议制度。科普资源配置机制中包括社会和市场两个环节，其中社会是来源，市场是手段。发达国家对科普项目通常采取“费用分担”的方式。例如，英国政府对科普项目的拨款数额明确规定不超过总费用的 50%。其目的是希望以此为催化剂，吸引更多的社会力量共同支持科普事业。

结论与展望

作为创新发展的两翼，科技创新与科学普及之间是相互促进、相互作用、相互影响的关系。科技创新为科学普及明确了方向并丰富了其内容，科学普及则是科技创新的前提和基础。科学普及是以深入浅出的、让公众易于理解、接受、参与的方式，向普通大众介绍自然科学和社会知识、推广科学技术的运用、倡导科学方法、传播科学思想、弘扬科学精神的一种活动。科学普及的主要功能是通过提高公众的科学素质，使公众通过了解基本的科学知识，具有运用科学态度和方法判断及处理各种事务的能力，从而促进科技的创新与进步。科技创新是创造和应用新知识、新技术和新工艺，采用新的生产方式和经营管理模式开发新产品，提高产品质量，提供新服务的一种过程。科技创新是提高社会生产力和综合国力的战略支撑，也是科学普及的源泉和手段。如果说科技创新相当于建设科技强国的“尖兵”和“突击队”，那么科学普及的作用就相当于夯实全民的科学基础。也就是说，如果只重视科技创新，而不重视科学普及的话，科技创新就会缺乏全民基础，到了一定阶段，就会面临瓶颈，国家科技创新能力很难得到持续提升。只有科技创新和科学普及齐头并进，我们的国家才能实现从制造业大国向创新型国家的顺利转型。

《“十三五”国家科普与创新文化建设规划》明确提出，要以提升公民科学素质、加强科普能力和创新文化建设为重点，大力推动科普工作的多元化投入、常态化发展，切实提升科普产品、科普服务的精准、有效供给能力和信息化水平，进一步完善科普政策法规体系，着力培育创新文化生态环境，充分激发全社会创新创业活力，为全面建成小康社会、建设创新型国家和世界科技强国奠定坚实的社会基础。科普是创新生态的重要组成部分，也是建设科技强国的重要社会基础。

如果缺乏科学家与公众沟通交流的有效渠道，没有形成崇尚科学、乐于创新、鼓励创造的社会氛围，大众创业、万众创新的基础就不会牢靠，新知识、新技术、新产品也难以惠及人民大众，建设创新型国家和世界科技强国也就失去了土壤和根基。因此，为建设创新型国家和世界科技强国，需要进一步优化我国的创新生态系统，将科学普及放在与科技创新同等重要的位置，真正使科普工作强起来，从而实现科技创新与科学普及双翼齐飞。

1. 大力优化创新生态，促进科普事业蓬勃发展

党的十九大报告提出，创新是引领发展的第一动力，是建设现代化经济体系的战略支撑。创新是发展之魂。在经济发展中，科技创新是原动力，科学普及则是助推器。科技创新和科学普及是推动经济结构调整、促进经济发展的两个最根本的措施。为使科普跟上科技创新的步伐，需要大力优化创新生态，创新科普理念、科普技术、科普手段，推进优质科技资源科普化，促进科普信息化建设，吸引科技工作者参与科普，壮大科普队伍，做大做强科普这一翼。

一是推进优质科技资源科普化。充分利用国家和各地的科技资源，有力推动高等院校、科研院所、科技型企业、科技实验室等向社会开放，推进科研与科普有效“连接”、科技与教育相结合、科学研究与青少年科技人才培养相融合，促进科普社会化格局的形成。加强科技成果的科普化，将科技成果向公众宣传推广，鼓励项目承担单位及时向社会公布研究进展和成果信息，定期将科技成果以喜闻乐见的形式集中展示给广大公众。加强科技成果展示平台建设，使公众可以及时地了解和体验最新的科技创新成果。

二是提高科普信息化水平。大力推动信息技术手段在科普中的广泛应用，发展“互联网+科普”，支持科普与互联网的结合，建设科普网站、科普 APP、科普微信公众号、数字科技馆等，通过二维码等方式引导公众便捷参与，设置科普活动自媒体公众账号，开展微博、微

信配送，微视直播，现场访谈线上互动等活动，促进科普活动线上线下相结合，拓展科学传播渠道，不断提升科学传播的效率。创新科普供给新模式，鼓励 VR、AR、MR 等新技术的应用传播，增强科普传播的互动性与娱乐性。采用政府购买服务的方式，探索政府和社会资本合作的方式(PPP 模式)，共建新型科普信息化传播平台，把政府与市场、需求与生产、内容与渠道有效连接，实现科普的倍增效应。建立网络科普内容科学性的把关机制，完善网络科普舆情实时监测机制。推动传统媒体与新媒体在内容、渠道、平台等方面的深度融合，围绕公众关注的热点事件、突发事件等，实现多渠道、全媒体传播。

三是加强科普人才队伍建设。完善多渠道培育、专兼职结合、可持续发展的科普人才培训体系和培养模式，建设一支规模宏大、结构优化、布局合理、素质优良的科普人才队伍。大力培育科普人才，鼓励高校开设科普相关专业和课程，培养科技新闻工作者、科普作家等高层次科普人才；建立和完善科普人才培训体系，依托高等院校、科研机构、科普场馆、科技社团、社区科普大学等，建设科普人才培养培训基地，培育和扶植专业化的科普创作和宣传教育人才；支持和鼓励科普人员开展国际、馆际、馆校、校际交流，提高科普人才队伍的综合素质；发挥科普志愿者作用，建立完善科普志愿服务网络，动员和组织社会各界人员积极参加科普志愿者队伍，不断壮大科普志愿者队伍。

2. 不断壮大科普事业，持续提升创新生态系统

习近平总书记指出，没有全民科学素质普遍提高，就难以建立起宏大的高素质创新大军，难以实现科技成果快速转化[①]。科普既是提升公众科学素质、培养科学思维的重要手段，也是培育创新、促进创新发展的外部环境。为适应现代社会的发展需要，需要充分发挥科普的作用，不断满足人民群众日益增长的科学文化需求，推动全社会讲科

① 习近平：为建设世界科技强国而奋斗——在全国科技创新大会、两院院士大会、中国科协第九次全国代表大会上的讲话. (2016-05-30) [2017-12-20]. http://cpc.people.com.cn/n1/2016/0601/c64094-28400179.html.

学、爱科学、学科学、用科学，进而完善和提升我国的创新生态系统，

(1)加强科普服务能力建设，提升公众科学素质。加快实施全民科学素质行动计划，以青少年、农民、城镇劳动者、领导干部和公务员、部队官兵等为重点人群，以青少年、城乡劳动者科学素质提升为着力点，开展《中国公民科学素质基准》的宣贯实施，全面推进公民科学素质整体水平的跨越提升。为适应大众创新创业时代，需要着力培养青少年和大学生的创新意识和实践能力，鼓励校内外教育工作机构开发一批少儿科普读物、少儿益智游戏等优秀科普内容产品；支持高校、科研机构开展指导大学生创新创业的实践活动，促进高校科技类学生社团与社区创新屋、科普教育基地等科普资源紧密结合，拓展创业实践空间和活动平台。对于广大劳动者，需要根据工业化、信息化、新型城镇化和农业现代化及新技术、新产业、新业态、新模式的发展需求，建立健全面向劳动者的终身教育和职业技能培训体系，通过开展职业技能、创新创业、创新管理科普活动，提高劳动者在就业、择业、创业等方面的综合素质和能力，引导更多劳动者积极投身创新创业活动。

(2)发挥科普作用，助推大众创新创业。以服务大众创业为导向，通过深入推进科普基础设施建设、科普人才队伍建设和开发整合各类科普资源，普及科技知识、倡导科学方法、传播科学思想、弘扬科学精神，提升广大公众的创新创业素质和技能。立足群众的科学文化需求，通过举办创新创业科普主题系列活动和搭建有关创新创业的科普平台，既为创新创业者提供新技术、新产品的展示平台，也让公众参与和体验科技进步，增强创新创业领域的科普服务功能。鼓励和支持社会公众围绕科普相关领域开展创业实践，培育一批掌握核心技术、深受大众喜爱、具有一定市场竞争力的社会化、市场化科普组织，为服务大众创业、万众创新提供有力的保障。

(3)培育创新精神，营造良好的创新文化氛围。围绕创新意识、创新思维和创新能力培育，开发各类有关创新创业的科普作品，面向社会开展创新教育培训，培育社会大众的创新创业意识。加大对中国特

色创新文化的培育，增强创新自信，积极倡导敢为人先、勇于冒尖、宽容失败的创新文化，形成鼓励创新的科学文化氛围，树立崇尚创新、创业致富的价值导向，大力培育企业家精神和创客文化，形成吸引更多人才从事创新活动和创业行为的社会导向，使谋划创新、推动创新、落实创新成为自觉行动。鼓励公众开展小发明、小创造、小革新等创新活动，支持建设一批低成本、全要素、便利化、开放式的新型创业服务平台，激发全社会的创新热情。加强科技创新宣传力度，报道创新创业先进事迹，树立创新创业典型人物，进一步形成尊重劳动、尊重知识、尊重人才、尊重创造的良好社会风尚。

3. 加强科普与创新互动，推动世界科技强国建设

中共中央国务院印发的《国家创新驱动发展战略纲要》明确提出了到 2020 年进入创新型国家行列，到 2030 年跻身创新型国家前列，到 2050 年建成世界科技强国“三步走”目标。在科学技术日新月异的时代，建设世界科技强国，就需要加强科研与科普之间的结合，加大科普产品的研发与转化力度，创新体制机制，吸引更多科技工作者参与科普，不断推进科普与科技创新两者互动发展。

(1) 推进科研与科普相结合。建立科研与科普相结合的长效机制，通过制定相关激励和引导政策，促进创新与科普相结合，在国家科技计划项目实施过程中进一步明确科普的义务和要求，使项目承担单位和科研人员主动面向社会开展科普服务；促进创业与科普相结合，鼓励和引导众创空间等创新创业服务平台面向创业者和公众开展科普活动；推动科普场馆、科普机构等面向创新创业者开展科普服务，鼓励科研人员积极参与创新创业服务平台和孵化器等科普活动，支持创客参与科普产品的设计、研发和推广。

(2) 加大科普产品的研发与转化力度。加大对科普资源的开发和运用力度，推动科普产品的开发，并将其纳入国家科技研发体系之内。加强对科普产品开发项目的建设与支持力度，引导、鼓励和支持科普

产品和信息资源的开发，繁荣科普创作。建立科普产品交易平台，注重科普产品市场取向的发展，使优秀科普产品能够更快地转化与落地，使科普更加贴近公众生活，缩小科普与公众的距离。

(3)吸引科技工作者参与科普。科技工作者作为科技创新的主体，在传播科技知识、普及科学方法、弘扬科学精神等方面，具有得天独厚的优势。然而，长期以来科学界不认可科普作品作为专业职称考评的依据，科学家从事科普活动也被认为是副业。这在很大程度上打击了科学家做科普的积极性，严重影响了科学家参与科普工作的热情。因此，为吸引科技工作者参与科普事业，需要完善科技工作者从事科普工作的机制，建立激励科学家从事科普工作的评价制度和体制机制，将科普作品、科普活动也纳入科技工作者的考评体系之中，使更多的科技工作者能够参与科普工作，进而推进科普与科技创新双翼齐飞。

(4)积极融入全球创新网络。坚持以全球视野谋划和推动创新，实施科技创新国际化战略，积极融入和主动布局全球创新网络，探索科技开放合作新模式、新路径、新体制，深度参与全球创新治理，促进创新资源双向开放和流动，全方位提升科技创新的国际化水平。大力开展国际科普交流与合作，充分利用全球创新资源，搭建常态化的国际合作平台，建立科普人才培训、科普产品研发、科普展览举办等方面的国际交流与合作机制，加强中外科技场馆的对接服务，进一步提升科普工作的国际化水平。